진의 모든 것

세계의 대표 진 300종과 진을 맛있게 즐기는 법

GIN
300

• 아론 놀 지음 | 김일만 옮김 •

한스미디어

친구와 가족, 그리고 진을 마시는
전 세계의 모든 이에게
이 책을 바친다.

Contents

* 일러두기
본문의 주는 모두 역주입니다.

진의 역사

향에 대한 조예가 깊었던
대플리니우스[1]는 주니퍼 향이
뱀을 쫓을 수 있다고 생각했다.

진의 아로마

주니퍼 같은 식물이 어떻게 인간의 눈을 사로잡고, 인간과 식물 모두에게 이익이 되는 관계로 오랫동안 발전해왔을까. 이는 단순한 문제가 아닐 것이다. 사람이 식물에 깊은 관심을 갖으려면 애당초 인간의 이목을 끄는 그 식물만의 매력이 있어야 하기 때문이다. 이는 식물의 외형적인 특성일 수도 있고, 쉽게 구할 수 있는 접근성일 수도 있으며 심지어 필요에 의한 것일 수도 있다. 하지만 처음에 어떤 매력으로 시선을 끌었든 그 관심을 지속하려면 대개 유용성이 결정적으로 뒷받침되어야 한다. 이를 진에 대입해 마케팅 세계의 언어로 표현한다면, '첫 잔은 예쁜 병과 광고 덕에 팔 수 있지만 두 번째 잔은 진 자체의 매력으로 판매하는 것'이라고 말할 수 있다.

이러한 관점으로 주니퍼가 어떻게 선대의 관심을 끌었고, 어떻게 진의 주요 풍미 요소가 되었는지 역사를 거슬러 올라가 보자. 주니퍼의 초기 역사부터 살펴보겠지만, 이번 장에서 다룰 다른 역사 또한 이 특별한 식물을 빼고는 논할 수 없다. 본질적으로 진의 모든 역사는 인류가 어떻게 주니퍼를 사랑하게 되었는가와 결부되기 때문이다. 그리고 그 역사는 매우 오래전으로 거슬러 올라간다.

주니퍼는 틈새 환경을 찾아 그 속에서 무럭무럭 자라는 재주가 뛰어나다. 수십만 년 동안을 그렇게 수많은 생태 환경에서 다양한 종으로 자라왔다. 마지막 빙하기인 약 1만 년 전부터는 서식지가 널리 확장되었다. 주니퍼는 아프리카 열대 지역, 동유럽 삼림, 티베트, 미국 서부 사막의 피뇬 주니퍼 삼림지대, 북반구 대부분 지역에서 볼 수 있다. 아주 흔해서 전 세계적으로 많은 사람이 일상에서 주니퍼를 활용했다.

아주 오래전 구석기 시대에도 침엽수 주니퍼 관목은 널리 사용되었다. 고고학자들은 선조들이 주니퍼 가지를 사용해 프랑스의 라스코 동굴을 밝혔다는 사실을 발견했다. 라스코는 수천 점의 벽화가 발견된 유명한 동굴이다. 학자들은 동굴 거주자의 주니퍼 횃불 사용량이 2배 증가했음을 확인했다. 약 1만 5000년 전 석기 시대 미술의 대표작을 남긴 그 사람들이 오룩스[2]와 사슴의 생생한 형상

을 환한 주니퍼 횃불에 비춰서 그렸다는 다소 낭만적인 이야기도 전해진다.

라스코 동굴 말고도 구석기 시대에 주니퍼를 사용한 흔적은 다양하다. 서부 마케도니아 유적지와 오늘날 요르단의 신석기 유적지뿐 아니라 유럽의 달마티아 해안과 아드리아 정착지에서도 주니퍼 숯이 발견되었다. 조상들이 필요했던 것이 주니퍼 열매였는지 가지였는지 알 수는 없다. 그러나 주니퍼 열매를 접하고도 그 향을 몰랐으리라곤 생각하지 않는다. 달콤하고 상쾌한 솔잎 향과 주니퍼 숯의 향긋한 아로마는 잊기 어려울 정도로 인상적이었을 것이다.

주니퍼 흔적이 남은 모든 지역에서 주니퍼가 자생하고 있었다는 사실을 주목해야 한다. 이는 당시에 주니퍼가 흔했을 뿐 아니라 수요도 높았기 때문에 그 사용량이 증가했음을 증명한다. 바꿔 말하면 손쉽게 구할 수 있으면서도 사용이 편리해 활용도가 높았던 것이다. 그렇다면 언제부터 주니퍼가 더는 간편히 얻을 수 있는 식물이 아닌 간절히 원하는 식물이 되었을까? 이에 대한 대답은 주니퍼가 기존 자생지에서 멀리 떨어진 지역에서 사용된 흔적을 통해 찾을 수 있다. 물론 주니퍼라는 침엽수가 북반구 대부분 지역에서 자라므로 자생하지 않았던 지역을 찾는다는 건 쉬운 일이 아니다.

하지만 최소 기원전 1500년 또는 그보다 훨씬 이전에 주니퍼가 기존의 자생지가 아닌 다른 지역에서 사용된 흔적이 발견되었다. 연구에 따르면, 고대 조상들이 주니퍼가 지닌 어떤 실용적 가치와 방향 특성에 매료되었는지는 알 수 없다. 그러나 주니퍼를 특별하게 취급하고 새로운 지역으로 운송할 수 있도록 승인했다는 사실은 알 수 있다. 고대 이집트의 향료 또는 향수로 잘 알려진 키피(Kyphi)는 점성이 있고 되직한 형태이며, 관련 연구도 다양하게 존재한다. 진의 식물 재료를 찾아본 사람이라면 이 키피의 수많은 식물 재료에 익숙할 것이다. 이를테면 오리스 뿌리, 박하, 시나몬, 카시아, 카더멈, 주니퍼 등이 있다. 키피야말로 진의 근간이 되는 아로마 성분이 활용된 최초의 역사적 사례 중 하나다.

---

1 로마의 정치가, 박물학자, 백과사전 편집자.
2 지금은 멸종한 고대의 야생 소.

진의 의학 효능

주니퍼는 고대 이집트 시대부터 다양한 문화권에서 치료 효과를 인정받아 의료용으로 활용되었다. 기원전 1550년 파피루스에 남겨진 기록에 따르면, 주니퍼는 두통을 완화시키는 효능이 있고 열매와 방향유를 섞어 사용하면 조충에 따른 고통을 치유한다고 한다. 기원전 4세기경 유럽의 아리스토텔레스도 주니퍼의 치료 효과에 대해 기록을 남겼다.

서기 1세기 대플리니우스는 자신의 문헌을 통해 주니퍼의 약용 가치에 대해 자세히 기록했다. 그의 연구에 따르면, 주니퍼는 복통을 치료하고 심지어 뱀을 쫓을 수도 있다고 한다. '화이트와인과 주니퍼 열매'를 먹으면 '자궁질환'과 '쥐어짜는 듯한 복통'은 물론 경련 증상을 비롯한 다양한 질병을 치료할 수 있다고 기록되어 있다.

서기 2세기 고대 로마 시대의 의사 갈레노스는 주니퍼 열매가 '간과 신장을 청소하고, 끈적이는 점성의 체액을 묽게 하며, 적절한 이뇨 작용을 돕는다'라고 기록했다.

서기 9~10세기 아랍의 학자들은 주니퍼의 낙태 기능을 기술했다. 일부 학자들은 선제적으로 주니퍼를 복용하면 원하지 않는 임신을 방지할 수 있다고 했다.

11세기에 이르러 증류 지식이 유럽에 전해졌다. 이 시기 이탈리아 수도사들은 포도주를 증류해 '생명수'를 뜻하는 '아쿠아 비타(Aqua Vitae)'를 만들었다. 이처럼 종교인들이 초창기 증류주에 상징적인 의미를 부여했다는 사실에 주목해야 한다. 수도사들은 실험을 거듭하고 당시의 약학 서적을 참고해 치료 효능이 있는 '생명수'를 만들고자 했다. 비록 정확한 기록은 남아 있지 않지만, 주니퍼가 그들이 사용한 초기 재료 중 하나일 확률이 높다. 무엇보다 주니퍼가 이탈리아 전역에 활발히 자라고 있었고 주니퍼의 치료 효과를 인정받았기 때문이다.

주니퍼와 역병

14세기 중반 일부 병원균이 벼룩을 감염시켰고, 이 벼룩은 쥐에게 옮겨갔다. 그 결과 인류 역사상 가장 치명적인 전염병 중 하나를 일으켰다. 1350년대 유럽은 '무력감과 극도의 고통, 공포'에 사로잡혔다.

버건디의 존으로 더욱 잘 알려졌으며 수염쟁이 존이라고도 불린 존은 《유행병론(Treatise on the Epidemic)》이라는 당대의 베스트셀러를 저술했는데, 1365년 처음 출간된 이 책은 최소 4개의 다른 언어와 100개 이상의 버전으로 번역되었다. 존의 논문에 따르면, 전염병의 원인은 나쁜 공기 때문이다. 이 전염병은 뭔가를 태워서 예방할 수 있는데, 그중 하나가 주니퍼였다. 역병의 공포에서 벗어난다면 무엇이라도 할 수 있다는 절박함이 유럽인들로 하여금 주니퍼를 찾게 했다.

이 같은 죽음의 시기에 '생명수'는 대중에게 확대 보급되었다. 그런데 사람들은 생명수가 사람을 치유할 수도 있지만, 취하게 할 수도 있다는 사실을 깨닫게 되었다. 1500년 초 독일의 지방자치단체들도 이 문제와 씨름하고 있었다. 법적으로는 취하기 위해 생명수를 마시는 일이 금지되어 있었으나, 실제로는 그렇게 마시는 사람들이 많았다. 이처럼 급증하는 수요가 환경의 변화와 맞닥뜨리게 된다. '소빙하기'가 되자 서늘해진 기후 탓에 유럽은 흉작을 겪게 되었

위 에버스 파피루스에는 주니퍼를 활용한 치료법이 여럿 기록되어 있다.

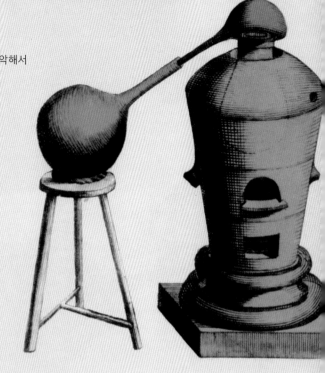

오른쪽 중세 시대의 증류 장비는 조악해서
질 좋은 증류주를 생산할 수 없었다.

다. 이에 따라 와인 가격이 상승하고 이를 대체할 음료를 찾아야 한다는 부담감이 생겨났다.

16세기 초 상인들은 와인이 아닌 곡물로 증류한 '가짜' 주니퍼 물을 팔았다. 정부는 이를 대부분 규제하지 못했다. 강렬한 주니퍼 향은 곡주의 거칠고 쉰 냄새를 감췄고, 어리석은 일반인은 이에 속아 저급한 상품을 소비하기에 이르렀다.

17세기 이르러 주니퍼는 일반적인 진의 재료들과 함께 의학용으로 쓰이기 시작했다. 존 프렌치(John French)는 《The London Distiller》라는 책을 통해 말린 안젤리카, 라벤더, 천수국, 아니스 씨, 주니퍼 등을 조합해 '땀을 내는 물'을 만들 수 있다고 말했다. 아니스 씨, 안젤리카, 라벤더, 딱총나무꽃, 용담, 메이스를 섞으면 '역병을 완화하는 물'도 만들 수 있다고 했다.

해상으로 진출한 주니퍼

1750년대 스코틀랜드의 의사 제임스 린드(James Lind)는 실험을 통해 감귤류 과일이 선원들의 괴혈병을 예방하는 데 효과적이라는 사실을 발견했다. 선상에서 감귤류 과일을 럼주와 혼합해 보관했으나, 19세기 중반 라우클랜 로즈(Lauchlan Rose)는 라임즙에 설탕을 첨가해 보존하는 방법을 알아냈다. 특허를 취득한 로즈 라임 주스(Rose's Lime Juice)는 영국 해군의 승선 필수품이 되었다. 계급이 낮은 소위들은 여전히 물과 럼을 4 : 1 비율로 섞은 그로그주(Grog)를 마셔야 했지만, 항구에 있던 대부분 군인은 그날 배급받은 라임 주스에 진을 섞어 마셨다.

1820년대 독일 의사 요한 고틀립 벤자민 스튜어트(Johann Gottlieb Benjamin Stewart)는 베네수엘라 앙고스투라에서 거주할 당시 새로운 상품을 발명할 절호의 기회를 얻었다. 타국의 해군이 모두 앙고스투라를 항구로 이용하는 점에 착안해 비터스[3]를 활용한 레시피를 개발하고 이를 뱃멀미 치료제로 홍보했다. 이렇게 탄생한 앙고스투라 비터스를 핑크 진 칵테일에 넣어 마시면 약의 쓴맛을 가라앉히는 데 도움이 되었다.

진 토닉 또한 처음에는 의료용으로 발명된 진 베이스의 칵테일이다. 하지만 전통적인 이 음료의 상세한 역사는 '진 즐기기'(→P.184)에서 다루겠다.

쓰라린 진실

현대 의학과 과학의 발달로 주니퍼가 실제로 약효가 있음이 밝혀졌다. 2005년 자그레브대학의 과학자들은 주니퍼의 한 종류인 주니퍼러스 커뮤니스(Juniperus communis)의 방향유[4]에 살균과 항곰팡이 효능이 있음을 발견했다. 한편 마케도니아의 과학자들은 토착종인 주니퍼러스 옥시세드루스(Juniperus oxycedrus) 열매도 동등한 효능이 있음을 밝혀냈고, 2013년 이집트와 사우디아라비아의 과학자들은 주니퍼러스 페니키아(Juniperus phoenicea)의 방향유에 간을 보호하는 효능이 있음을 발견했다.

지금까지 진의 의학적 효능을 다뤘다. 물론 진이 역병을 멈추거나, 뱀을 쫓거나, 세상을 구할 수는 없을 것이다. 하지만 진의 빼어난 맛을 부정할 이는 없다. 최소한 그거면 충분하지 않은가.

---

3 용담속 나무껍질의 쓴맛이 나는 액을 베이스로 한 술.
4 식물의 꽃·봉오리·잎·줄기 등에서 얻는 향기가 강한 휘발성 기름.

오른쪽 약병은 원래 토기로 만들어졌으나 나중에는 유리로 생산되었다.

초창기 진

객관적으로 입증 가능한 완벽한 진의 시초를 찾고자 역사를 파헤치다 보면 우리는 다양한 곁길로 빠지게 된다. 현대의 진이 탄생하기 전 '진의 시초'는 어떤 모습이었을까? 의료 목적이 아닐지라도 주니퍼 열매를 섭취할 수 있었다는 사실을 꼭 고려해야 한다. 하지만 지금은 진의 시초를 주니퍼 열매와 알코올의 결합으로 한정하고자 한다. 이러한 관점과 궤를 같이하듯 주니퍼가 와인, 봉밀주5, 맥주 등 다양한 주류에 쓰였다는 사실을 역사적으로 확인할 수 있다. 이는 세계적으로 주니퍼를 활용한 다양한 실험이 진행되었음을 보여줄 뿐 아니라 순수한 곡물 증류주(중화곡주)에 주니퍼 열매를 배합하는 일도 언젠가는 꼭 일어날 예정이었음을 암시한다.

대플리니우스의 초창기 진

만약 우리가 진을 정의하는 기준을 '이론상 주니퍼 풍미를 지니며 우리를 취하게 만드는 물질'로 정한다면 초창기 진의 양조법은 서기 1세기로 거슬러 올라간다. 서기 23년에 태어난 플리니우스는 77~79년에 대표작 《박물지》를 출간했다. 여러 권으로 구성된 《박물지》에는 식물학·천문학·의학을 다룬 편도 있었다. 제24편에는 아주 미약하게나마 오늘날의 진과 유사한 기록이 남아 있다.

'주니퍼'는 경련, 파열, 쥐어짜는 듯한 복통, 자궁질환, 좌골 신경통을 겪는 환자에게 처방하며 백포도주에 열매 4알을 넣거나, 포도주에 20알을 넣고 달이는 탕약의 형태로 처방한다.

탕약은 진액을 추출할 때까지 끓여서 제조한다. 주니퍼를 와인에 달이면 휘발성이 있는 아로마 물질이 추출되어 풍미가 응축되며, 이에 따라 진과 비슷하게 생기 가득한 침엽수와 솔 향을 뿜어낸다. 일반적으로 탕약을 달인 후에는 열매껍질을 걸러낸다.

대중을 위한 초창기 진

중세 시대 서민들은 주니퍼 열매를 후추의 대체재로 사용했다. 후추의 희소성 때문에 이러한 풍습은 수 세기 동안 지속되었다. 이같이 주니퍼 열매의 대중적인 보급은 경제적 여유가 있던 사람들만 누릴 수 있는 향신료를 일반인도 조금이나마 맛볼 수 있게 한 사건으로 기존 체제를 파괴하는 일이었다.

북유럽 국가들에서도 유사한 사례를 찾을 수 있다. 하넬 클레멘틀라가 '서민의 와인'이라 칭한 술은 단지 주니퍼 열매 풍미가 나는 봉밀주에 불과했다. 주니퍼베리를 활용해 주류에 풍미를 더하는 관습은 지속적으로 발전했다. 중세 시대의 사흐티(Sahti) 또한 이러한 방식으로 태어난 것으로 추정된다. 사흐티는 핀란드의 전통주로 가장 오래된 맥주 중 하나며 오늘날도 생산된다. 사흐티가 14세기경 탄생했다는 주장은 상당히 설득력이 있어 보인다.

사흐티를 만들 때는 종종 홉 외에도 주니퍼 열매를 방향 첨가제로 활용하기도 한다. 전통적인 양조 과정에서는 주니퍼 가지로 만든 체에 주류를 여과하고, 주니퍼나무로 만든 용기에 따르기도 한다. 비록 사흐티는 진보다 맥주에 가깝지만, 인류가 향락을 목적으로 만든 술의 풍미를 더하기 위해 주니퍼를 사용한 최초의 증거 중 하나라는 사실은 흥미롭다. 남부 유럽에서는 여전히 주니퍼를 약용으로 썼으나, 머지않아 핀란드 사람들처럼 주니퍼 향을 머금은 술을 즐기게 되었다.

수도원의 초창기 진

각종 역사 기록에 따르면, 11세기에서 12세기경 이탈리아에서도 초창기 진과 관련된 기록이 남아 있다고 전해진다. 당시 수도원은 다양한 연구와 실험의 장이었는데, 수도사들은 오락적 목적보다는 의료용으로 주류를 연구했다. 증류 기술은 중동 어딘가에서 그 기술을 배워온 사람들을 통해 전파된 것으로 추정되며, 이들 역시 페르시아 과학자 아부 무사 자비르 이븐 하이얀에게 배운 것으로 판단된다. 그는 8세기 이슬람의 황금시대를 누리며 증류기를 발명한 과학자다.

이탈리아의 수도사들은 곡물 증류주를 새롭게 만들기보다는 포도주를 증류하는 일에 더욱 힘을 쏟았다. 이렇게 만든 의료용 증류주의 맛을 향상시키거나 의료 효과를 높이기 위해 토착 허브 재료

---

5 벌꿀을 재료로 발효시킨 술.

를 첨가했다. 주류 역사학자 제럴딘 코츠는 주니퍼가 '이탈리아 전역에서 우후죽순으로' 자랐기 때문에 수도사들이 손쉽게 실험에 사용했을 것이라고 말한다. 당시 초창기 진은 포도주에 이탈리아 시골의 허브와 식물 재료를 넣고 냄비에 끓여 풍미를 살려낸 것이라 할 수 있다. 이 무렵 수도원 내 약초원에서는 수많은 종류의 식물을 재배했으며, 초창기 진에는 헤더·세이지·로즈메리 등의 토착 식물을 사용한 것으로 추정된다.

이처럼 주류를 의료용으로 만들면서 '생명수'를 뜻하는 '아쿠아비타'라는 말이 탄생했다. 추후 위스키나 아쿠아비트 같은 주류 용어도 같은 이유로 만들어졌다. 비록 당시에는 별도의 용어가 없었으나, 수도사들 또한 법적으로 '진'이라고 부를 만한 무언가를 만들고 있었던 셈이다.

이 같은 초창기 진은 수 세기를 이어져 내려오며 만들어졌고, 16세기 중반 주니퍼 열매 물을 뜻하는 게네베르베센워터(Geneverbessen-water)가 탄생한다. 이 술은 1552년 처음 네덜란드 문서에 공식적으로 기록되었으며 약용으로 쓰였다. 와인에 으깬 주니퍼 열매를 넣고 초창기 증류기에 증류해 만들었다.

대중을 위한 초창기 진, 두 번째 이야기

역사상 모레 백작으로 더 널리 알려진 앙투안 드 부르봉(Antonie de Bourbon)이 평범한 노동자 계층을 위한 술 공급원이 될 줄은 그 누구도 몰랐다. 그의 아버지 앙리 4세는 1589년부터 1610년까지 프랑스 국왕으로 재위했다. 그가 암살되기 전에 앙리는 두 아내 외에 최소 4명의 정부를 두고 있었다. 앙투안은 그중 한 명인 모레 백작부인 자클린 드 뵈에유와 앙리 4세 사이에서 태어났다. 앙리 4세는 앙투안을 적자(嫡子)로 삼았고, 앙투안은 향후 생테티엔의 대수도원장이 되었다.

앙투안은 주니퍼베리 와인을 발명하고 이를 유행시키며 진 역사에 이름을 남겼다. 그는 1610년대 후반부터 1620년대까지 이 와인을 만들었다고 전해진다. 비록 이 주류의 양조법이나 원료에 대한 상세한 기록은 전혀 남아 있지 않지만, 그가 오래도록 건강을 유지한 비결도 이 주류를 많이 마셨기 때문이라고 알려졌다.

모레 백작은 이 주류의 생산단가가 저렴해서 '가난한 자를 위한 포도주'라고 불렀다. 주니퍼의 대대적인 보급으로 노동자 계층도 일종의 사치를 경험하는, 기존 권력 구조의 전복이 나타난 두 번째 사례다.

앙투안이 어린 나이에 주니퍼를 오락적으로 마시는 흐름을 선도한 것은 초창기 진의 발전에 중차대한 밑거름이 되었다. 전쟁으로 인한 부상으로 26세에 세상을 떠나기 전에 훌륭한 업적을 남긴 셈이다. 요절했다는 점은 안타깝지만, 맛과 즐거움의 세계를 발전시켰다는 점에서는 점수를 주고 싶다.

오른쪽 대플리니우스는 서기 77~79년 여러 권으로 구성된 《박물지》를 집필했다.

진과 무역

오늘날 우리가 진이라고 부르는 드라이한 증류주는 15세기의 게네베르나 와인을 달인 형태에서 어떻게 지금의 형태로 발전했을까. 과거의 무역사를 거슬러 올라가 보자. 혹시 진을 만들 때 특정 식물을 많이 쓰는 이유도 같은 데서 찾을 수 있지 않을까.

초창기 진은 모두 베이스가 되는 주류가 무엇이냐에 따라 결정적으로 달라졌다. 그 베이스는 포도주였다. 다행히 위도 30도에서 50도 사이에 위치한 유럽 국가에서는 포도가 별다른 제약 없이 수월하게 자랐다. 하지만 진이 거듭 진화하던 저지대 국가 네덜란드나 독일·영국 등은 이 같은 지리적 행운을 누릴 수 없었다. 이 국가들은 대체로 타국으로부터 와인을 수입해야 했다. 따라서 포도주를 사용해 의료나 유흥을 위한 술을 증류했는데 변덕스러운 날씨나 언제 터질지 모르는 전쟁의 영향을 많이 받았다. 실제로 진이 최초로 싹 트던 초창기에도 전쟁과 기후 변화가 모두 관찰되었다.

르네상스 후기 유럽은 다소 심각한 기후 변화를 겪었다. 현대 과학자들이 '소빙기'라고 부르는 수백 년간 저기온이 지속되며 전 세계에 영향을 미쳤다. 이는 15세기 말에서 16세기 초 갑자기 심각해졌다. 이처럼 불시에 기온이 급감하면서 1511년 많은 지역이 포도 흉작을 겪었으며, 이는 언제든 재발할 수 있었다. 모든 증류주 생산자는 변화를 모색해야 했다. 증류 과정 중 포도에서 곡류를 사용하게 된 혁신도 주류의 맛 때문이 아니라 필요에 의해 생겨난 것이다.

사람들은 포도주 다음으로 흔한 주종, 맥주로 관심을 돌렸다. 머지않아 양조업자들은 맥아 제조법을 활용해 곡류의 당분을 추출하는 법을 발견했다. 곡물을 사용한 증류법은 이렇게 탄생했다. 곧 브랜디 판매자들의 격정거리가 늘 수밖에 없었는데, 비록 곡물 증류액이 거칠고 맛이 떨어지거나 투박하고 깔끔하지는 않았지만 저렴했기 때문이다. 곡물 증류액의 품질이 조악했던 이유는 관련 규제가 부족한 탓도 있었고, 증류에 적합한 곡물이 국지적으로만 재배되다 보니 제빵이 불가능한 저급의 곡물만 사용했기 때문이기

도 했다. 곡물 증류업자들은 이처럼 맛이 떨어지는 증류주로 전 세계의 브랜디 판매업자와 경쟁해야 했다.

다행히 이 지역의 양조업자들은 문화 교류가 활발하던 시대에 살고 있었고, 저렴하면서도 이색적인 해외 재료를 쉽게 접할 수 있었다. 17세기 초 네덜란드 동인도회사는 육두구·정향·후추 등 이국 향신료를 독점하고 있었다. 1495년 초창기 진의 재료와 마찬가지로 한때는 일부 부유계층만 향유할 수 있던 사치품이었지만, 이러한 재료를 모두가 꿈꿀 수 있게 되었고 더 나아가 평범한 진의 재료가 된 것은 우연이 아니었다.

주니퍼는 앞서 언급한 모든 지역에서 자라므로 가장 보편적으로 구할 수 있는 식물이었다. 활용도가 매우 높아서 게네베르도 탄생할 수 있었다. 주니퍼 향을 입혀 만든 곡주는 품질이 조악한 데도 불구하고 저지대 국가에서 인기를 끌었다. 하지만 평온한 시간은 오래가지 못했다. 두 부류의 사람들은 이처럼 곡물을 새롭게 사용하는 방식에 우려를 표했다.

먼저, 제빵업자와 그 나라의 통치자였다. 1601년 알브레히트 7세 오스트리아 대공과 아내 이사벨라는 식량 보존을 위해 현재 룩셈부르크·벨기에·프랑스·독일 일부 지역에서 과일과 곡물을 사용한 증류를 금지시켰다. 이 정책은 저지대 국가를 벗어나 규제가 적은 인근 지역으로 진 생산을 분산시키는 데 일조할 뿐이었다. 알브레히트와 이사벨라의 조치에 따라 게네베르 증류업자들은 그들의 통치가 미치지 않는 도시로 밀려났다. 대표적인 도시는 하셀트·스히담으로, 두 도시는 현재도 게네베르의 주요 산지로 손꼽힌다. 반면 부부의 통치 아래 있던 도시에는 과연 무엇이 남았는지 의구심을 품을 수밖에 없다.

다음으로 곡물 증류를 견제한 사람들은 이들에게 상당한 위협을 느꼈다. 독일의 브랜디 판매자들은 의회에 청원해 운 좋게도 곡물 증류업자를 외곽으로 쫓아낼 수 있었다. 외곽 지역에서는 별다른 규제 없이 증류 산업이 발전할 수 있었다. 곡물 증류는 공공연한 비밀처럼 여겨지며 꾸준히 성행했다. 이에 따라 곡물 증류를 금지하기보다는 세금을 부과하는 지역들이 혜택을 보게 되었다.

왼쪽 우리가 알고 있는 진의 선구자인 볼스(Bols) 게네베르는 아직도 네덜란드와 벨기에 일부 지역에서 생산된다.

15쪽 네덜란드 총독(1672~1702) 겸 영국 스튜어트 왕조의 왕이었던 오렌지공 윌리엄 3세(William III)는 1689년 영국 국왕으로 재위한 이후 게네베르의 유행을 이끌었다.

경제 상황에 대한 우려와 무역의 발전으로 곡물은 증류 산업의 주재료로 자리매김했으며, 이러한 신사업이 번창할 수 있는 지역도 명확해졌다. 게네베르를 금지하지 않았던 저지대 국가에서는 왕좌의 수입원으로 활용할 수 있었는데, 이는 무려 1606년부터 남아 있는 과세 기록에서 확인할 수 있다. 독일 정부는 조금 더 애를 먹었다. 지방의 양조업자들이 아우크스부르크로 몰려와 집집마다 직접 방문하며 주니퍼 열매로 만든 술을 판매했기 때문이다. 정부는 다른 주류와 마찬가지로 곡물 증류에도 세금을 부과해 이를 합법화하려고 했다. 여전히 서민들이 와인과 이를 증류한 브랜디를 구매하기란 쉽지 않았다. 경제 상황에 대한 우려가 곡물 증류의 법적 관리를 낳았고, 그 결과 과거에는 가난한 이들만의 영역이었던 곡물 증류가 합법화된 것이다.

30년 전쟁은 당대 유럽에서 일어난 가장 잔혹하고 폭력적인 전쟁이었다. 1618년부터 1648년까지 영국과 네덜란드는 동맹국으로 참전했다. 네덜란드 군인들은 게네베르를 배급받았고, 전장의 새로운 형제 영국군과 기꺼이 나눠 마셨다. 비록 1820년대까지 문서 기록에는 남아 있지 않지만, 이때 '네덜란드의 용기(Dutch Courage)[6]'라는 용어가 생겨났다고 전해진다. 용어의 유래가 어떻든 간에 영국군은 게네베르의 맛에 매료되어 귀국했다. 이처럼 수입 주류가 인기를 얻으며 국가 재원은 늘어나게 되었고, 1643년 특히 수입 주류를 비롯한 증류주에 사치세가 부과되었다. 게네베르의 발전에 도움이 된 호시절은 1650년대 해상 패권과 무역로를 놓고 1차 영국-네덜란드전쟁이 발발할 때까지 유지되었다. 1674년 양국 간의 3차전쟁이 끝날 무렵 갑자기 곳곳에서 증류주 상점이 생겨났다. 처음에는 동맹국에서 시작해 적대국으로 바뀌는 동안에도 네덜란드 증류주의 인기는 식지 않았다. 게다가 상당한 세금이 부과되었음에도 수입 증류주는 최고의 위상을 자랑했다.

수입 증류주는 비쌌다. 특히 17세기와 18세기 동안은 권력자들의 변덕과 관심에 따라 가격이 올랐다. 증류주를 좋아하면 직접 만들어보고 싶은 마음이 배로 생기기 마련이다. 하지만 브랜디를 좋아하는 사람들은 직접 할 수 있는 일이 거의 없었다. 영국 외곽 지역에는 포도가 자라지 않았기 때문이다. 사과는 재배되었으나, 복잡한 사과주 시장과 사과주의 형편없는 맛 때문에 소수를 위한 틈새시장 이상 부상하지 못했다. 곡류도 사용할 수 있었으나 양질의

곡물은 다른 용도가 있었다. 이러다 보니 증류업자들은 쓰레기나 다름없는 최악 중의 최악의 잔여 곡물로 양조할 수밖에 없었다. 국산 증류주를 직접 생산하는 사업 환경이 조성되었는데도 한동안은 아무것도 만들지 못했다. 이는 아주 당연한 일이었다. 하지만 본격적인 생산이 시작된다면 국산 증류주가 시장을 지배할 것임은 분명했다.

증류주 생산은 1680년대부터 지속적으로 증가했고, 그 결과 영국에서 직접 생산한 상품 역시 유례없는 숫자로 꾸준히 증가했다. 가장 큰 생산량의 증가는 1689년 네덜란드인 오렌지공 윌리엄이 영국 국왕으로 재위함과 동시에 일어났다. 시대 상황에 밝은 네덜란드인이 국왕이 되자 게네베르는 유행처럼 번져 나갔다. 하지만 프랑스 주류는 그렇지 못했다. 더 나아가 모든 수입산 주류의 수입이 철저히 금지되었다. 윌리엄 3세는 소비세 세수를 확대하기 위해 누구나 증류주를 생산하고 판매할 수 있도록 허가했다. 이처럼 진 광풍이 시작하기도 전인 초창기부터 모든 정책은 세금과 수익 증대에 초점이 맞춰져 있었다.

1700년대 시작한 '진 광풍(Gin craze)'은 2가지 관점으로 바라볼 수 있다. 부유계층과 상인의 불안이 투영되었다는 시각과 정부가 왕가의 수입을 늘리기 위해 산업을 통제하는 수단으로 활용했다는 시각이다.

진의 유통을 허락하는 면허의 가격이 터무니없이 비싸지자 시민들과 증류업자들은 반대 시위를 벌였다. 증류업자들과 행상인들은 법을 지키지 않았다. 1729년 정부가 진 조령(Gin Act)을 제정해 갤런당 세금을 부과할 뿐 아니라 소매업자의 영업 면허 가격으로 연간 20파운드를 책정하자, 증류업자들은 반대 운동을 조직했다.

1730년대에 걸쳐 황실은 전면적인 금지 조항을 연속적으로 통과시켰다. 1736년의 진 조령에는 진 판매 면허 취득에 50파운드를 규정했고, 법규를 어기고 판매하는 사람을 제보하면 5파운드를 지급한다고 했다. 하지만 1740년대 오스트리아 왕위계승전쟁이 발발하자 법의 방향성이 바뀌었다. 진 판매 면허 가격이 1파운드로 떨어진 것이다. 이에 따라 1744년까지 2만 개가 넘는 면허가 발급되었다. 왕가는 올바른 방향으로 나아가고 있었다. 1751년 진 조령에 따라 세금이 2배로 오르기는 했지만, 분노를 촉발하거나 도매상을 폐업으로 몰아가지는 않았다. 그 직업에 대한 인식도 개선되었다.

---

6 '전장의 용기'에서 비롯되었으며 오늘날에는 술김에 내는 용기를 의미한다.

그러나 1751년은 호가스의 유명한 판화인 〈진 거리(Gin Lane)〉 (→P.19)가 탄생한 해이며, 진 광풍이 종료된 시기로 평가된다. 과연 무슨 일이 일어났던 것일까. 진 산업은 왕권을 위한 하나의 수익 상품으로 통제되었고, 실제로 이로 인해 판매가 감소하기도 했다. 하지만 대중의 변덕스러운 음주 취향 변화에는 다른 이유가 있었다. 포터 같은 양질의 맥주가 진 광풍 시기 중에 더 저렴한 가격으로, 더 널리 보급되어서다. 또 다른 이유는 다시 찾아온 기후 변화도 있다. 1757년의 흉작은 증류가 전면 금지될 정도로 심각했다. 진은 완전히 사라지지 않았지만, 정부 규제가 없었다 할지라도 점차 감소세로 접어들었다.

지금까지 살펴본 바에 따르면, 진은 포도를 베이스로 만들어지다가 무역이 발전하며 곡물을 베이스로 생산되었다. 황실은 진을 통해 상당한 액수의 돈을 벌어들였고, 진 광풍은 스스로 사그라졌다.

누군가는 개혁가들이 진 광풍을 잠재웠다고 성급히 평가할 수 있지만, 진실은 그 중간쯤에 있다. 외부 요소 역시 대중의 기호 변화에 동등한 영향을 미친 것이다.

초기 진의 발전 과정을 살펴보면 무역을 중심으로 한 복잡한 요소의 영향을 받았지만, 19세기 들어 진은 다른 형태로 발전한다. 맛을 향상시키기 위해 진에 설탕과 감미료를 더하고 올드 톰이라 부르게 된다. 그 후에는 별다른 무역의 영향 없이 드라이 진이 유행하게 되고, 칵테일을 선호하는 트렌드가 퍼지며 한 번 더 발전하게 된다.

아래 네덜란드령 동인도 제도의 향신료 무역은 인도네시아를 중심으로 이뤄졌다.

진과 권력

그들이 두려움을 알기나 하는지조차 의문이지만, 그들은 교정원이나 교도소에 수감되는 일, 교수대에서 처형되는 것쯤에는 콧방귀도 뀌지 않는다.

여든이 넘은 국회의원 조셉 지킬 경(Sir Joseph Jekyll)은 이 같은 말을 남기며, 상류층 동료와 상인계층에 범죄와 폭력이 얼마나 두려운 일인지 강조했다. 공포의 대상은 진 어머니(Mother Gin)[7]였으며, 최선의 해결책은 진의 음용을 금지하는 것밖에 없었다.

지킬은 하층민의 지위가 올라가는 것을 진심으로 두려워했다. 하층계급은 임금이 상승함에 따라 여가활동을 즐길 수 있는 시간과 경제력을 갖추게 되었다. 이는 기존의 사회 질서에 대한 위협을 의미했다. 이들이 새롭게 축적한 부를 진에 소비한다는 단편적인 사실은 부수적인 문제였다. 지킬과 개혁가 동료들이 목표로 삼은 것은 자신들의 시선을 사로잡는 하층민도 진 자체도 아니었다.

빈민층의 주류 선택지가 늘었다는 사실은 훨씬 심각하고 본질적인 문제를 의미했다. 진은 원래 상류층만의 음료였다. 하지만 사치품이자 값비싼 수입 주류였던 진이 저렴한 가격으로 영국 전역에서 아무에게나 유통되고 있었다. 상류층은 이러한 상황을 좌시할 수 없었다. 진이 대중화됨에 따라 사치품과 권력이 지닌 지배구조가 예전처럼 안정적이지 않다고 생각했다. 이렇게 진의 지위가 낮아진다면 상대적으로 빈민층의 지위는 올라가지 않겠는가.

진을 즐기는 사람들은 진의 상징적 의미를 잘 이해하고 있었다. 1689년 오렌지공 윌리엄 3세가 영국 국왕으로 즉위하고, 사람들이 그의 궁중에서의 삶을 따라 한다고 더치 진(Dutch Gin)을 마셨던 것처럼 노동자 계층은 사회적 지위가 높은 사람들을 모방하고 싶어했고, 이 중에는 진을 마시는 것도 포함되어 있었다.

이 시기에 런던에서 번진 진 광풍을 바라보는 시각에도 진실이 숨겨져 있다. 사람들이 실제로 그 어느 때보다 진을 많이 소비한 것은 사실이다. 하지만 개혁가들이 왜 진실을 과장해 이야기했는지는 앞서 기술한 전반적인 상황에 비춰 이해해야 한다. 1723년 런던의 사망률은 출생률을 앞질렀으며 이 현상은 10년간 이어졌다. 1725년에는 음주로 인한 사망자 수가 17명에 불과했다. 음주 사망률이 절정에 달한 1735년에도 이 숫자는 69명이었다. 1735년 이후 종합 사망

률은 지속적으로 증가했으나, 음주로 인한 사망자 수는 감소했다. 이 시기의 사망률이 높았던 이유는 1720년대까지도 런던에는 페스트가 퍼져 있었기에 위생이 좋지 않았고 유아 사망률이 높았기 때문이다. 그럼에도 불구하고 진이 완벽한 공격 대상이 되었을 뿐이다.

많은 사람이 드나들던 영국 화이트채플(Whitechapel) 선술집에 걸린 팻말은 '진 광풍' 시기가 얼마나 통제 불능이었는지를 보여주는 예로 종종 언급된다.

> *1페니면 취하고, 2페니면 고주망태가 될 수 있다네,*
> *몸을 뉘일 깨끗한 짚더미는 공짜라네*

재미난 이야깃거리는 맞지만, 실제 기록에 따르면 이 문구의 첫 등장부터 출처가 불분명하고 각색된 이야기라고 한다. 하지만 이 글귀는 지금까지 전해지고 있다. 영국의 화가 호가스는 작품 〈진 거리〉(1751)에 이 문구를 넣었으며, 다른 작가들도 작품에 이를 언급하며 진 때문에 생긴 사회 불안을 표현했다. 심지어 오늘날 다양한 서적에도 등장하며 진 열풍이 얼마나 대단했는지 그려낸다. 당시 개혁가들에게 힘을 싣는 일이라 할 수 있다. 시내에 진 가게가 얼마나 많았는지도 황폐한 시대상을 보여주는 증거로 자주 언급된다. 영국 런던 북동부의 이스트 엔드나 화이트 채플 지역을 놓고 보면 시민 7.5명당 1개꼴로 진 가게가 존재한 것은 사실이다. 정확히 런던 전체를 살펴보면 인구 38명당 1개의 진 가게가 있었고, 이는 에일 맥주 가게와 유사한 수준이었다. 여기서 주목할 문제는 기득권층이 어떻게 사리사욕을 위해 진과 관련한 이야기들을 왜곡해왔는지, 얼마나 영향력이 막강했으면 오늘날까지도 그 이야기들이 전해지는가다.

위 오른쪽   런던 세인트존스 우드에 있는 크로커스 폴리(Crocker's Folly)는 1898년 진 팰리스[8] 형태로 지어진 펍으로 최근 웅장하게 복원되었다.

---

7 진을 빗대어 부르는 말.
8 영국 빅토리아 시대에 화려하게 꾸민 진 술집.

19쪽 호가스는 작품 〈맥주 거리〉와 대조되는 〈진 거리〉를 통해 진의 음용에 따른 사회적 비용을 강조했다.

여성과 진

2014년 한 인터넷 설문조사에 따르면, 최소한 5명 중 1명은 진을 '여성적인' 주류 같다고 대답했다. 이는 진이 남성적인 주류라고 응답한 비율의 3배에 달하는 숫자였다. 특정 주류에 대한 기호가 어쩌면 이렇게도 성별과 관련이 깊을까.

오늘날 우리는 이처럼 보이지 않는 경계선으로 진을 구분하는 것을 관찰해왔다. 2003년 한 마케팅 담당자는 비피터(→P.91) 또는 탱커레이(→P.111) 등의 남성적인 진과는 달리, 시타델(→P.119)이나 봄베이 사파이어(→P.92) 같은 새로운 컨템포러리 진은 여성적인 진이라고 설명했다. 블룸 진(→P.92)은 출시 당시 여성적인 진으로 포지셔닝한 반면, 랭글리스 넘버 에잇(Langley's No.8)은 '품격 있는 신사'를 주 고객으로 겨냥한다. 진은 실제로 남성적이거나 여성적인 특성이 있는가. 진과 성별은 과연 어떤 관계가 있는가. 흥미로운 역사적 사실을 통해 진이 왜 여성적인 이미지를 갖게 되었는지 알아보자.

15세기경 증류는 주로 여성의 역할이었다. 당시 문헌에는 여성이 증류기를 사용하는 삽화가 남아 있다. 그때만 해도 증류는 대체로 가정에서 의료 목적으로 행하는 가사 업무였다. 증류 장소가 가정에서 외부로 옮겨가고, 증류 목적이 의료에서 유흥으로 변하자 증류에 가담하는 남자의 수도 증가했다. 그 와중에도 식물 원료를 구하는 단계까지는 참여하지 않았다. 이렇게 탄생한 완제품은 철저하게 정부의 규제를 받았다. 새로운 법률에 따른 규제 강화로 여성이 기소당하는 일이 늘어난 것도 이 시기다.

17세기 독일에서는 시중의 곡물 증류주를 줄이기 위한 법을 통과시켰고, 이로 인해 여성이 불공평하게 규제의 표적이 된 것으로 보인다. 이는 진 조령이 생긴 18세기 영국 런던에서도 동일한 형태로 관찰된다.

18세기 초 런던의 여성들은 진 때문에 다양한 기회를 얻었으며, 진을 '여성의 기쁨(Ladies Delight)'이라고 표현한 사람들은 여러모로 맞는 말을 했다고 볼 수 있다.

영국의 젊은 여성들은 일자리가 증가함에 따라 런던으로 몰려들었다. 일자리의 증가로 경제력이 확대되었고, 더 나아가 기존에 금지되었던 영역으로 진출할 수 있게 되었다. 이 시기, 즉 1700년대 초 런던에서는 남녀가 같은 사회적 공간에서 술을 마셨다. 역사적으로도 이렇게 같은 공간에서 술을 마시는 시기는 손에 꼽는다. 진 외에도 술을 마실 수 있는 장소는 많았다. 맥주를 판매하는 맥줏집도 흔했으나, 여자들이 스스로 가는 일은 흔치 않았다. 에일 맥주가 진보다 비쌌기 때문이다.

진을 판매하는 선술집의 술값이 상대적으로 저렴했던 이유는 경쟁이 믿을 수 없을 정도로 치열했기 때문이다. 어떤 지역은 5가구당 선술집 하나가 있을 정도로 많았는데 이들은 모두 박리다매 전략을 추구했다. 여성을 환대하는 분위기가 형성된 것도, 예전부터 진이 여성을 위한 술이라는 인식이 생긴 것도 진 경제 형성에 하나부터 열까지 관여한 여성들이 있었기 때문이다.

진 시장의 성장에 따라 이 시기 여성들은 두 번째 기회를 얻게 되었다. 젊은 여성들은 돈과 일자리가 필요했는데, 마침 진 유통업은 별다른 기술이 필요하지 않아 진입장벽이 낮았고, 강력한 유통 조직도 부족한 상황이었다. 1725년부터 1750년 사이 일부 도시의 진 판매상 중 4분의 1 이상은 여성이었다. 하지만 이 판매상 중 대부분은 합법적인 면허를 소지하지 않았다.

막대한 기회가 찾아온 만큼 엄청난 위험도 도사리고 있었다. 특히 18세기 런던 사회계층의 밑단에 위치한 미혼 여성들에게 닥쳐왔다. 1736년 진 조령에 따라 면허 없이 진을 판매하는 사람을 밀고하면 보상이 주어졌는데, 이때 기소된 사람의 약 70%가 이들이었다. 거의 모두가 미혼 여성이었으며, 다수가 벌금을 내지 못해 철창에 갇히고 말았다. 런던 사람들은 마치 폭풍을 쫓아내듯 일시적으로 여성을 상거래와 지하세계에서 밀어낸 편향된 기소율에 주목했다.

'진 어머니'에서 연상되는 이미지는 당시 그 어떤 산업보다 여성의 비중이 컸던 주류 산업과 밀접한 연관이 있어 보인다. '마담 제네바(Madame Geneva)⁹'는 실제로 여성을 의미한 것이다. 윌리엄 호가스의 작품 〈진 거리〉와 〈맥주 거리〉 가운데에 여성이 있는 것은 어쩌면 당연한 일이다. 그의 작품 속 여성의 기괴하고 일그러진 모습은 대중이 진을 어떻게 생각했는지 가늠케 한다.

---

9 진을 빗대어 부르는 말.

1700년대 후반 〈진 거리〉를 포함한 저렴하고 호소력 짙은 작품들이 인기를 얻는 동안, 음주 문화에는 변화가 일었고 여성은 다시금 문화의 구성원이 아닌 희생양으로 그려졌다. 모든 유행에는 끝이 있는 법. 100년 전인 18세기 초와 같이 남녀가 함께 술을 마시는 공간이 반짝하고 다시 생겨났다.

진 팰리스(Gin palace)는 최대한 많은 양의 진을 빠르게 공급할 수 있도록 거대하고 정교하게 꾸며진 공장과 같았다. 펍과 달리 사람들이 오래 머무를 만한 모든 요소를 제거했다. 판매량 극대화에 초점을 맞춘 가운데 1825년 시행된 증류주 세금 감면 혜택을 십분 활용할 수 있었다. 싸구려 진을 다시 구할 수 있었고 짧은 황금기 동안 남녀는 같은 사회 공간에서 술을 마실 수 있었다. 비공식적인 집계이기는 하지만 공장 인근의 진 팰리스에서는 남자보다 여자가 더 많았다고 한다. 그러나 여전히 당대의 금주론자들은 사회적 구속을 이야기하며 정숙한 여성은 술, 그중에서도 특히 진을 마시지 않는다고 강조했다.

아니면 정숙한 여성들은 진을 마시더라도 다른 이름으로 불렀을 것이다. 진이 전문화됨에 따라 부스(Booth's)나 탱커레이 같은 브랜드가 설립되는 등 진에 대한 평판이 명백히 개선되고 있었다. 하지만 호가스처럼 진을 자신의 의견을 개진하는 상징으로 삼고 금주운동 등을 펼친 사람에게는 여전히 역사를 앞서간 강력한 아이콘으로 남아 있었다.

오늘날 전반적인 증류주 생산과 증류 작업은 압도적으로 남성 중심의 직업으로 여겨진다. 하지만 전 세계적으로 증류회사가 폭발적으로 증가함에 따라 누구에게나 기회를 열어놓고 있다. 2006년 조앤 무어(Joanne Moore)는 영국 체셔에 위치한 G&J 그린올 디스틸러리의 총책임자인 마스터 디스틸러가 되었고, 많은 여성이 미국과 영국의 신규 증류소에서 중요한 역할을 맡고 있다.

진과 여성을 연관지어 생각하는 이유는 역사적으로 여성이 기회를 추구하고 열망하는 모습에서 쉽게 가늠할 수 있다. 역사 외적으로는 왜 이러한 구분법이 생겨났는지 이해하기 어렵다. 다행히도 주류업계는 틀에 박힌 성 역할에 따라 진을 생산하는 기존의 관습에서 탈피하고 있다. 아마도 우리는 앞서 이야기한 인터넷 설문조사에서 반대로 위안을 찾아야 할 것이다. 거의 70%에 달하는 사람들이 진은 성별과 연관성이 없다고 대답했다. 물론 아직도 마케팅 담당자들은 남성보다 여성에게 진을 파는 것이 이득이 된다고 생각할지 모른다. 반대로 남성에게만 집중하는 것이 좋다고 생각할 수도 있다. 광고는 특정 계층을 우선적으로 겨냥하기 때문이다. 하지만 마티니를 탱커레이로 만들든 블룸으로 만들든 선입견 없이 맛에만 집중한 채 건배를 들자. 마담 제네바를 위하여라고! 호가스의 판화를 장롱 깊숙이 감춘 당신을 위하여라고!

금주법 시대와 칵테일

진은 칵테일을 만들기 완벽한 스피릿[10]으로 평가받는다. 스피릿은 17세기에서 18세기 동안 다양한 형태로 음용되었지만, 진이 한 단계 진화한 것은 칵테일의 발전과 유행 덕분이었다. '칵테일'이라는 용어의 어원은 이견이 다양하다. 미국 독립전쟁 동안 프랑스 장교들이 마신 혼합주를 뜻하는 프랑스어 코케텔(Coquetel)에서 유래했다는 설도 있다. 하지만 칵테일 제조기술은 미국에서 완성되었다.

주류 역사가들은 칵테일이 '세계의 상상력을 사로잡은 최초의 독특한 미국 문화 상품'이라고 평가했다. 1850년대는 아침에 상쾌하게 기운을 차리게 해주는 칵테일을 많이 마셨으며, 1862년에는 제리 토마스(Jerry Thomas)가 기념비적인 가이드북《How to Mix Drinks: or The Bon-Vivant's Companion》을 출간했다. 토마스는 진 펀치(Gin Punch, 라즈베리 시럽·설탕·레몬·오렌지·파인애플·물·얼음을 섞어 만든다), 진 줄렙(Gin Julep) 등 진 음료 레시피뿐 아니라 다양한 진을 만드는 법도 기록했다. 당시 미국산 진은 백색 증류주에 주니퍼 방향유와 단미시럽[11]의 풍미를 더하는 방식으로 만들어졌다. 반면 영국 진은 알코올에 주니퍼와 테레빈유[12]를 녹여 생산했다. 토마스는 런던 코디얼 진(London Cordial gin)을 제시했는데, 이는 기존 영국 진에서 테레빈유를 제거하고 안젤리카·고수·단미시럽을 추가한 형태였다. 확실히 이 시기의 진은 단맛이 뚜렷했다.

마티니의 탄생으로 감미료를 첨가하지 않은 진이 유행하게 되었다. 진은 칵테일 문화가 번성함에 따라 그 중심축에 자리 잡았다. 하지만 이 시기의 진은 제리 토마스 시대의 진과는 결이 달랐다. 오늘날 우리가 익숙한 진처럼 드라이한 진이었다.

마티니의 인기가 상승하고, 제리 토마스 가이드북이 1887년 재판되는 시기와 맞물려 칵테일의 첫 황금기가 시작되었다. 새로운 칵테일 레시피가 쏟아져 나왔는데 그중 일부는 거의 수정되지 않고 오늘날까지 통용된다. 1876년 톰 콜린스 칵테일에 대한 공식적인 기록이 남았고, 마르티네즈는 1884년, 마티니는 1896년에 기록되었다. 왕성한 창작 활동은 20세기 초까지 유행했으며, 1919년에는 네그로니가 탄생하기 이른다. 진을 즐기는 사람에게는 아름다운 나날일 수밖에 없다. 1920년 1월 17일, 미국은 부분적인 금주 정책을 시행한다. 술의 판매나 구매 등 거래 행위가 금지되었다. 하지만 마시는 것은 합법으로 남았다. 따라서 술을 비축할 경제적 여유가 있던 사람들은 법의 비호를 받을 수 있었다.

금주법이 시행된 시기에 왜 사람들이 칵테일을 선택했는지 설명하는 많은 이론이 있다. 이 시기에는 수많은 사람이 최악의 독성 스피릿으로 저급하게 밀조한 '배스터브 진(Bathtub gin)[13]'을 마셨기 때문에, 이 조악한 술을 마실 만하게 만들려면 칵테일이 필수적이었다는 것이다.

---

10 양조주를 증류한 주정이 강한 증류주를 총칭하는 영어 표현.
11 설탕과 물로 만드는 진한 감미액.
12 소나무에서 얻는 무색의 정유.

이 이론도 어느 정도는 신빙성이 있어 보이지만, 많은 영국 진 생산자가 이처럼 침체된 시기에도 작은 카리브해 섬나라, 캐나다와 활발한 교역을 했다는 사실에 주목해야 한다. 칵테일의 부흥을 설명하는 또 다른 주장은 금주법 시행 직전에 미국에서는 맥주가 유행했는데 맥주와 맥주 양조 장비를 숨기는 것이 어려워서 증류주를 선택해야 했다는 것이다. 이 주장에 따르면 스피릿은 금주법 시대를 대비해 맞춤형으로 탄생한 듯 보인다.

진은 이처럼 제약이 많은 시대에 적합한 주종이었다. 진 광풍 시기에도 보았듯 증류업자가 맛을 끌어올리기 위해 손쉽게 활용할 만한 증류주로는 진이 제격이었다. 위스키는 오랜 숙성 기간이 필요해서 고려 대상이 아니었다. 보드카는 유행에 수년간 뒤떨어져 있었으며, 설상가상으로 제약이 많던 금주법 시기에 별다른 풍미가 없는 순수하고 깔끔한 맛을 뽑아내기란 불가능에 가까웠다. 럼은 더더욱 어려웠다. 그러나 진에는 향미를 더할 수 있었다. 따라서 금주법의 영향으로 밀수한 진보다는 밀조한 진을 선택해야 했던 상황에서는 자연스럽게 다른 스피릿보다 진으로 갈 수밖에 없었다. 결국에는 주니퍼의 효용성이 한 번 더 발휘된 것이다. 이러한 상황이라면 두 번째 금주법이 시행되더라도 두려울 것이 있겠는가.

미국 금주법이 낳은 또 다른 유산은 '칵테일 아워(Cocktail hour)'다. 사람들은 술을 곁들이지 않는 저녁 식사에 참석하기 전인 오후 시간에 한두 잔의 술을 즐겼다. 이 용어는 금주법 시행 한참 전부터 있었으나, 1920년대 중반부터 본격적으로 사용되었다. 〈뉴욕타임스〉에서는 칵테일 아워가 프랑스로 확장된 것을 보도했고, 이를 홍보하는 과정에서 캐주얼한 민소매 드레스가 등장하기도 했다. 칵테일파티와 완벽히 어울리지 않는가! 금주법이 끝나기까지는 아직 몇 년이 남아 있었으나 칵테일 아워는 공공연한 비밀처럼 자유롭게 홍보되었다. 금주법 시행 동안 뉴욕의 알곤퀸호텔에서는 재치있고 날카로운 비평가들의 모임인 알곤퀸 라운드 테이블이 만들어졌다. 이 모임의 멤버 도로시 파커는 '4잔이면 호스트 아래에 있지'로 끝나는 마티니와 관련한 시구를 남겨 유명해졌다.

훗날 파커의 전기를 남긴 작가가 파커는 스카치위스키를 즐겨 마셨다고 기록했음에도 전설적인 비평가는 오래도록 진 마티니와 함께 기억되었다. 그 어떤 술보다 훌륭한 진 마티니만이 이처럼 특별한 관심을 이끌었으며, 이러한 분위기 아래서 지성인들은 짓궂은 장난과 재치 있는 농담을 나눴다. 술과 문화의 연관성을 결부 지어 바라볼 때 공식적으로 금주법이 시행된 시기에도 진의 위치가 뚜렷했음을 보여주는 사건이라 할 수 있겠다.

금주법이 폐지되자 〈뉴욕타임스〉는 여러 도시와 그 너머에서 일어나는 일을 다루는 라이프스타일 기사를 실으려고 칵테일 아워의 트렌드를 조명했다. 1933년 칵테일은 광고 페이지를 벗어나 1면을 장식했고, 지하세계를 벗어나 우리의 식탁 위로 올라왔다. 짧은 시간 만에 정상의 위치를 탈환한 것이다. 1934년 파리 사람들은 칵테일 아워를 '프렌치 와인 아워'로 바꾸려 노력했다. 하지만 영국 진을 찾는 소리만 울려 퍼지니 진의 지배가 다시 시작된 것이다!

13 주로 전문적이지 않은 환경이나 집에서 만든 진을 총칭하며, 금주법 시대의 밀주를 일컫는 말로 처음 쓰였다.

진 르네상스

1940년대 진은 난관에 봉착한다. 2차 세계대전이 지속되며 로켓 엔진을 가동하기 위한 동력으로 180프루프[14]의 곡물 알코올이 필요했기 때문이다. 세계적으로 증류업자들이 곡물을 로켓의 연료로 사용함에 따라 자국 시장에서는 중요도가 덜한 다른 재료에 눈을 돌리기 시작했다.

미국에서는 사탕수수·당밀·감자 등으로 진을 생산했으나 공급 부족 탓인지 맛 때문인지 매출은 급감했다. 주니퍼와 다른 식물 성분으로 베이스 스피릿의 맛을 감출 수는 있었지만, 사람들은 탱커레이나 고든스의 깨끗한 맛에 익숙해져 있었다.

동시에 다른 증류주가 서서히 두각을 드러냈다. 칵테일 세계의 가장자리에 있었던 보드카는 급속도로 주류의 반열에 오르고 있었다. 〈뉴욕타임스〉는 1953년에서 1954년 사이 이전보다 3배 이상 보드카를 다뤘고, 그로부터 불과 10년이 되기도 전에 언급량은 2배 이상 늘었다.

1954년 한 기사에서는 '보드카 유행'을 다루며 보드카를 마실 때는 항상 간식을 곁들이고, 보드카 병에 레몬과 오렌지 껍질을 넣어 마실 것을 추천했다. 아이러니하게도 무색투명하고 순수한 보드카의 중성적인 특성을 그 시작부터 느낄 수 없었다. 보드카는 진의 본고장인 영국에서도 유행했다. 1954년 영국에서는 1917년 이후 처음 보드카를 수입하게 된다.

진의 추락과 보드카의 부상에는 제임스 본드의 책임과 공이 동시에 존재한다. 1953년 출간된 이안 플레밍의 책 《007 카지노 로열》에서 주인공 본드는 현대 칵테일 마니아들에게도 널리 알려진 베스퍼를 주문한다. 이 칵테일을 떠올리면 제임스와 그의 보드카 사랑이 연상되지만, 이 칵테일에는 제임스가 직접 이름을 언급해 부를 만큼 상당히 중요한 재료인 진이 상당량 들어간다. 그는 "고든스를 보드카와 3 : 1로 넣어주세요. 오래된 보드카라면 어떤 것이든 상관없어요"라고 말한다. 당연히 칵테일은 젓지 않고 흔들어서 나온다. 오래된 보드카와 진을 섞는 제임스 본드만의 취향이 돋보여 많은 사람의 기호를 바꿔놓기도 했다. 영화에서도 상

당히 기억에 남는 장면일 것이다.

진의 위상은 1960년대 후반 바닥을 치지만, 1970년대부터 1980년대 사이 미국에서 다시 부상한다. 보드카 정도로 확대된 것은 아니었지만 1980년대 짧게 끝난 신금주운동 아래에서도 유행처럼 퍼져갔다. 〈뉴욕타임스〉가 꾸준한 인내 끝에 다시 인기를 얻은 진을 극찬한 반면, 〈타임〉지는 진으로 만든 대표적인 칵테일과 함께 '골동품'이라며 평가절하했다. 마티니의 상징성은 10년간 논란의 대상이 되었다. TV 프로그램 〈매드 맨〉 같은 복고주의자들로 인해 다시 인기를 얻은 스리 마티니 런치(Three-martini-lunch)[15]는 술의 사회적 역할을 논할 수 있는 상징적인 공간이면서도 현실에는 존재하지 않을 것 같은 영역이었다.

게다가 진은 대중에게 신선함을 주지 못하고 있었다. 고든스, 비피터, 탱커레이, 시그램스 같은 유명 진은 활발한 광고로 각자의 시장을 장악하고 있었으나 새로운 소비자를 유인할 만한 노력은 거의 찾아볼 수 없었다. 아빠들이나 찾는 진을 좋아하든가 진 자체를 좋아하지 않거나 둘 중 하나였다. 하지만 1987년 봄베이 사파이어가 출시되자 변화가 시작되었다. 술 가게 선반을 가득 채울 만한 술이 등장한 것이다. 밝은 파란색의 독특한 사각 병은 사람들의 시선을 사로잡았다. 술의 식물 성분은 병 뒷면에 정확히 적혀 있었고, 라벨에 그려진 그림은 전통적인 진의 이미지와 인도의 이국적인 느낌을 섞어냈다. 진정으로 진의 행보를 바꾼 것은 맛이었다.

봄베이 사파이어는 생기 있고 이국적인 고수 향을 풍겼는데 오늘날 우리에게 익숙하지만, 당시에는 그 어떤 굴지의 진에서도 느낄 수 없는 강력한 향미였다. 감귤 향이 강하게 도드라지는 프로필을 지녔는데 이는 칵테일로 만들었을 때 특히 잘 나타났다. 지금이야 많이 친숙해졌지만, 당시만 해도 가장 특색 있는 진이었다. 봄베이 사파이어는 지금도 좋은 진으로 입지가 튼튼하다. 출시 당시 얼마나 급속도로 호평을 쓸어 담았을지 가히 상상하고도 남음 직하지 않은가. 2000년이 되자 봄베이 사파이어 마티니는 별도의 이름이 붙여 진 칵테일로 자리 잡았다.

---

14 술의 도수를 표현하는 미국식 단위로, 이 숫자를 2로 나누면 일반적인 백분율 표시와 같다.

15 3잔의 칵테일을 마시는 호화로운 점심 문화.

1987년 봄베이 사파이어
진 르네상스의 발판을 마련하고 진이 표현할 수 있는 맛의 한계를 뛰어넘었다.
전통적인 진과는 다른 향을 강조하고 식물의 특성을 살려냈다.

1996년 크레이터 레이크 진
1990년대 중반 당당하게 미국에서 출시한 진으로, 증류 후에
주니퍼를 침출하는 방식을 통해 맛의 새로운 지평을 열었다.

1997년 탱커레이 말라카
시대를 앞서간 느낌이 드는 진으로,
바닐라와 감귤의 풍미, 약간의 달콤함이 맴돈다.
2013년 생산이 재개되었다.

1999년 헨드릭스/마틴 밀러스
같은 해에 영국에서 출시되었으며 두 상품 모두
오이 향이 도드라진다. 진에서 주니퍼 외에 다양함을
느낄 수 있음을 일깨워줬다.

2004년 젠슨스 버몬지 런던 드라이 진
더는 생산하지 않는 진들에서
영감을 받아 새롭게 탄생한 진이다.
1900년대 초 진 스타일에 뿌리를 두고 있다.

2005년 에비에이션 아메리칸 진(Aviation American Gin)
하우스 스피리츠(House Spirits) 증류소에서 생산한 진.
꽃과 부드러운 향신료를 느낄 수 있는 새로운 영역의
진도 있음을 알려주었다.

2006년 블루코트 아메리칸 드라이 진
필라델피아 디스틸링은 감귤류가 또렷한
특유의 풍미를 앞세워 영국의 진을 재해석한
미국 진의 기틀을 다졌다.

2006년 지바인 플로라종
포도 증류주 베이스의 진으로 꽃 향, 알싸한 향과 함께
복합적이면서도 전통을 벗어난 특성을 지닌다.
전 세계적으로 실험적인 진이 생산되고 있음을 보여준다.

2007년 데스 도어 진
'로컬' 진에 대한 기대치를 높였다. 위스콘신주 워싱턴
아일랜드의 밀과 지역산 고수, 지역산 펜넬을 사용했다.
그 지역을 대표하는 상품이라 할 수 있다.

2008년 시타델 리저브
자사의 기본 시타델 진으로 진 시장에 일찍이 뛰어들었다.
프랑스 오크통에 숙성한 시타델 리저브를 출시하며
새로운 분야를 개척했다.

2011년 퓨 아메리칸 진
진한 곡물 향 베이스의 진으로, 게네베르와도 전통적인 진과도
다른 특성을 보인다. 모든 생산 공정이
증류소 현장 내에서 이뤄진다.

2012년 필리어스 드라이 진 28
벨기에의 유명한 게네베르 증류소는 거의 100년이 넘은 레시피를
기반으로 향긋하고 꽃 향이 가득한 진을 출시했다.

2012년 시티 오브 런던 드라이 진
200여 년 만에 최초로 런던시에 지어진 증류소에서 생산한
진이다. 진 르네상스가 마침내 진이 뿌리내렸던 곳으로
되돌아간다고 할 수 있겠다.

20세기 중반 진 광고를 진행한 브랜드는 대체로 유명 브랜드였다.
사람들이 진을 찾을 때도 수 세기 동안 함께 봐왔던 브랜드를 찾았
다. 불과 10년이라는 짧은 시간에 진 문화에는 대대적인 변
화가 일어났다.

오른쪽 영국 햄프셔에 위치한 봄베이 사파이어 증류소에
서 사용하는 식물을 전시한 온실은 유명한 토마스 헤더
윅 스튜디오에서 디자인했다.

크래프트 진의 부상

진은 크래프트 맥주 열풍과 비슷하게 대대적인 크래프트 진 돌풍을 겪는다.

맥주와 마찬가지로 1960년대 인기가 급감한 진은 1970년대와 1980년대에 부활하기 시작했다. 1990년대 칵테일이 다시 대중화되고, 봄베이 사파이어나 헨드릭스같이 새롭고 파격적인 브랜드가 등장하며 유럽에서는 혁명적인 변화가 일어났다.

2000년이 되자 뉴욕시의 술꾼들은 새천년을 환영하며 봄베이 사파이어 마티니를 실컷 마셔댔다. 당시 신문기사에서 한 커플은 "완벽한 마티니는 봄베이어 사파이어에 마티니 앤 로시 베르무트(Martini and Rossi Vermouth)를 한 방울 떨어뜨리면 완성되죠"라고 인터뷰했다. 2005년에도 사람들은 여전히 봄베이 사파이어 마티니라고 진 이름을 붙여 이야기했다. 다만 이번에는 얼음 없이 스트레이트로 올리브 한 알을 넣어 마셨다. 봄베이 사파이어는 높은 사회적 신분을 나타내는 상징이 되었으며, 수 세기 동안 명맥을 유지해 온 유명 브랜드들과 단숨에 어깨를 나란히 했다. 많은 사람은 이를 훌륭한 광고와 마케팅 전략 덕분이라고 한다. 물론 틀린 말은 아니다. 하지만 마케팅으로는 어디까지나 첫 잔까지만 팔린다. 두 번째, 세 번째 잔부터는 훌륭한 맛과 상품성이 뒷받침되어야만 판매할 수 있다. 봄베이 사파이어는 그 틈을 발견하고 성공적으로 파고들었다.

새로운 진의 증가

지금은 미국 크래프트 증류주의 창단 멤버 격으로 평가받는 브랜드들이 1990년대에 시장을 강타한다. 1996년 앵커 브루잉 컴퍼니(Anchor Brewing Company)는 주니페로(Junipero)를 출시했으며, 그해 벤디스틸러리에서 출시한 크레이터 레이크 진은 시장에 엄청난 반향을 일으켰다. 1990년대 후반이 되자, 프랑스의 한 코냑 증류소에서 생산한 시타델이나 영국 해군과의 연관성으로 널리 알려진 플리머스 진은 미국 시장에 깊숙이 진출하게 되었다.

많은 유명 브랜드는 이러한 흐름에 편승했다. 수년간 유명 진으로 위치를 공고히 한 탱커레이 진에서는 탱커레이 말라카를 출시했고, 평소에 진을 마셔본 경험이 없던 사람들도 칭찬을 아끼지 않았다. 하지만 달콤하고 꽃 향이 도드라진 프로필은 봄베이 사파이어처럼 인기를 얻지 못했고 2001년 생산이 중단되었다. 12년이 지난 후에야 재출시되어 우리 곁으로 돌아왔다.

독특하고 참신한 광고로 세기의 입맛을 바꾸는 데 가장 큰 역할을 한 브랜드는 아마도 새천년을 시작하며 출시한 헨드릭스일 것이다. 증류 작업 후에 장미와 오이를 첨가해 꽃 향을 더욱 살려낸 드라이 진이다. 주니퍼를 강조하지 않고도 충분히 진다울 수 있음을 널리 알렸다. 헨드릭스의 출현으로 진은 싫어하지만, 헨드릭스는 좋아한다는 사람들이 생겨날 정도였다.

이처럼 꽃 향을 강조한 진은 꾸준히 늘어났고, 이렇게 10년간은 기존의 유행에서 벗어난 참신한 진이 확산되었다. 지바인에서 출시한 플로라종, 마젤란의 대표적인 블루 진인 마틴 밀러스 웨스트본과 스탠다드 진뿐 아니라 성공적으로 탱커레이 브랜드의 신규 라인으로 자리 잡은 탱커레이 넘버 텐까지 다양한 브랜드가 2005년에서 2006년 사이 대중에게 다가갔다. 진이 미국 크래프트 증류 산업에 본격적으로 진입한 해라고 할 수 있다.

주니페로나 리오폴드(Leopold's) 같은 브랜드도 잇따라 출시되었다. 개인적으로는 로그, 노스 쇼어(North Shore), 필라델피아 디스틸링, 하우스 스피리츠에서 동시에 진을 출시한 2006년이야말로 크래프트 진 역사의 분수령이었다고 생각한다. 하우스 스피리츠에서 출시한 에비에이션 아메리칸 진은 새로운 역사의 시작이라는 메시지를 가장 강력히 선언한 진일 것이다. 하우스 스피리츠의 증류주 생산자 라이언 매가리언(Ryan Magarian)은 널리 알려진 에세이를 통해 자신의 진이 다른 진 속에서 새로운 영역을 개척했다고 공표했다. '뉴 웨스턴 드라이 진'이 그 이름이었으며, 잘 알려진 헨드릭스나 탱커레이 넘버 텐을 비롯해 소규모 증류소에서 출시한 새로운 진들을 이 카테고리로 묶었다.

2005년에서 2006년 사이 진은 미국 증류 산업에 온전히 뿌리내리기 시작했다. 한때는 좁기만 했던 카테고리가 확장되자 진 전통주의자들은 '뉴 웨스턴 진', '뉴 아메리칸 진', '컨템퍼러리 진' 등의 신규 용어를 시장에 쏟아내며 범주를 정의하고자 노력했다. 이러한 진들은 기존의 전통을 거부하고 주니퍼에 다른 향을 첨가하거나 강조했다. 이런 형태의 진이 빠르게 확산된 것은 미국 크래프트 증류 산업의 대대적인 변화 때문이기도 하지만, 단일 지역이나 한 국가에 국한된 일은 아니었다.

27쪽 호주는 멜버른 지역에서 전통적인 요식업 문화를 보완하는 새로운 부티크 증류소를 설립하는 등 선봉장 역할을 하고 있다.

많은 사람은 진이 침체기를 겪어서 감귤 향이 강한 보드카가 인기를 얻고, 더 나아가 감귤과 꽃 향이 뚜렷한 현대의 진이 탄생했다고 말한다. 하지만 이러한 스타일의 진이 탄생한 것은 금주법 시대 이후 미국의 규제 완화와 이에 따라 증류 산업으로 노동력이 유입된 사회 변화 때문이라고 보는 것이 더욱 정확하다. 진의 미래를 다르게 바라본 사람들은 자신만의 진을 만들기 시작했다. 이는 수십 년 전 크래프트 맥주가 전 세계 시장을 휩쓸 당시, 크래프트 양조업자들이 했던 행동이었다. 확실히 크래프트 증류는 크래프트 양조를 이끈 선구자들의 덕을 상당히 봤다. 미국의 초창기 진 증류업자들도 그전에는 맥주를 양조하지 않았던가.

크래프트 진이라는 새로운 스타일의 진이 에비에이션이나 그 외의 미국 서부 진이 시장에 공개되기도 전에 세계적인 인기를 얻었다는 사실이 우리가 왜 '컨템포러리 진'이라는 공간을 초월한 형태의 진을 좋아하는지 설명해준다. 미국을 비롯한 모든 지역에서는 주니퍼가 뚜렷한 진도 여전히 생산하고 있다.

기에는 변화를 줄 수 있는 요소가 많지 않았다. 진이야말로 임시로 정착하기 완벽한 시장이었다. 진은 거의 한 번에 생산·병입·판매까지 이뤄질 수 있었다. 독창성도 명확히 보여줄 수 있었다. 무엇보다 초기 진업계에는 별다른 잡음이 없었다. 성과를 낼 수 있는 완벽한 틈새시장이었다. 증류업자들은 자유로운 시장 진입을 꾸준히 요청했고, 이것이 가능해지면서 기존의 진과는 확연히 다른 새로운 맛의 지평을 여는 데 일조했다.

그저 먹고살기 위해 진을 생산하는 업자들도 많았지만, 진정 진을 사랑해서 만드는 사람들도 많았다. 그들은 진에 대한 가득한 애정만큼 진이 지닌 새롭고 독특한 맛을 선보였다.

진이 인기를 얻은 또 다른 이유는 대중문화 때문이다. 미국 드라마 〈매드 맨〉에서 1960년대 뉴욕과 매디슨가를 매혹적이고 세련되게 그려낸 덕에 고전 칵테일은 다시 인기를 얻게 되었다. 심지어 〈매드 맨〉 칵테일 어플리케이션이 있을 정도다.

세계적인 현상이 되기까지

진의 엄청난 인기를 설명하는 몇 가지 이유가 있다. 먼저 생산성이다. 신규 증류업자들이 늘어났고, 이들은 저마다 위스키를 비롯한 숙성 증류주를 시장에 선보이려 했다. 하지만 이러한 증류주는 판매 전까지 숙성 기간이 필요했고, 업자들은 그동안 숙성이 필요 없는 증류주로 눈을 돌렸다. 보드카 시장은 유명 브랜드로 포화 상태인 데다가 새로운 색깔을 보여주

드라마는 프렌치 75, 깁슨은 물론 슬로 진 피즈 같은 클래식 진 칵테일을 담아냈다. 이처럼 대중문화를 통해 칵테일은 다시금 낭만적으로 묘사되었고, 진은 다시 유행하게 되었다.

큰 영향력은 없었지만 많은 신문기사는 2000년부터 2009년까지를 칵테일의 10년이라고 선언했다. 2000년대 초 바텐더들은 새로운 콘셉트의 칵테일을 실험적으로 만들었고, 2005년 이후에는 고전적인 칵테일을 재해석해 선보였다. 칵테일 문화의 부흥이 진의 발전에 도움을 준 것은 명백한 사실이다. 수많은 칵테일의 재료로 진을 사용하지 않는가. 하지만 이것만이 유일한 이유라고는 할 수 없다.

진이 발전한 원인이 무엇이든 간에 2003년 70개에 불과하던 미국의 크래프트 증류소는 2014년 600개 이상으로 늘었다. 오늘날 미국 시장에만 최소 150개 이상의 크래프트 진이 존재한다. 새로운 상품이 매일같이 출시되는 것처럼 느껴질 정도다. 하지만 크래프트 증류주의 폭발적 증가는 비단 미국만의 일은 아니다. 2012년 런던에 설립된 시티 오브 런던 디스틸러리(City of London Distillery)는 200년 만에 처음 생긴, 런던 시내에서 증류 작업을 진행하는 증류소다. 뒤이어 십스미스 인디펜던트 디스틸러스, 세이크리드 스피리츠 컴퍼니, 코츠월즈 디스틸러리 등 다른 증류소들도 런던에 둥지를 틀었다. 런던 시민들은 아마도 진 광풍 이후 처음으로 이토

록 다양한 국산 진을 즐길 것이다. 크래프트 스피릿은 캐나다에도 뿌리내려 2014년 기준 최소 30여 개의 진이 시장에 유통되고 있으며 꾸준히 증가하고 있다. 호주 증류업자들은 비록 세금이 높아서 어려움을 겪고 있지만, 캥거루 아일랜드 스피리츠(Kangaroo Island Spirits), 포 필러스, 멜버른 진 컴퍼니(Melbourne Gin Company) 같은 창의적인 증류소들은 환상적인 진을 만들어낸다. 스페인·프랑스·독일뿐 아니라 훌륭한 진과는 거리가 멀어 보이는 콜롬비아나 뉴질랜드에서도 수많은 로컬 크래프트 스피릿이 생산되고 있다.

일부 전통주의자는 여전히 주니퍼가 강하게 느껴지지 않는 진이 인기를 얻는 현상과 진 르네상스를 안타깝게 생각한다. 나는 지금 이야말로 진을 즐기기 최적의 시기라 생각한다. 진이라는 작은 범주 안에서 그 어느 때보다 다양한 선택지와 창의성을 맛볼 수 있기 때문이다. 많은 사람은 전통적인 스타일에서 탈피한 일부 영국 업자들이 보드카를 마시는 사람들을 유인하면서 진이 폭발적인 인기를 얻기 시작했다고 말한다. 미국은 잽싸게 진을 수용했고 자신들만의 지역 상품을 길러낼 수 있는 기반을 마련했다. 진의 폭발적인 확장은 여기서 시작된 것이다. 뭔가 터질 듯한 조짐을 보인 지 불과 10년도 지나지 않아서다. 크래프트 진의 혁명은 전 세계적으로 일어나고 있으며 각지의 증류업자들은 자신만의 색깔 있는 진을 만들기 위해 애쓰고 있다.

28~29쪽 최근 10년간 출시된 진은 병의 모양도 맛도 매우 다양하다.

진 바로 알기

진 생산 방법

진을 생산할 때는 2가지 중요한 요소가 있다. 첫째는 증류다. 진 생산의 필수 기술로 완제품의 품질에 영향을 미친다. 둘째는 어떤 식물이나 재료를 방향 물질로 선택하는가다. 이 세상에 다양한 식물이 없었다면 지금의 진도 없었을 것이다. '진의 식물 재료'(→P.42~59)에서는 예부터 지금까지 증류업자들이 쓰는 방대한 종류의 식물 성분을 다뤄보겠다.

오늘날 거의 모든 진은 2단계 공정으로 기획되고 증류된다. 1단계에서는 곡물이나 과일을 발효시킨 후 이를 증류해 베이스 스피릿, 즉 주정 또는 기주를 만든다. 2단계에서는 1단계에서 만든 베이스 스피릿에 주니퍼를 비롯한 방향 식물 재료를 첨가한 뒤 재증류해 완제품을 탄생시킨다. 여기까지가 간략한 진의 생산 공정이다. 물론 처음부터 끝까지 진을 어떻게 만드는지는 훨씬 복잡하다. 기초 단계부터 차근차근 알아보자.

베이스 스피릿 생산

진 생산 공정 1단계에서 만드는, 일반적으로 아무런 특징이 없고 투명한 뉴트럴 스피릿(Neutral spirit)은 흔히 보드카로 알려져 있다. 하지만 진의 기주를 생산하는 단계에서 추구하는 목표는 보드카를 생산할 때와 다르다. 보드카는 대체로 최대한 순수하고 아무런 특징이 없게 만드는 반면, 특히 컨템포러리 진을 비롯한 진을 만들 때는 완벽하게 순수한 베이스 스피릿이 항상 최우선 목표는 아니다.

일부 과일이나 곡물은 증류를 거쳐 짙은 흙 향이나 생기를 드러내기도 하는데, 진 증류 전문가들은 식물 성분을 추가할 때 이러한 특성을 효과적으로 활용할 수 있다. 이 단계의 목적이 수차례 증류를 거친 완벽히 순수한 주정이든 독특한 개성이 있는 기주든 증류업자는 원하는 재료를 발효하는 과정부터 시작한다.

기주는 다양한 재료로 만들 수 있다. 일반적으로는 옥수수·밀·감자·포도를 사용한다. 이색적인 재료로는 바나나·사과, 심지어 당근까지 쓴다.

곡물로 주정을 만들 때는 맨 먼저 맥아를 만드는 과정인 몰팅(Malting)을 거쳐야 한다. 이를 위해서는 씨앗에 수분을 공급하고 싹을 틔워야 한다. 발아가 시작된 씨앗에서는 전분이 당분으로 변한다. 이 변환 과정은 원래라면 어린 식물에 영양분을 공급하기 위한 것이다. 하지만 증류업자는 이 당분을 다르게 활용한다. 몰팅은 곡물에 따라 난이도가 달라진다. 그래서 몰팅이 쉬운 보리를 활용한 제조법이 많은 것이다. 보리에는 전분을 당분으로 변환하는 효소의 함량이 높아서 다른 곡물의 몰팅을 원활하게 돕는다.

곡물에 함유된 전분이 사용 가능한 당분으로 변환되면 증류업자는 발아를 중단하고, 증류가 가능한 상태인지 확인한다. 싹을 틔운 씨앗을 열을 가해 죽이고 당분만 활용한다.

진 주정의 원재료로는 거의 무엇이든 쓸 수 있다. 감자를 비롯한 전분이 풍부한 재료를 선택했다면 발아한 곡물이나 효소를 첨가해 직접적으로 몰팅을 촉진시킨다. 만약 과즙이나 당도가 높은 과일을 쓴다면 당분이 충분하므로 효소나 발아 곡물을 첨가할 필요는 없다.

이렇게 만들어진 당즙(Mash)에 효모를 첨가하고 발효 용기에 옮겨 담으면, 작은 박테리아들이 당분을 소화해 이산화탄소와 알코올이 생성된다. 시간이 흘러 발효가 진행되면 용기에는 알코올을 함유한 액체가 만들어진다. 사이펀(Siphon)[1]을 이용해 고형분을 제외한 액체만 옮겨 담고, 이를 증류기에 붓는다. 이 증류기에서 독성 물질 같은 좋지 않은 성분과 좋은 성분이 나뉘게 된다.

---

1 압력을 이용해 액체를 옮기는 관 또는 튜브.

33쪽 증류기에 애완동물 이름을 붙이기도 한다. 이 증류기 이름은 '크리스티나(Christina)'다.

증류

증류업자들은 홍보물에 어떤 증류기를 사용했는지 적극 광고한다. 대부분이 그들이 사용한 훌륭한 증류 기계를 자랑스러워하기 때문이다. 많은 사람은 어떤 증류기를 쓰는지에 따라 증류업자의 개성이 나타난다고 믿는다.

단식 증류기를 살펴보자. 단식 증류기는 영어 이름 'Pot Still'에서 알 수 있듯 항아리를 닮았다. 단식 증류기의 바닥에 열을 가하면 알코올은 증기로 변환된다. 이 증기는 냉각수 안에 심은 관을 통과하면서 다시 응결된다.

단식 증류로 만든 스피릿은 응결된 순서에 따라 다음과 같은 단계로 구분할 수 있다. 초기에 응축되어 만들어진 알코올은 초류액(Foreshots)으로, 매니큐어 제거제 같은 독성 물질이 포함되어 있어 마셔서는 안 된다. 다음에 생산된 초류(Heads)에는 풍미를 드러내는 착향료와 에탄올 함량이 높다. 우리가 주로 마시는 스피릿은 본류(Hearts)로 말 그대로 증류 단계의 중심에 나온 알코올을 말한다. 가볍고 밝은 특성으로 스피릿의 개성을 더하기 위해 주로 쓰인다. 후류(Tails)는 종종 탁한 맛이 나서 대부분 버려진다.

증류탑(Column still)은 혁신적인 증류기로 평가받는다. 증류 시기에 따라 특성이 달라지는 주정을 기화 전에 물리적으로 각기 다른 공간에 분류하기 때문이다. 이는 증류탑에 설치된 여러 층에서 응축 과정을 거쳐 진행된다. 단식 증류와 달리 '시간' 제약이 없어서 쉬지 않고 증류할 수 있다. 따라서 증류탑은 연속 증류기(Continuous still)라고도 불린다.

소규모 증류업자들은 증류탑을 종일 가동하지 않지만 많은 대규모 업자는 쉬지 않고 돌린다. 소규모 업자들이 사용하는 증류탑은 단식 증류기에 추가할 수 있는 부속기관이다. 대규모 업자들이 쓰는 증류기와 달리 소규모 업자들이 만든 뉴트럴 스피릿은 완벽하게 무색무취는 아니다. 주로 원재료의 풍미가 남는 편이다. 오늘날 소규모 증류소에서 사과 본연의 풍미를 살린 사과 베이스 보드카나 진을 출시하는 것도 이 때문이다.

단식 증류로 만든 베이스 스피릿에는 풍미와 개성이 남는다. 단식 증류라 하면 주로 예술성, 스몰 배치(Small-batch)[2], 장인 정신 등이 연상되는 반면 연속 증류라 하면 순수, 깨끗함, 대규모 생산 등이 연상된다. 하지만 어떤 것이 더 우월하다고 할 수 없다. 진정한 예술성은 증류업자가 자신의 기계를 정확하게 이해하고 훌륭한 상품을 만드는 기술에 달려 있다. 둘 중 어떤 증류 방식에 더욱 매력을 느끼더라도 상관없다. 상품을 평가할 때는 그 진가를 정확히 이해하는 것이 중요하다.

여러 단계를 거치지 않고 단번에 진을 생산할 수도 있기는 하다. 주니퍼와 다른 식물 재료를 당즙에 첨가해 한꺼번에 증류하면 된다. 실제로 이렇게 하는 증류업자들은 많지 않다. 1차 증류의 초류와 후류에는 독성 물질이나 불쾌한 혼합물들이 많이 포함되어 있기 때문이다. 동시에 완제품에 매력을 더할 식물의 좋은 아로마 성분도 담겨 있다.

결국에 우리에게는 순수한 곡물 베이스의 스피릿이 남는다. 만약 이 책이 보드카를 다룬 책이었다면 생산 공정은 여기서 마무리하고 시음으로 넘어갈 것이다. 하지만 우리는 진을 이야기하고 있지 않은가. 이렇게 바로 넘어갈 수는 없다. 베이스 스피릿에 주니퍼와 식물 재료를 첨가하는 매우 중요한 단계가 남아 있다.

---

2 소규모 업체에서 고품질 상품을 소량 생산하는 것.

오른쪽 단식 증류기로 탄생한 스피릿은 초류액, 초류, 본류, 후류로 구분되어 단계적으로 생산된다.

35쪽 영국 사우스월드에 위치한 애드남스 디스틸러리의 아름다운 증류탑.

다양한 진 제조 기법

보드카 생산이 앞서 다룬 1단계에서 끝날 수 있는 것처럼 일부 진 증류업자들은 2단계부터 제조 공정을 시작한다. 고품질의 중성 곡물 주정(Neutral grain spirit)을 만드는 유명 증류소가 많으므로 그들에게서 중성 주정을 구매한 뒤 그때부터 본격적인 진 생산에 돌입한다. 이러한 관계는 소규모 증류업자 간에 형성되기도 하고(선호하는 특성에 따라 보드카 또는 위스키 증류업자들과 교류한다), 사업체 간 제휴 관계를 통해 일종의 중성 주정 전문 생산 공장에서 대규모로 형성되기도 한다. 처음부터 끝까지 증류주를 기획하는 과정에서 자부심을 느끼는 업자들도 많지만, 중성 곡물 주정을 사서 쓴다고 해서 진의 품질이 낮아지는 것은 아니다. 만약 완벽하게 순수하고 중성적인 특성이 필요하다면 중성 주정을 구매함으로써 생산 공정을 간소화하고 단가를 낮출 수 있다. 이처럼 기주가 준비되었다면 진을 만들 준비는 끝났다. 다양한 제조 기법을 알아보자.

컴파운드 진(Compound Gin, 합성 진)

진이라는 이름은 주니퍼를 사용해 향미를 입힌 증류주에 붙여진다. 엄밀히 따지면 재증류 과정이 없어도 진이 될 수 있다. 실제로 슈퍼마켓에서 흔히 보이는 진들은 중성 곡물 주정에 착향료를 첨가해 표면상으로는 진의 모습을 갖추고 있다. 하지만 우리는 실제로 주니퍼 열매를 첨가한 진을 다루고자 한다.

세계적인 믹솔로지스트 제프리 모건테일러(Jeffrey Morganthaler)의 레시피 구성 철칙도 합성 진에는 꼭 실제 주니퍼 열매가 함유되어야 한다는 것이다. 우리가 흔히 접할 수 있는 가정용 진 키트(→P.195)도 보드카에 주니퍼를 직접 주입해 만들어진다. 하지만 컴파운드 진을 꼭 집에서만 마셔야 할 필요도, 선반의 밑바닥에 숨겨야 할 필요도 없다. 시중에는 훌륭한 품질을 자랑하는 컴파운드 진이 얼마든지 있다.

오리건주 벤드에 위치한 크레이터 레이크 스피리츠에서는 증류 후에 지역산 주니퍼 열매를 침출해 크레이터 레이크 이스테이트 진을 생산한다. 이러한 진은 '배스터브 진'으로도 불린다. 배스터브(욕조) 진이라는 이름이 꼭 생산방식과 일치하는 것은 아니다. 하지만 컴파운드 진이라는 이름이 지닌 부정적인 이미지가 있어서 이러한 기술로 만든 진을 차라리 배스터브 진으로 부르는 것이 낫다고 생각하는 사람들도 있다.

배스터브 진은 추가 증류 과정 없이 뉴트럴 스피릿에 아로마 성분이나 추출물을 첨가해 생산한다. 만약 별도의 증류 절차 없이 식물의 풍미가 진에 녹아들었다면, 그것은 정의상 컴파운드 진이 맞다. '컴파운드(합성)'라는 단어 때문에 품질에 대한 의구심은 생길 수 있지만, 저 단어가 모든 종류의 진을 아우른다는 사실을 기억해야 한다.

왼쪽 베이스 스피릿에 주니퍼를 첨가해 만든 크레이터 레이크 이스테이트 진은 배스터브 진으로 알려져 있다.

37쪽 쿠퍼 하우스 디스틸러리는 주니퍼, 카더멈, 고수는 물론 오리스 뿌리 같은 식물 성분을 사용한다.

디스틸드 진(Distilled Gin, 증류 진)

단언컨대 가장 일반적인 진이라 할 수 있다. 1차 증류를 통해 스피릿을 만들고, 이 스피릿에 식물 재료를 첨가한 뒤 한 번 더 증류해 생산한다.

일반적으로 양질의 주정으로 '두 번째' 증류를 한다고 가정하므로 훨씬 다양한 예술적 기교를 이 2단계에 적용한다. 증류의 1단계에서는 좋지 않은 물질을 걸러내는 데 초점을 맞췄다면, 2단계에서는 맛과 향에 더욱 집중한다. 따라서 생산자가 원하는 개성을 구현하기 위한 여러 기술이 존재한다. 모든 기술은 식물에서 각기 다른 아로마 분자를 추출하기에 저마다 고유의 장단점이 있다. 이 단계에서 쓰는 방법은 대부분 대동소이하지만 증류업자의 능력에 따라 결과물이 달라진다.

처음으로 얘기할 두 방법은 공통으로 침용(Maceration) 기법을 사용한다. 첫째는 주정에 식물 성분을 직접 담그는 방법이다. 여기에 직접 열을 가해 한 번 더 증류를 거친다. 여기서 파생된 다른 방법이 있는데, 쉽게 말해 '차'를 우려내는 방식과 비슷하다. 식물 재료가 담긴 자루를 증류기에 담그고 유사한 방법으로 증류한다. 이렇게 끓인 스피릿에는 식물 성분이 우러나고, 응결 과정을 거쳐 진과 유사한 성격을 지니게 된다.

둘째는 보다 은은한 진을 생산할 때 쓰인다. 식물 재료를 스피릿에 일정 시간 담갔다가 걸러내는 방식이다. 때로는 하루 미만을 담그기도 한다. 여기까지만 보면 컴파운드 진 또는 배스터브 진이라고 불러도 무방하다. 하지만 이렇게 만들어진 액체는 한 번 더 증류를 거친다. 증류의 전 과정에서 식물 성분에 열을 직접 가하는 일은 일어나지 않는다.

첫 번째 방법을 비판하는 사람들은 과도한 열로 '식물 성분을 익히면' 풍미가 망가지고 불쾌한 향을 뿜는다고 말한다. 이 과정에서 나온 추출물, 페놀 성분, 타닌 등으로 인해 진이 써진다는 것이다. 맞는 말이나 비피터나 탱커레이 등 진 역사상 가장 유명한 상품들도 이 같은 방식으로 만들어진다. 즉, 단순히 증류 기법 때문에 저품질 상품이 나오는 것은 아니다.

어디까지나 이 방법은 '다양한' 아로마를 추출하기 위한 수단일 뿐이고, 숙련된 증류업자가 자신의 목표를 정확히 인지하고 일한다면 훌륭한 진은 자연스럽게 탄생하기 마련이다.

위 십스미스 증류소에는 실험적인 진 배합물을 보관하는 별도의 증류실이 있다.

왼쪽 탱커레이 진은 스피릿에 식물 재료를 직접 담갔다가 뺀 후 가열과 재증류 과정을 거쳐 탄생한다.

39쪽 스코틀랜드 거번에 위치한 헨드릭스 증류소에서 증류기를 작동하는 모습.

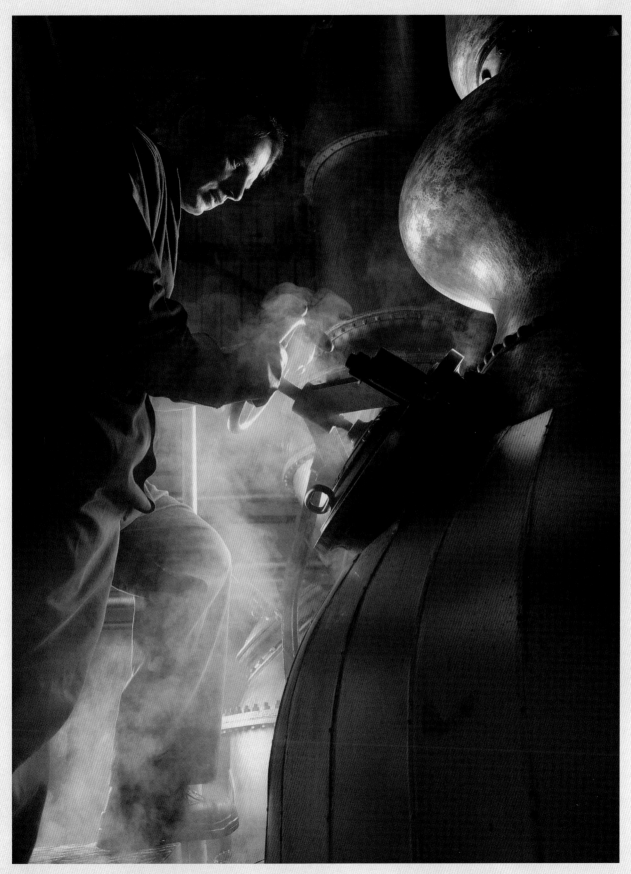

증기 증류(Steam Distillation)

지금부터 살펴볼 증류 방식은 차세대 증류업자들이 개발한 방법이다. 이렇게 만든 진은 일반적으로 훨씬 가볍고, 식물의 풍미가 진하면서도 부드럽다.

첫 번째 방법은 증기 증류의 원리를 기본으로 한다. 다른 이름으로 증기 투과(Vapour infusion) 또는 '진 바구니(Gin basket)'라고도 한다. 이름은 여럿이지만 공통 원리는 방향 물질이나 식물 재료를 증류기의 액체와 직접 닿지 않게 하는 것이다. 대신 액체 위나 증류기의 목에 매달아 기체가 다시 응결되기 직전에 아로마 성분을 투입한다. 스피릿 위에 식물을 매달면 방향 성분이 액체에 떨어져 섞이므로 바디감이 풍부한 풍미를 기대할 수 있다. 반대로 증류기 목에 식물을 놓으면 보다 섬세한 풍미를 보존할 수 있다. 두 방식 모두 증기 증류법을 활용해 진의 개성을 결정하는 방향유를 추출한다.

하지만 이 방식마저 폄하하는 사람들이 있다. 일부 증류업자들은 식물에 열을 가하는 행위 자체가 섬세한 휘발성 물질을 파괴한다고 말한다. 이 어려운 문제의 해법은 온도를 줄이는 방법밖에 없다. 다행히 많은 증류업자는 물리학에 정통하다. 그들은 진공장치를 활용해 끓는점을 획기적으로 낮춤으로써 최소한의 열만 사용하게 되었다. 이에 따라 열에 민감한 휘발성 물질도 증류해 응축할 수 있게 되었다. 이런 방식을 사용하는 유명 증류소로는 영국의 세이크리드 스피리츠 컴퍼니, 뉴욕 브루클린의 그린훅 진스미스가 있다.

지금까지 살펴본 모든 증류 기술은 식물 재료를 증류기 안에 한 번에 넣은 상태에서 진행한다. 하지만 식물의 방향유 성분이 조금이라도 바뀌면 완성품의 풍미가 달라지는 위험이 있다. 따라서 소규모 증류소에서는 병에 '배치'라는 말이나 '번호'를 넣음으로써 증류 시점에 따른 상품의 차이를 공지한다. 그렇다면 대부분의 대형 증류소에서는 어떻게 증류 시점에 상관없이 일관된 품질을 유지할 수 있을까?

품질 격차를 최소화하는 방법은 여러 가지다. 먼저 증류 후에 할 수 있는 방법인데, 여러 회차에 걸친 증류 결과물을 섞어 일관성을 유지하는 것이다. 증류 시점에 따른 소소한 식물 풍미의 차이는 다양한 차수의 결과물이 혼합되어 균등해진다. 다른 방법은 증류 절차의 일부다. 흔하지는 않지만, 일부 증류소에서는 식물 재료를 개별적으로 증류한다. 이에 따라 고수 풍미가 원하는 대로 나왔는지 주니퍼의 향이 상상한 대로 추출되었는지 확인할 수 있다. 그러곤 다양한 증류물을 정확하게 배합해 완성품을 만든다.

왼쪽 그린훅 진스미스에서는 감압 증류(Vacuum distillation)를 통해 재증류 과정에서 온도를 낮춘다.

41쪽 왼쪽 캐나다 뉴펀들랜드주에 위치한 아이스버그 진의 증류소 풍경. 빙하를 녹인 물로 진을 희석한다.

41쪽 오른쪽 마틴 밀러스, 롱 테이블, 아이스버그 진은 고심 끝에 결정한 수원지에서 물을 공수해 만들어진다.

희석(Gin Dilution)

증류의 마지막 단계는 증류기에서 나온 스피릿을 사람이 마실 만한 정도의 도수로 낮춰주는 작업이다. 증류기에서 갓 나온 순수한 에탄올은 190프루프(95도 정도)다. 이는 증류만으로 얻을 수 있는 '가장 순수한 알코올 함량'의 상한선이다. 법적인 규정을 살펴보면 유럽연합(EU)에서는 런던 진을 식물 성분을 함유하고 증류 직후 알코올 함량이 최소 140프루프(70도 이상)인 진으로 정의한다. 하지만 이렇게 높은 알코올 도수로 병입하는 진은 찾아보기 힘들다. 대부분은 희석 단계를 거쳐 완성품이 된다. 미국에서는 규정상 진으로 분류되려면 알코올 함량이 40%를 넘어야 하고, EU에서는 37.5%만 넘으면 된다.

많은 증류업자는 희석 단계를 매우 중요하게 생각하므로 희석수 선택에 심혈을 기울인다. 마틴 밀러스 진은 아이슬란드에서 공급한 희석수를 브랜드의 정체성으로 삼는다. 병에는 선명하게 아이슬란드의 모습이 그려져 있고, 아이슬란드에서 공수한 물의 순수함을 마케팅 요소로 자주 활용한다.

희석수를 중요시하는 다른 상품은 캐나다 뉴펀들랜드주에서 생산한 아이스버그 진이다. 캐나다 마리타임 지역 출신의 에드 킨 선장은 빙하를 찾고 채취하는 일을 하는데, 이렇게 채취한 빙하는 보드카와 진의 희석수로 쓰인다. 밴쿠버의 롱 테이블 티스틸러리에서는 코스트산맥에서 공수한 물을 자랑스럽게 홍보한다. 스프링 44 디스틸링(Spring 44 Distilling)은 콜로라도주 벅혼 캐니언의 자분천[3]에서 나온 광천수를 사용한다.

이외에도 희석수 종류는 무궁무진하다. 증류의 마지막인 희석 단계는 이처럼 많은 증류업자에게 중요하다. 고품질의 물을 쓰는 것이 스피릿의 원재료인 곡물과 식물을 정하는 것만큼 결정적이라고 믿기 때문이다.

---

3 지하수가 용출되어 나오는 샘.

비냉각 여과 기법(Non-chill Filtering)

잠시 후 진에 들어가는 아로마 성분에 대해 다루겠지만, 일부 증류업자들이 희석 단계에서 진행하는 일이 있다. 많은 방향물질은 알코올에 녹지만 물에 녹지 않는다. 즉 기본적으로 스피릿에 희석수 또는 얼음을 첨가하면 진이 탁해진다는 뜻이다. 압생트, 파스티스, 우조를 즐겨 마시는 사람이라면 루쉬(Louche) 또는 우조(Ouzo) 효과라고 부르는 이 현상이 익숙할 것이다. 많은 사람이 압생트를 마실 때는 이 루쉬 효과를 선호하지만 진을 마실 때는 달가워하지 않는다.

따라서 증류업자들은 최대한 투명한 스피릿을 만들기 위해 냉각 여과 기법까지 동원한다. 냉각 여과 기법은 매우 간단한 절차로, 진의 온도를 어는점 또는 그 이하로 낮춘 뒤 여과해 탁함을 유발하는 입자를 거른다. 최근 많은 업자는 이러한 냉각 여과 기법을 쓰지 않은 '비냉각 여과 진'을 출시하며 차별화를 꾀하고 있다. 대표적인 예로는 아이슬란드의 보르 진, 영국의 도드 진(Dodd's Gin), 미국 일리노이주의 레더비 진(Letherbee Gin)이 있다.

지금까지 살펴본 것처럼 진을 만드는 방법은 다양하다. 비록 사람에 따라 선호하는 공정은 다르지만 어떤 방법으로든 훌륭한 결과물을 만들어왔다는 사실을 기억하자. 만약 특정 방법 하나만으로는 완벽한 진을 만들 수 없다면 다양한 진 제조 공정을 두루 검토하면 된다. 식물 재료를 자루에 넣거나 바구니에 매달거나 당즙에 담그는 등 다방면으로 활용함으로써 진에 식물 재료 고유의 색깔을 입힐 수 있다.

진의 식물 재료

일반적인 식물 재료

왼쪽 꽃이 핀 주니퍼.

주니퍼(Juniper, 노간주나무)

진을 즐기는 사람들에게 가장 친숙한 식물인 주니퍼베리(Juniper berry, 두송실)는 주니퍼(학명 *Juniperus communis*) 식물의 열매다. 큰 그림을 보는 차원에서 이 노간주나무가 유래한 가계도를 살펴볼 필요가 있다.

주니퍼는 구과목(침엽수)으로 세쿼이아(Sequoia), 미국삼나무(American coastal Redwood) 같은 거대한 사이프러스 계열의 식물이다. 생물 분류 기준인 계·문·강·목·과·속·종을 기준으로 향나무속(*Juniperus*)에는 50개 이상의 각기 다른 주니퍼종이 존재한다. 이들은 5개 대륙에서 널리 발견되며 사막이나 북부 고산 지대 등 험준한 지형에서도 광범위하게 자란다.

주니퍼가 다른 식물과 구별되는 점은 독특한 열매다. 엄밀히 따지면 일반적인 열매(Berry)가 아닌 솔방울 같은 원추형(Cone) 열매다. 솔방울의 나무 같은 비늘과 달리 주니퍼의 아린(芽鱗)4은 다육질이며, 자랄수록 한 덩어리로 합쳐져 딱딱한 열매 모양이 된다. 이 아린이 씨앗을 보호하는 것이다. 이처럼 원추형 열매는 약 18개월에서 36개월간 자라 주니퍼베리라고 부르는 열매가 된다. 종에 따라 색상은 다양하지만, 노간주나무 열매인 두송실을 포함한 대부분의 주니퍼베리는 푸르스름한 자주색에 가깝다. 이를 말리면 껍질이 어두워져 자줏빛이 도는 검은색이 된다.

주니퍼의 또 다른 특징은 솔잎을 닮은 바늘 모양의 잎 또는 비늘조각처럼 편평한 잎이다. 이파리들은 종에 따라 감촉이 매우 다양하지만 모두 상록수다. 주니퍼 크기는 30cm도 넘지 않는 작은 종부터 거대한 나무까지 다양하다.

이처럼 주니퍼의 종류가 무궁무진하므로 증류업자들에게는 행운이라고 생각할 수 있지만, 대부분 주니퍼종은 아무리 도전정신이 뛰어난 증류업자라 할지라도 활용하기 어렵다. 심지어 주니퍼 중 일부는 독성을 지닌다. 연필향나무(학명 *Juniperus virginiana*)는 미국 전역에서 장식용으로 널리 재배하거나 울퉁불퉁한 길가 또는 목초지에 잡초처럼 우거져 자라는데, 열매에 독성이 있어서 진으로 증류해 마시는 것은 물론 먹어서는 안 된다. 유라시아 대륙에서 자생하는 사비나주니퍼(학명 *Juniperis sabina*)도 임신한 쥐에게 실험한 결과 부정적인 영향을 미쳤다. 장식용으로는 아름다운 식물일 수 있지만, 식용으로 부적합하다고 볼 수 있다. 식용 식물 관련 정보를 제공하는 자선단체인 'Plants for a Future'는 주니퍼 중 6종만 식용으로 적합하다고 평가한다. 예부터 선조들은 다양한 주니퍼를 활용해왔으나 오늘날 우리의 식탁까지 살아남아 올라오는 종은 일부에 지나지 않는다.

증류업자들은 증류주의 재료로 활용할 수 있는 여러 종을 다양한 방식으로 실험한다. 맨 먼저 미국의 증류업자 벤디스틸러리는 서양향나무, 시에라주니퍼라고도 불리는 시에라향나무(학명 *Juniperus occidentalis*)로 컴파운드 진을 생산한다. 즉 스피릿을 증류한 후 주니퍼를 첨가하는 것이다. 서양향나무는 미국 서부의 캐스케이드산맥과 시에라네바다산맥에서 자라는 종이다. 일반적으로 고도가 높은 곳에서 자라며 덤불 정도로 작은 편이다. 예외적으로 오리건주 크레이터 레이크 인근에서는 23m에 달하는 큰 나무도 볼 수 있다. 주니퍼 중에서도 매우 큰 편이라 할 수 있다.

우리가 보통 진의 재료를 이야기할 때는 영어로 Common juniper라고도 부르는 노간주나무를 말한다. '흔한(Common)'이라는 뜻을 지닌 이름에 걸맞게 시베리아에서 캐나다, 노르웨이에서 아이슬란드, 그린란드 외에 북방 삼림지대 대부분에서 자생한다.

신기하게도 노간주나무는 암수가 구별되는 식물로 수나무와 암나무가 따로 있다. 그래서 인간과 유사한 특성이 많다. 수나무의 꽃가루가 멀리 이동해 암나무 가지까지 도달해야 암나무가 열매를 맺을 수 있다. 바람이 불지 않으면 노간주나무는 영어 이름처럼 흔하지 않을 것이다. 주니퍼 중에서도 노간주나무 열매가 익는 시간은 긴 편으로 증류업자들은 인내심을 가지고 기다려야 한다. 열매가 익어 수확하기까지 무려 3년이 걸리기도 한다.

---

4 식물의 눈을 보호하는 비늘 모양의 껍질.

수확은 그 자체만으로 매우 힘든 작업이다. 상업성이 높은 대형업자들은 주니퍼 가지를 부딪쳐서 익은 열매만 털어내기도 한다. 소규모 업자들은 일일이 채집하듯 열매를 수확한다. 예전 방식 그대로 사다리·장갑·양동이·손만 이용해 열매를 딴다. 주니퍼베리를 수확할 때는 일반적으로 작은 나무에서만 채집한다. 예외적으로 뉴욕주 북부에 위치한 레치워스주립공원의 주니퍼는 6m에 달한다. 일반적으로 수확하는 노간주나무의 크기는 그 반에 못 미치며, 땅에 낮게 붙어 자라거나 관목과 외관이 유사하다. 주니퍼는 장식용 식물이기에 잡초만큼이나 쉽게 볼 수 있다. 많은 이가 수려한 외관과 열매 덕분에 주니퍼를 좋아하지만, 동시에 새로운 서식지에 침입하는 습성과 수많은 해충 때문에 꺼리기도 한다.

아직까지 주니퍼는 세계적으로 널리 자라고 있지만, 진의 고향으로 불리는 영국에서는 멸종 위기에 처해 있다. 개체 수가 적은 가운데 최근 곰팡이균과 목초지 초식동물의 영향으로 개체가 더욱 줄어들자 지역 단체들은 연이어 주니퍼 보호 활동을 벌이고 있다. 기존의 주니퍼를 최대한 보존하면서 스스로 개체가 늘어날 수 있는 환경을 조성한다. 진을 즐기고 주니퍼에 흠뻑 빠진 모두를 대신해 어렵지만 꾸준함을 요하는 이 작업이 훌륭한 결실을 맺기 기원한다.

주니퍼가 워낙 흔하다 보니 특정 지역에서의 멸종 위기가 대수롭지 않게 느껴질 수 있다. 단연코 주니퍼종은 전 세계적으로 가장 번성한 식물이다. 한순간에 사라질 일은 없을 것이다. 노간주나무의 생존이 진의 탄생과 밀접한 관련이 있는 영국에서는 특히 중요하다. 지역별 기후와 재배 환경을 의미하는 테루아에 따라 주니퍼베리의 방향유 성분이 달라지기 때문이다. 다시 말해 지역에 따라 주니퍼의 맛은 매우 달라질 수 있고, 이를 뒷받침할 과학적 근거도 충분하다.

1990년대 노간주나무를 연구한 학자들은 그리스에서 자란 주니퍼가 유럽의 다른 지역에서 자란 주니퍼보다 알파-피넨(Alpha-Pinene, 소나무 같은 특성을 만드는 성분) 함량이 현격히 적다는 사실을 발견했다. 몬테네그로와 이란의 주니퍼 개체 수 차이를 분석한 결과 이란에서 자생하는 주니퍼에서도 알파-피넨 성분이 2배 가까이 많음이 확인되었다. 이 밖에도 미세 기후가 다른 지역 간에는 주니퍼의 특성이 상당히 다르다는 사실이 밝혀졌다. 이러한 지역 간 차이에는 방향유 성분이 있는데, 이는 일반 주니퍼에서는 쉽게 연상할 수 없는 향미를 만들기도 한다. 주니퍼베리에는 상큼한 오렌지 향을 내는 리모넨 분자도 관찰할 수 있다. 요약하면 주니퍼는 재배 환경에 따라 각기 다른 풍미를 지닌다.

따라서 18세기와 19세기에 설립된 런던의 주요 증류소에서 주니퍼의 개체 수를 보존하기 위한 아무런 노력이 없이 지역산 주니퍼로 진을 생산한다면 우리는 더는 초창기 진의 매력을 누릴 수 없게 될 것이다. 그러나 이는 비단 영국만의 문제가 아니다. 자신의 상품에 지역색을 가미하고 싶은 증류업자라면 본인의 지역부터 충실히 보존할 줄 알아야 한다.

재배 환경에 따른 주니퍼의 특성 차이를 설명하는 주니퍼 테루아는 실제로 존재한다. 아직도 많은 업자가 이탈리아에서 주니퍼를 공수하지만, 이 관습에서 탈피하려는 움직임이 관찰된다. 언급한 벤디스틸러리 외에도 캐나다 브리티시컬럼비아주에 위치한 레전드 디스틸링, 오카나간 스피리츠, 롱 테이블 디스틸러리는 진에 쓸 주니퍼를 직접 찾아다닌다. 아마도 다른 식물 재료의 산지만큼 주니퍼의 산지도 중요한 시대에 접어든 것은 아닐까?

내 말이 믿기 어려운가. 2012년 온라인 주류 유통회사 마스터 오브 몰트(Master of Malt)에서는 오리진(Origin)이라는 진 시리즈 상품을 출시하며 진 시장에 훌륭한 업적을 남겼다. 모든 상품을 만들 때 식물 재료는 주니퍼 하나만 사용한 것이다. 이는 소비자를 통해 세계 곳곳에서 조달한 주니퍼였다. 이 시리즈의 다양한 진을 시음해보면 이 작은 주니퍼 열매가 얼마나 다채로운 풍미를 지닐 수 있는지 느낄 수 있다. 설명은 생략하고 본격적으로 오리진 시리즈를 알아보자.

테루아 테이스팅 노트

마케도니아, 스코페

풋풋하고 은은한 송진 향이 먼저 느껴진다.
이어서 통후추와 가벼운 향신료 향이 경쾌하게 전달된다.

맛

처음에는 주니퍼의 향긋하고 따뜻함이 싱그럽게 전달되고, 중간에는 송진의 풍미를
느낄 수 있다. 미세한 바닷소금과 아몬드 풍미로 마지막 여운을 장식한다.

네덜란드, 메펄

주니퍼의 흙과 나무 향이 코의 뒤편에서 부드럽게 전달된다.

맛

약간의 민트, 허브 맛과 함께 은은한 로즈메리를 느낄 수 있다.
미세한 아몬드와 함께 허브 풍미가 여운으로 남는다.

이탈리아, 아레초

가장 먼저 진하게 농축된 주니퍼의 송진과 나무 향이 빠르게 스쳐 지나간다.
나무 향은 은은하게 이어지며 산뜻한 오렌지 껍질 아로마가 감돈다.

맛

주니퍼의 특성이 도드라지는 편이다. 감귤과 바닐라케이크,
산뜻하고 싱긋한 주니퍼의 맛이 가볍게 포문을 연다.
바닐라와 오렌지 껍질의 풍미와 함께 뜨거운 기운이 여운으로 남는다.

코소보, 이스토그

어린 주니퍼의 솔 향과 제비꽃, 고수 향이 코에 퍼진다.

맛

깜짝 놀랄 만큼 달콤하고 꽃의 향미가 깊다. 먼저 체리 풍미가 느껴지고 솔 향이 진한
주니퍼가 서서히 느껴진다. 전반적으로 아삭하고 선명한 느낌이다. 여운으로 옅은
아몬드와 함께 날카로운 산도와 수렴성이 남는다. 마지막까지 주니퍼가 돋보이는 진이다.

불가리아, 벨리키 프레스타프

또렷한 고수 향을 가장 먼저 느낄 수 있고 주니퍼는 은은하게 퍼지는 편이다.
갖가지 꽃 향도 어우러진다.

맛

첫맛은 과일이 진하게 느껴지지만, 중간에는 주니퍼의 푸릇함이 전해진다.
다채로운 꽃의 복합성을 혀끝으로 느낄 수 있고, 미세한 고수와 히비스커스도 나타난다.
마지막으로 가벼운 주니퍼의 여운이 길게 남는다

크로아티아, 클라나크

약간의 송진 향과 함께 솔 향, 고수 향을 느낄 수 있다.

맛

혀에 차분히 달라붙는 편으로 가장 먼저 주니퍼를 느낄 수 있다.
산뜻함과 허브 풍미를 선사하고, 독특한 슬로 진의 끝맛이 남는다. 진하고 깊이 있는
붉은 핵과 과일(Stone fruit)[5]과 함께 송진 풍미가 길게 남는다.

알바니아, 발보너

주니퍼와 핵과 과일 향이 은은하게 퍼진다.

맛

달콤한 검붉은 체리와 핵과류가 선명하게 느껴진다. 주니퍼의 진가는
마지막에 나타나는데 송진 향미와 함께 약간의 수렴성이 긴 여운을 선사한다.

---

5 복숭아·자두와 같이 일반적으로 중심부에 하나의 핵을 갖는 과일.

고수(Coriander, Cilantro)

사람들에게 "고수 좋아하세요?"라고 물으면 상당히 다양한 대답을 듣게 될 것이다. 고수잎의 파릇하고 톡 쏘면서도 산뜻한 풍미를 사랑하는 사람도 있지만, 극도로 싫어하는 사람도 있다. 어찌나 싫어하는지 고수라는 단어가 곤충을 뜻하는 그리스 말에서 유래했다는 설을 굳게 믿을 정도다.

진을 이야기할 때 이런 논란은 잠시 접어두어도 좋다. 고수 열매를 수확해 말리면 놀라운 일이 벌어지기 때문이다. 고수 잎에서 연상되는 톡 쏘는 향은 날아가고, 따뜻하고 알싸하면서 은은한 감귤류 향미가 남는다. 이는 진 애호가들이 매우 선호하는 풍미다. 고수는 주니퍼만큼이나 흔한 재료로 당신이 접할 진의 90%에 포함되어 있다. 주요한 방향 성분은 리날로올(Linalool)이다. 자체적으로 매우 향긋한 꽃향기를 내는데, 프루트 루프(Froot Loops) 시리얼에서 처음 느껴지는 향과 비슷하다고 말하는 사람도 있다. 고수가 1000년의 역사 동안 중요한 식재료이자 향수 원료로 쓰인 이유도 이처럼 생기 넘치고 놀랄 만큼 상쾌한 향 때문일 것이다.

고수(학명 *Coriandrum sativum*)는 한해살이풀로 당근, 펜넬과 밀접한 관련이 있다. 남부 유럽과 북부 아프리카에서 자생하기 시작했지만, 지금은 전 세계적으로 널리 재배되고 있다. 저 멀리 멕시코·중국 등에서는 식문화의 중요한 부분을 차지하고 있다. 일반적인 고수는 60cm 미만으로 자란다. 슈퍼마켓에서 흔히 볼 수 있는 초록색의 넓은 이파리만 떠올릴 수 있지만, 우산을 뒤집어놓은 모양으로 야생당근꽃(Queen Anne's Lace)과 비슷한 흰 꽃을 피우기도 한다.

고수가 지금의 인기를 얻게 된 이유는 세계적으로 가장 오랫동안, 가장 많은 사랑을 받은 진들의 식물 재료이기 때문일 것이다. 대표적으로 1830년 출시한 탱커레이와 1769년 출시한 고든스가 있다. 이 둘에 비하면 훨씬 최근에 출시한 진이지만, 봄베이 사파이어에서도 산뜻한 고수 향이 처음에 느껴진다.

진의 식물 원료 중 고수 씨앗의 사용량은 두 번째를 차지하는 경우가 많다. 많은 증류업자는 오늘날 가장 널리 쓰이는 모로코산 고수의 품질을 높게 평가한다. 일각에서는 서늘하고 습한 여름 기후에서 자란 고수의 방향유 함량이 높다고 말한다. 따라서 북유럽이나 시베리아 지역이 최적의 고수 재배 환경이라는 것이다.

그럼에도 불구하고 많은 업자가 모로코산 고수를 공수하는 주요 이유는 기후를 쉽게 예측할 수 있기 때문이다. 이는 작황의 일관성을 유지하기 위해 적당히 타협한 결과인 동시에 기후와 재배 지역이 식물에 얼마나 큰 영향을 미치는지 보여주는 정형적인 사례다.

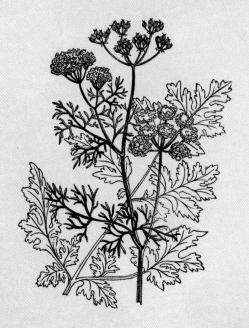

Character
Genericus

Œnanthe Pimpinelloides
Pimpinell Dropwort

Coriandrum Sativum
Common Coriander

안젤리카(Angelica)

아마도 진의 주요 재료 중에서 가장 생소한 식물이 아닐까 싶다. 따라서 안젤리카가 고수만큼 흔하게 쓰인다는 사실에 놀라는 이도 많을 것이다. 당신이 어떤 바를 떠올리든 그곳에 진열된 진 가운데 75%는 안젤리카를 함유하고 있고, 당신이 진을 수집한다면 그중 75%에도 안젤리카 성분이 포함되어 있을 것이다. 고수와 마찬가지로 당근과 식물과 유사성을 띤다. 따라서 고수와도 특성이 비슷하다. 안젤리카속에 속하는 식물들은 전 세계 북반구 대부분 지역에서 자생한다.

진의 재료로 사용하는 안젤리카종은 안젤리카 아르캉켈리카(학명 *Angelica archangelica*)밖에 없다. 북유럽에서 처음 자라기 시작한 종으로 중세 시대 스칸디나비아 민족이 최초로 재배했다. 오늘날에는 식용이나 약용으로 재배하며 주로 줄기와 뿌리를 사용한다. 줄기로는 대개 설탕절임을 만들고, 뿌리를 활용해 진을 만든다.

안젤리카 아르캉켈리카는 주로 가든 안젤리카라고 부르며 높이가 2m에 달하고, 잎은 넓적하며 양옆으로 1m까지 뻗는다. 관목과 유사하게 곧게 뻗은 하나의 줄기에 넓게 퍼지는 폭죽놀이 모양처럼 노란색, 초록색, 하얀색 꽃이 달려 있다. 세계 각지에서 자라지만 서늘한 기후에서 번성한다.

진을 만들 때는 말린 뿌리를 사용하며 여기서 섬세한 풍미가 형성된다. 분말보다는 빻아서 쓸 때, 빻은 것보다는 통 뿌리를 쓸 때 아로마 성분을 더욱 풍성하게 보존할 수 있다. 오래된 뿌리일수록 방향 성분이 빨리 사라지므로 수확한 후 최대한 빨리 써야 한다. 화학 성분상 안젤리카 뿌리에는 알파-피넨, 베타-피넨(Beta-Pinene)[6], 리모넨이 있다. 주니퍼에도 포함된 성분들이므로 귀에 익을 수 있겠다. 이러한 유사성 때문인지 안젤리카의 맛을 주니퍼와 셀러리의 쌉싸름하고 얼얼한 성질을 합쳐놓은 것 같다고 표현하기도 한다.

안젤리카 뿌리는 샤르트뢰즈(Chartreuse)[7], 베네딕틴(Benedictine)[8] 같은 식물 증류주(Herbal Spirit)에도 활용되며, 전통적으로 아쿠아비트와 압생트의 식물 향을 담당하기도 해왔다. 다양한 성격의 진에도 광범위하게 쓰이는데, 대표적으로 브로커스(→P.93), 헨드릭스(→P.110), 바이오네(→P.177), 그린햇(→P.153)이 있다.

---

6 식물에서 발견되는 유기물로 알파-피넨과 함께 피넨의 두 이성질체 중 하나며 소나무 향을 만든다.
7 프랑스 카루투지오 수도원에서 제조하는 단맛이 나는 리큐어.
8 베네딕트 수도사가 만들었다고 전해지는 달콤한 프랑스산 리큐어.

카시아(Cassia, 계피)

카시아는 진의 재료 중 가장 쉽게 식별할 수 있는 식물이지만, 시나몬과 쉽게 혼동하는 재료다. 카시아는 중국과 동남아시아에서 자생하는 계피나무 껍질의 추출물로, 이 나무는 약 3m에서 4.5m까지 자란다.

카시아 계피(학명 *Cinnamomum cassia*)만이 지금 이야기하는 카시아라고 할 수 있다. 시나몬과 매우 관련성이 높기는 하지만 편하게 사촌 정도로 이해하면 된다. 북미에서는 카시아를 시나몬이라고 판매하는 경우가 흔하므로 두 식물의 차이를 모르는 경우가 많다.

스틱 형태로 판매하는 카시아는 시나몬과는 두께와 특성 자체가 다르므로 쉽게 구별할 수 있다. 카시아는 두껍고 한 겹으로 말려 있는 반면, 시나몬은 얇고 카시아처럼 딱딱하지 않다. 하지만 이 둘을 분말 형태로 구매하면 화학 성분을 분석하지 않는 이상 좀처럼 구분하기 어렵다. 신남알데하이드(Cinnamaldehyde) 성분의 영향으로 카시아와 시나몬에서는 모두 선명하고 얼얼하며 뚜렷한 향이 느껴진다. 시나몬에는 정향의 주요 아로마 성분인 유제놀(Eugenol) 함량이 훨씬 높다. 반면 카시아의 뚜렷한 특징은 바닐라와 비슷한 향을 내뿜는 쿠마린(Coumarin)이 많다는 점이다. 물론 화학 성분의 함량만 놓고 본다면 유제놀이나 쿠마린 모두 핵심 아로마 성분은 아니다. 하지만 화학자들은 육안으로 둘을 식별하기 어려울 때 이 성분을 비교한다.

이 둘의 가장 큰 차이점은 가격이다. 시나몬은 카시아보다 훨씬 비싼 몸값을 자랑한다. 그래서 카시아에는 '가난한 자를 위한 시나몬'이라는 별칭이 붙기도 했다. 카시아는 손쉽게 구할 수 있으면서 가격도 저렴하고, 시나몬과 동일하게 독특한 아로마 특성이 있어 클래식 진과 컨템포러리 진에 두루 쓰이는 재료가 되었다.

카시아를 사용한 대표적인 클래식 진으로는 봄베이 드라이 진(→P.92)이 있고, 컨템포러리 진으로는 지바인 플로라종(→P.120)이 있다. 카시아는 진의 식물 재료 중 가장 흔한 편으로 오늘날 시장에 유통되는 진의 절반에 함유되어 있다. 하지만 시나몬보다 훨씬 보편적인 재료임에도 불구하고 최신 진에는 시나몬을 사용하는 흐름도 포착된다. 과연 카시아를 시나몬으로 둔갑해 판매하는 건지 아니면 진짜 시나몬인지는 화학자들의 답변을 기다려보자!

오리스 뿌리(Orris Root)

오리스 뿌리라는 이름이 낯선 독자들은 널리 사용되는 영어
이름 아이리스를 떠올리면 이해가 쉬울 것이다. 구체적으로 오
리스 뿌리는 독일붓꽃(학명 *Iris germanica*)종에 속한 모든 식물
의 뿌리다. 마틴 밀러스 진(→P.99)에 사용되는 재료로 가장 유
명한 플로렌틴 아이리스(Florentine Iris)도 그중 하나다. 아이리
스는 다년생 식물로 1m 정도까지 자란다. 보통 화사하고 향긋
한 꽃을 피우는데, 때로는 한 식물에서 각기 다른 색의 꽃을
피우기도 한다. 가장 흔한 색상은 이름을 통해서도 연상되는
밝고 선명한 자주색이다.

오리스 뿌리는 수 세기 동안 향수의 보류제로 소중하게 활용
되었다. 즉, 다른 향이 날아가지 않도록 돕는 역할을 한다. 이
는 뿌리에 있는 원자 성분이 다른 방향 성분의 휘발성을 낮추
기에 가능하다. 하지만 최초로 이 뿌리를 말려 향수에 활용한
사람들은 이러한 화학 정보를 알지 못했다.

오리스 뿌리는 15세기경부터 점차 널리 쓰였다. 오리스 뿌리
에 함유된 이론(Irone) 분자는 자체적으로도 독특한 특성이 있
는데 보류제로 중요할 역할을 하며, 산뜻한 나무 향과 라즈베

리, 제비꽃 향을 만들기도 한다.

오리스 뿌리를 훌륭한 아로마 보류제로 만들려면 상당한 노
동력을 동원해 수확과 건조 작업을 거쳐야 한다. 건조 작업은
무려 5년씩 걸리기도 한다. 뿌리는 보통 갈아서 사용하며, 뿌
리에서 얻을 수 있는 방향유는 부피에 비해 적은 편이다. 이에
따라 오리스 뿌리는 진 생산업자의 식물 창고에서 비싼 축에
속한다.

다행히 오리스 뿌리는 적은 양만 있어도 오래 사용할 수 있
다. 시중에 유통되는 오리스 뿌리는 대부분 이탈리아산이지만
남부 유럽·동부 유럽·모로코·아시아에서도 수급할 수 있다.

진을 마실 때 오리스 뿌리를 느끼려면 대체로 풍미의 뒤편,
즉 낮게 깔려 있는 베이스 노트에 주목해야 한다. 스스로 도드
라지기보다는 다른 재료에 영향을 미치면서 존재감을 드러내
는 것이다. 단일 식물 배합 진과 같이 오리스 뿌리를 첨가하지
않은 진은 대개 아로마가 빨리 날아가곤 한다. 모든 원인이 오
리스 뿌리가 없어서만은 아니겠지만 주요 이유 중 하나인 것만
은 확실하다.

감귤류 과일(Citrus Fruit)

감귤류 과일은 고수만큼이나 진의 재료로 널리 쓰인다. 증류업계에서는 감귤류의 개성을 강조하고, 사용하는 과일의 종류를 확대하는 흐름이 확산되고 있다. 감귤류 과일의 특성이 잘 드러난 대표적인 진은 블루코트 진과 블랙 버튼 시트러스 포워드 진이 있다. 한동안은 레몬과 오렌지만 사용했으나, 최근에는 자몽(글로리어스 진, 탱커레이 넘버 텐), 라임(바이오네, 탱커레이 랑푸르), 유자(시타델 리저브, 재패니즈 진), 베르가못(보타니보어 진), 포멜로(블룸 진) 등이 진 시장에서 각광받고 있다. 전 세계 증류업자들은 향긋한 아로마를 풍기는 다양한 감귤류 과일을 자신의 진에 훌륭히 표현한다. 이 책에서는 감귤류의 대표 격인 레몬과 오렌지의 유사점과 풍미에 대해 알아보겠다.

레몬나무는 야외 자연환경에서 자라면 거의 6m까지 자랄 수 있지만, 실내에서도 많이 재배되며 이 경우 보통 3m 이내로 작게 자란다. 레몬 껍질은 특유의 향으로 오래도록 많은 사랑을 받아왔다. 중국에서 최초로 자라기 시작했으며, 오늘날에는 대부분 중국·멕시코·남아메리카에서 재배되고 간혹 이탈리아·스페인에서도 소량 재배한다.

다른 감귤류 과일과 마찬가지로 레몬 껍질에는 리모넨 성분이 풍부하다. 리모넨 성분은 시트러스 감귤류의 싱그러운 아로마를 만든다. 하지만 레몬은 4-테르피네올(Terpinene-4-ol)과 베타-피넨 성분을 함유하고 있어 다른 감귤류 과일보다 더욱 푸릇한 풍미를 띤다.

오렌지를 이야기할 때는 단순히 주스 패키지에 그려진 오렌지 한 종만 생각해서는 안 된다. 오렌지는 크게 2종류로 나눌 수 있다. 먼저 우리가 주스로 만들어 먹는 달콤한 종류다. 그다음으로는 쌉쌀한 맛이 나는 종류로 향수 업계에서 방향유로 활용하거나 마멀레이드로 만들기도 하며, 진을 비롯한 식물 증류주에 쓰인다.

진을 만들 때는 달콤한 오렌지와 쌉쌀한 오렌지를 모두 사용한다. 쌉싸래한 오렌지를 쓰는 업자들은 보통 식물 재료를 이야기할 때 단순히 오렌지라고만 표기하거나 간혹 더 구체적인 이름을 쓰기도 한다. 세빌 오렌지(Seville orange)는 진을 만들 때 쓰는 쌉쌀한 오렌지 중 가장 대표적인 종류로 비피터(→P.91)를 비롯한 클래식 진과 진셀프(→P.133) 같은 컨템포러리 진에 두루 쓰인다.

세상에는 50여 종 이상의 감귤류 과일이 있다. 그중에서 어떤 과일을 선택하느냐는 전통적인 진 식물 재료 가운데 지역의 개성을 더하는 중요한 작업이다. 최근 몇 년간 다양한 감귤류 과일을 실험적으로 쓰는 것이 진업계의 트렌드로 떠오르고 있다. 2008년까지만 해도 유자 또는 불수감(Buddha's hand)[9]을 사용한 진은 찾기 어려웠지만, 이제는 깜 산(Cam sành)[10]이나 핑거 라임(Finger lime)[11]을 사용한 진이 나올지 모른다.

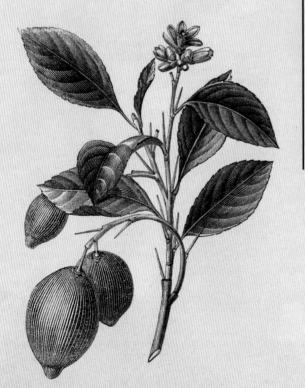

---

9 부처의 손을 닮은 중국 원산의 감귤류.
10 베트남산 왕오렌지.
11 통통한 손가락을 닮은 호주 원산의 감귤류.

Blood Orange.

Sustain.

Tangierine.

생소한 식물 재료

상상조차 어려운 기상천외한 재료를 소개한다

전 세계적으로 진의 인기가 높아지고, 증류업자들이 새로운 시장에 진출함에 따라 과거에는 주니퍼와 함께 증류하지 않던 재료들을 재배하기 시작했다. 예상을 뒤엎는 이러한 식물 재료들에는 공통점이 하나 있다. 소비자로 하여금 최종 완성된 진을 보고 그 생산지를 연상할 수 있게끔 도와준다. 이처럼 새롭게 등장한 재료들은 진을 생산한 국가·지역의 식문화를 맛볼 수 있게 해주고 테루아를 느낄 수 있도록 돕는다.

자신의 진에 지역 색깔을 입히고 싶은 증류업자에게 지역산 장과류(베리)는 노다지와 같다. 캐나다 퀘벡주에서 생산한 운가바 진은 북방 수림의 느낌을 낼 수 있는 식물 재료를 선택해 만들어졌다. 대표적으로 **클라우드베리**(Cloudberry)가 있는데, 라즈베리와 비슷한 자그마한 복숭앗빛 열매로 예로부터 증류주나 잼의 원료로 쓰였다. 이보다 훨씬 서쪽인 캐나다 서스캐처원주에 위치한 럭키 배스터드 디스틸러스에서는 지역명을 따서 이름을 붙인 **사스카툰베리**(Saskatoon berry), 즉 준베리(Juneberry)를 진의 원료로 사용한다. 이처럼 야생의 맛을 품은 베리들은 오래전부터 캐나다 대초원의 덤불에서 꾸준히 자랐고 잼이나 맥주를 만들 때 쓰였다. 스코틀랜드산 카룬(Caorunn) 진에는 **로완베리**(Rowanberry)가 쓰였다. 스코틀랜드 고원지대에서 흔히 볼 수 있는 무성한 잡초 속에서 빠르게 자라는 나무열매다.

진 생산에 사용되는 다른 과일도 알아보자. 불독 진은 용의 눈을 뜻하는 **용안**(Longan)을 사용해 다른 진과의 차별화를 꾀한다. 용안은 껍질을 벗기면 리치와 비슷하게 시큼털털하면서 달콤한 우윳빛의 속살이 나오는 작은 과일이다. 제철이 되면 아시아 청과류 가게에서 흔히 볼 수 있다. 불독 진이 '이국적이고 이색적인' 느낌을 추구한 반면, 호주의 웨스트 윈즈 진 증류소는 가까운 자국으로 눈을 돌려 **부시 토마토**(Bush tomato)를 사용했다. 가지의 사촌 격으로 열매가 작은 편이다. 달콤하면서 톡 쏘는 과일로 캐러멜을 연상시키는 풍미가 있어 토마토보다는 건포도와 느낌이 비슷하다.

호주는 다양한 실험을 할 수 있는 토착 재료가 널려 있는 지역이다. 호주에서만 볼 수 있는 수많은 식물과 엄청난 생태 다양성 덕분에 누구도 사용해보지 않은 재료로 신선하고 혁신적인 진이 탄생한다. 캥거루 아일랜드 스피리츠에서는 **코스털 데이지부시**(Coastal daisybush)라는 식물을 진 증류에 사용한다. 이 식물의 다른 이름이 와일드 로즈메리(Wild rosemary)라는 사실을 감안하면 어떤 맛인지 쉽게 상상할 수 있을 것이다. 보타닉 오스트랄리스 진에는 흔히 **리버민트**(River mint, 학명 *Mentha australis*)라고 부르는 식물이 들어갔는데, 스피어민트와 유사하면서 더 얼얼한 풍미를 전달한다.

진의 식물 재료로 채소류를 쓰는 일은 드물지만, 스페인의 블랑 오션 진(Blanc Ocean Gin)은 채소를 사용해 진을 생산한다. 마시 삼파이어(Marsh samphire), 함초 등으로도 불리는 **퉁퉁마디**(Seabeans, 학명 *Salicornia*)는 미역과 비슷한 향이 난다. 지의류(이끼) 역시 일반적으로 쓰는 재료는 아니지만 에임버크 디스틸러리에서는 보르 진을 생산할 때 **아이슬란드 이끼**(Icelandic moss)를 첨가한다. 지상의 식물보다 지하의 식물을 좋아하는 사람에게 추천할 진도 있다. 엘리펀트 진에는 **악마의 발톱**(Devil's claw)이 함유되어 있는데, 남아프리카에서 자생하는 참깨과 식물로 역사적으로 관절염과 소화 불량 치료에 사용했다.

진에 쓰이는 수많은 식물 재료를 하나도 빠짐없이 정리할 수는 없다. 하지만 오늘날 사용되는 기상천외한 재료들을 간략하게나마 알아봄으로써 의지만 있다면 얼마든지 새로운 진이 탄생할 수 있다는 사실을 깨닫기를 바란다. 진에 지역의 색깔을 입히는 방법은 무궁무진하며 우리는 머지않아 그러한 상품을 수없이 보게 될 것이다.

55쪽 왼쪽부터 시계 방향으로 용안, 로완베리, 부시 토마토, 사스카툰베리, 악마의 발톱, 코스털 데이지부시.

그 외의 주요 식물

보다 대중적인 식물 재료를 알아보자

라벤더(Lavender)

일각에서는 라벤더가 빠르게 컨템포러리 진의 상징이 되고 있다고 평가한다. 라벤더는 처음 소개한 주요 식물들만큼 빈번하게 사용하는 재료는 아니지만, 대서양의 양 연안 국가들은 주기적으로 라벤더를 사용한 진을 출시하는 추세다. 중부 유럽의 산기슭에서 최초로 자라난 고산성 관목으로, 무리 지어 자라며 희끗희끗한 녹색 빛의 가늘고 뾰족한 잎을 지녔다. 꽃은 파스텔 보랏빛이며, 이 색은 식물명을 따라 라벤더색으로도 불린다. 잎과 꽃에서는 은은하고 상쾌한 민트 향과 함께 허브·꽃·장뇌 등을 느낄 수 있다. 장미와 제비꽃의 중간 정도라고 이해하면 좋다.

라벤더를 사용한 진
버클리 스퀘어 진(→P.92)
워털루 앤티크 배럴 리저브 진(→P.162)

카더멈(Cardamom)

카더멈 역시 진의 재료로 사용 빈도가 꾸준히 증가하고 있다. 독특한 풍미와 고유의 향이 있다. 전 세계 향신료 중 세 번째로 비싸며, 인도와 스칸디나비아반도 등 전혀 다른 국가들의 식문화에 중추적인 역할을 한다. 중앙아시아에서 처음 자생했으나, 1910년대 커피 농장주들이 선진적으로 과테말라에 카더멈을 들여온 이후 오늘날에는 대부분 과테말라에서 재배된다. 이국적인 향으로 많은 사랑을 받는다. 풍성하고 스파이시한 향을 지녀 대량으로 쓰면 쌉싸래한  느낌을 준다. 카더멈을 '차이(Chai)'로 착각하기도 하는데, 카더멈이 차이차의 주원료이기 때문이다. 카더멈은 녹색과 흰색을 띤 종(그린 카더멈), 검은색과 붉은색을 띤 종(블랙 카더멈)이 있다. 그중 그린 카더멈(소두구)은 특유의 화한 유칼립투스 풍미 덕분에 높게 평가받는다. 매혹적이고 특별한 향을 지녔지만, 방향유와 아로마 성분의 휘발성이 강하고 빠르게 분해되므로 가공이 어렵다.

카더멈을 사용한 진
세이크리드 진(→P.102)
포 필러스(→P.176)

감초(Liquorice)

감초는 글리실리진산(Glycyrrhizinic acid)으로 알려진 천연 감미료를 함유한 재밌는 식물이다. 글리실리진산은 전체 뿌리 방향유의 2~10%에 불과하지만, 일반 설탕의 20배 이상 달 정도로 매우 강력하다. 따라서 올드 톰 진의 주요 원료로 추측하는 사람이 많다. 혹자는 올드 톰 진에 설탕이나 기타 감미료를 첨가했다고 주장하지만, 진 증류 시에 감초를 넣어 달콤함을 끌어냈다고 말하는 사람도 많다. 그래서 '식물 재료로 단맛을 낸 올드 톰(Botanically Sweetened Old Tom)'이라는 말이 탄생했다는 것이다. 대표적으로 젠슨스 올드 톰이 있다. 감초는 비슷한 맛의 펜넬, 아니스와는 식물학적 관련은 없지만, 풍미를 담당하는 유사한 화학 성분을 지닌다. '아니스유'의 방향 성분인 아

네톨은 신기하게도 '우조 효과'(→P.41)로도 알려진 압생트의 루쉬를 일으키는 성분이기도 하다. 아네톨은 에탄올에는 용해되지만, 물에는 녹지 않는다. 따라서 스피릿의 도수를 낮추기 위해 물을 첨가하면 스피릿 용액에서 아네톨 성분이 빠져나와 뿌옇게 된다. 이를 방지하기 위해 많은 증류업자가 냉각 여과 기법을 사용한다. 하지만 감초 함량이 높고 냉각 여과 기법을 거치지 않은 레더비 진 등에서는 우조나 아라크주[12]보다 더 뿌연 로쉬 효과를 볼 수 있다.

감초를 사용한 진
젠슨스 올드 톰(→P.98)

---

[12] 인도와 동남아시아에서 쌀, 야자수액 등을 이용해 만든 증류주.

2.

1 b

1 a, b, c.

1a

1c

펜넬(Fennel, 회향)

시장에서 보면 신선한 펜넬은 셀러리와 구분이 어려울 수 있다. 하지만 진에 쓰면 감초나 아니스와 비슷한 맛으로 오해하기도 한다. 진 증류업자들은 회향 씨앗으로 감초와 비슷한 따뜻하고 얼얼한 풍미를 추출하지만, 진에 은은하게 깔린 허브향은 구별할 수 있다. 펜넬 씨앗을 통째로 섭취하면 둘의 차이를 더욱 뚜렷하게 느낄 수 있다. 펜넬은 초본식물[13]로 지중해 인근에서 최초로 자라기 시작해 지금은 세계 전역에서 재배된다. 일반적으로 줄기와 녹색 부분을 식재료로 쓰지만, 방향유 성분은 씨앗에 함유되어 있다. 진 증류업자들이 소중하게 사용하는 부위도 씨앗이라 할 수 있다.

펜넬을 사용한 진
데스 도어 진(→P.149)
스피릿 하운드 진(→P.161)

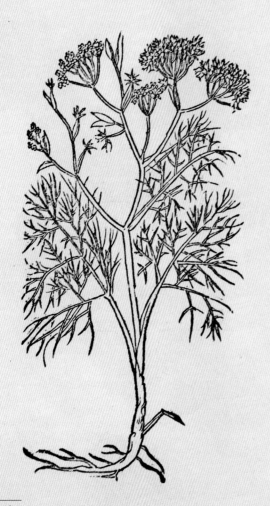

육두구(Nutmeg)

육두구는 인도네시아의 말루쿠 제도에서 처음 자라났으며 네덜란드 동인도회사가 향료 무역을 독점할 때 중심이 되었던 향신료다. 1그루의 육두구나무에서 2가지 향신료를 만들 수 있는데, 그중 육두구 씨앗만이 진의 재료로 중요하게 쓰인다. 참고로 다른 향신료는 육두구 씨 껍질인 메이스(Mace)다. 육두구는 향수에도 많이 사용되며, 그 씨앗은 대량으로 썼을 때 독성을 띤다. 하지만 진에 사용되는 양 정도는 무해하다. 육두구 씨앗은 베이킹 향신료를 연상시키는 나무와 감귤류, 향신료와 후추 향을 비롯한 따뜻한 아로마를 지닌다. 육두구의 방향유에는 주로 알싸하고 스파이시한 향을 뿜는 캄펜(Camphene) 성분이 들어 있다. 그 외에 일반적인 진 식물 재료들에 함유된 피넨, 게라니올(Geraniol), 리날로올은 물론 리모넨도 있다. 육두구를 비롯해 이 시점에서 다루는 재료들이 진에서 활용되는 비중은 10~15%밖에 안 되지만 육두구는 진 외에도 널리 쓰인다.

육두구를 사용한 진
지바인 누아종(→P.120)

---

13 지상부가 연하고 물기가 많아 목질을 이루지 않는 식물.

쿠베브(Cubeb)

테일드 페퍼(Tailed pepper)라고도 불리며 증류주의 재료 외에는 사용 빈도가 높지 않다. 인도네시아에서 자생해 아직도 그 인근에서 주로 재배된다. 까만 쿠베브 열매가 완전히 익기 전에 수확해 말린 후 사용한다. 쿠베브의 주요 화학 성분은 큐베벤(Cubebene)으로 나무 향과 장뇌[14] 향, 상큼하게 톡 쏘는 성질을 만든다. 쿠베브 열매 자체로도 상당히 복합적인 아로마 프로필을 지닌다. 후추를 연상케 하는 알싸함, 스파이시[15]한 특성과 동시에 허브와 감귤류 향이 은은하게 깔려 있다. 이러한 복합성에도 불구하고 쿠베브 열매는 상당히 드물게 쓰인다. 쿠베브 열매는 기관지염과 임질을 비롯한 다양한 질병의 치료제로 유행처럼 진에 쓰이며 19세기 유럽에서 잠시나마 전성기를 누렸다. 하지만 오늘날 진 시장에서는 특유의 스파이시한 풍미를 활용하기 위해 쓴다.

쿠베브를 사용한 진
지바인 플로라종(→P.120)
헨드릭스 진(→P.110)

그레인 오브 파라다이스
(Grains of Paradise)

유럽인들은 후추가 재배되는 동남아시아를 자유롭게 드나들기 전까지만 해도 카더멈을 닮은 서아프리카 식물의 꼬투리에서 수확한 이 작고 누런 씨앗을 그 대용으로 썼다. 그레인 오브 파라다이스는 수 세기 동안 서아프리카 식문화에 중요한 역할을 했다. 후추 맛이 나는 이 작은 씨앗은 서민의 후추 대용이었을 뿐 아니라 와인이나 기타 증류주의 불쾌한 냄새를 감출 때 사용되었다. 오늘날에는 귀에 쏙 들어오는 이름에도 불구하고 전통 아프리카 음식 외에는 잘 활용되지 않는다. 주로 아쿠아비트나 진에 활용되지만, 그 수는 매우 적은 편이다. 그레인 오브 파라다이스는 후추와 비슷하면서도 묘하게 카더멈을 닮은 향을 지닌다. 알싸하면서도 뜨겁고 강하게 톡 쏘는 편이다.

그레인 오브 파라다이스를 사용한 진
봄베이 사파이어(→P.92)
진스키(→P.145)

14 녹나무의 뿌리·줄기·잎을 증류 정제해 만든 과립상 결정으로 살충, 통증 완화 등의 효능이 있다.
15 시나몬·후추·생강처럼 맵고 자극적이지만 따뜻한 인상을 주는 향.

진 테이스팅

진 테이스팅은 다른 주류 시음과는 매우 다르다. 그 이유를 알아보자.

　와인을 시음할 때는 핵과류·육두구·배·살구·초콜릿·올리브·후추 등 우리가 떠올릴 수 있는 모든 과일과 광물, 향신료를 동원해 이야기한다. 하지만 와인 양조 과정을 잘 아는 사람이라면 포도와 배럴 용기, 발효를 돕는 미생물의 작용만 있다면 와인이 만들어진다는 사실을 안다. 시음 때 표현하는 후추나 올리브는 실제로 들어가지 않는다.

　위스키는 전 세계 어디에서 증류하고 숙성하든 대부분 비슷한 시음 결과를 보인다. 시음 노트에는 생강, 꿀, 피망, 코코아닙스, 가죽, 생강쿠키, 바닐라 커스터드부터 심지어 가을 농작물이라고 기록한다. 하지만 위스키를 생산할 때도 필요한 것이라고는 풍미가 있는 중화곡주와 배럴, 숙성을 위한 시간밖에 없다.

　즉, 와인과 위스키는 모두 시음 노트와 원재료 간에 직접적인 연관성이 없다. 마스터 소믈리에나 위스키 전문가가 스피릿의 제조법을 설명하며 풍미의 생성 원리를 설명해줄 수는 있지만, 그렇다고 와인에서 블랙 올리브 맛이 난다는 그들의 말이 당신을 기만하는 일은 아니다. 이처럼 발효와 증류, 숙성을 거친 주류는 무궁무진한 아로마 성분을 만들어 다양한 종류의 풍미를 지니게 된다.

　와인과 위스키 전문가들은 술에서 풍기는 특정한 향과 맛을 표현하기 위해 비유법을 상당히 많이 사용한다. 오랜 여정을 통해 형성된 스피릿의 감각적인 느낌과 아로마를 현실적으로 그려내는 시도라 할 수 있다. 그 누구도 위스키에 실제로 코코아닙스가 들었다고 말하지 않는다. 대신 화학 작용에 의해 코코아닙스 풍미가 느껴진다고 표현한다.

　이 부분에서 진 시음과 와인, 위스키 시음의 차이점이 나타난다. 진을 시음한 사람이 진에서 코코아닙스가 느껴진다고 할 때는 풍미를 비유적으로 표현한 것일 수 있고, 실제로 "이 진에는 코코아가 들어간 것 같아"라고 말하는 것일 수 있다. 훌륭한 진 전문가는 비유법을 완벽하게 구사할 뿐 아니라 특정한 맛이나 아로마를 바탕으로 어떤 식물을 사용해 진을 만들었는지 상당히 정확하게 예측할 수 있다.

진의 과학

우리의 신체는 3가지 감각 기관이 협응해 진을 비롯한 모든 스피릿(물론 그중에서 진을 선택하기를 바란다)의 맛과 느낌을 판단한다.

　첫 번째 감각 기관은 당연히 미각이다. 하지만 진을 포함한 일반적인 증류주를 시음할 때는 미각의 역할이 매우 적다. 우리의 혀에 분포한 미뢰는 기본적으로 신맛, 쓴맛, 단맛, 짠맛의 4가지 맛을 감지한다. 진에는 소금을 첨가하지 않으니 짠맛을 감지하는 미뢰는 쓸 일이 없다. 대부분 진에는 설탕이나 감미료를 넣지 않는다. 물론 올드 톰 진이나 슬로 진은 예외 사례지만 이는 나중에 다루도록 하자. 반면 인간은 태생적으로 에탄올에서 쓴맛을 느낀다. 따라서 우리가 증류주를 시음할 때 실제로 맛보는 것은 그 증류주의 에탄올이 지닌 근본적인 쓴맛이 대부분이다. 물론 인간의 혀가 감칠맛, 칼슘, 심지어 탄산가스까지 느낄 수 있다고 주장하는 이도 있지만, 그것은 모두 후각을 통해 감지하는 것이다. 이렇게 사실을 이야기하는 것이 열심히 일하는 후각의 노고를 무시하고자 함은 아니다.

수렴성

술이나 매운 고추에서 느껴지는 '열기' 또는 '타는 듯한 느낌'은 앞서 언급한 미각과 완전히 다른 형태의 감각이다. 이러한 감각은 삼차신경[16]에 의해 활성화되는 체성 감각 기관[17]을 통해 뇌로 전달된다. 진을 마실 때도 이러한 감각을 느낄 수 있는데, 그것이 수렴성이다. 수렴성(Astringency)은 맛보다는 질감에 가깝다. 보통은 타닌에서 느껴지는 바싹 마르는 듯한 느낌이지만 진에서 전달되는 수렴성은 타닌 때문이 아니다. 진의 수렴성은 알코올이 혀의 수분을 날리면서 발생하는 '입이 바싹 마르는 듯한' 느낌이다.

점성

수렴성 외에 빈번하게 표현하는 진의 질감 또는 느낌은 점성(Viscosity)이다. 이는 직접적인 맛의 형태로 느껴지지 않으며, 입안을 뒤덮는 걸쭉하고 진한 느낌이나 실제보다 농도가 진한 느낌의 증류주를 표현할 때 사용한다. 누군가 증류주에서 '옅은(Thin)' 맛이 난다고 표현했다면 이는 일반적으로 점성이 부족한 상태를 말한다.

후각과 톱 노트

마지막으로 소개할 후각(Smell)은 증류주 시음에서 가장 중요한 감각이다. 후각은 쓴맛, 단맛, 신맛, 짠맛과 앞서 언급한 질감 형태의 막연한 감촉을 제외하고 우리가 느끼는 모든 풍미를 관장한다. 후각을 활용한 증류주 시음은 코로 크게 숨을 들이마시고 아로마를 느끼면서 시작된다. 증류주의 향을 맡을 때는 향수 업계의 비유법을 활용하면 이해가 빠르다. 기능적으로 의미하는 바가 동일한 말이기 때문이다. 처음 코로 감지하는 향은 섬세하고 휘발성이 가장 빠른 향으로 순식간에 사라진다. 일반적으로 '톱 노트(Top note)'라고 표현하며 향이 가볍고 옅은 편이다. 재빨리 흩어지는 향으로 처음 스피릿을 오픈하거나 따랐을 때 가장 빨리 느낄 수 있다.

미드 노트와 베이스 노트

톱 노트가 사라진 후 맡을 수 있는 향을 미들 노트(Middle note) 또는 미드 노트(Mid note)라고 한다. 일반적으로 우리가 느끼는 향의 중심이 되고 가장 도드라진 편이다. 미드 노트가 날아가면 마지막으로 베이스 노트(Base note)가 남는다. 베이스 노트는 오랫동안 머물며 지속되는 향이다. 향수 용어로 표현한다면 모든 향을 어우르는 머스크(사향)와 흙 향이 대부분이다. 깊이감이 있어 독자적으로 진하게 튀는 경우는 드물다. 진을 마시다 보면 은은하게 깔린 안젤리카나 오리스 뿌리 외에 머스키하고 짙은 향신료의 향을 느낄 것이다.

냄새 맡기와 삼키기

앞서 살펴본 적극적으로 향을 맡는 행위는 진 테이스팅에서 후각의 역할이 얼마나 중요한지 보여주는 시작에 불과하다. 그다음 단계이자 가장 중요한 절차는 진을 삼키면서 입안에서 향을 느끼는 단계다. 전문적인 용어로는 '후비강 후각(Retronasal olfaction)[18]'이라고 한다. 우리가 음식을 입에 넣는 순간에는 쓰거나 신 향을 감지하다가, 음식을 삼키면 진한 카카오 향이나 상큼한 레몬 향을 느끼는 것도 이 능력 때문이다. 이처럼 '두 번째 향'은 매우 중요하므로 진과 증류주 시음에 진지하게 임하는 비평가는 시음 노트를 작성할 때 술을 뱉는 법이 없다.

다양한 과학 시스템은 서로 협응해 진의 맛과 느낌을 감지하지만, 이 작업에는 한계가 있다. 고차원적인 화학물 분석을 통해 술의 아로마 성분을 낱낱이 구분할 수 있지만, 기술만으로는 술의 맛이 얼마나 좋은지 얼마나 조화로운지 알아낼 수 없다.

한편 인간은 술의 품질이나 조화는 분별할 수 있지만, 아로마 성분을 낱낱이 분간할 수 있는 감각 기관은 부족하다. 일반적인 전문가는 4개의 풍미만 명확하게 구분할 수 있다. 게다가 진의 재료가 늘어나면 그 정확성도 자연스럽게 떨어진다. 아담 로저스는 책에서 이 현상을 '게슈탈트 아로마(Gestalt Aroma)'라고 미화해 표현하기도 했다. 이처럼 인간의 감각에는 한계가 있으므로 시중의 과학 기술만큼 정확하게 아로마를 구분하지는 못할 것이다. 이 한계로 인해 진정한 아름다움이 탄생한다고 생각한다. 인간의 주관적인 미각과, 독특한 아로마와 재료의 배합을 즐기는 취향 덕분에 증류업자들은 무한한 기회를 얻는다. 이렇듯 진은 우리에게 행복과 기회를 선물한다.

---

16 얼굴의 감각과 일부 근육 운동을 담당하는 제5뇌신경.
17 말초신경의 한 갈래로 근육 운동을 일으키고 감각을 일으키는 역할을 하는 기관.
18 입안 속 냄새를 비강을 통해 감지하는 것.

진 테이스팅 실전편

지금까지 진 테이스팅 이론을 배워봤으니 이제는 제대로 된 실전 시음 방법을 알아보자.

시음 준비하기

진을 선택하고 최대한 실온에 가깝게 보관한다. 진을 실온에 보관하면 아로마의 휘발성이 증가해 향을 더 쉽게 느낄 수 있다. 어떤 잔을 사용할지 고민할 필요는 없다. 결국에는 기능보다 취향에 따라 선택하기 때문이다. 거금을 들여 전구 모양의 잔을 선택하든 아니든 그것은 당신의 선택이다. 하지만 그런 선택은 시음 과정 자체에 도움이 될 뿐 아니라 신선함을 느끼게 할 수도 있다는 사실을 명심하자.

1 편하게 자리를 잡고 진을 따른다.

2 펜을 손에 쥔 채 쓸 준비를 하고, 술잔을 코에서 7.5~10cm 멀리 가져다 댄다. 입을 약간 벌린 채 살짝 숨을 들이마신다. 알코올 향이 강하게 코로 들어오지 않도록 너무 깊이 들이마시지 않는다. 어떤 향이 느껴지는가. 이게 톱 노트다. 잠시 멈추고 당신이 느낀 향을 적는다. 시향 중간중간에 후각을 씻어내고 싶다면 손등이나 팔꿈치 안쪽의 냄새를 맡는다. 이번에는 조금 전과 같은 방식으로 약간 더 깊게 들이마신다. 역시 에탄올이 콧속에 느껴질 만큼 너무 깊게 들이마시지는 않는다. 이번에 느껴지는 향이 미드 노트와 베이스 노트다. 몇몇 향을 꼬집어낼 수 없다고 스트레스받을 필요는 없다. 연습을 통해 자연스럽게 나아질 것이다. 아로마 키트를 사용해 시향 능력을 키울 수 있지만, 가장 좋은 방법은 다양한 진을 직접 맡아보는 것이다. 어떤 향인지 확인하기 위해 진에 함유된 식물 목록을 확인하는 일을 부끄러워할 필요는 없다.

3 지금까지가 후각을 이용한 시향이었다면 이제는 시음 단계로 넘어갈 차례다. 첫 모금은 입안에 0.5초 정도 머금은 채 질감을 느끼고 삼킨다. 점성이 진한가 아니면 옅은가? 혀가 마르는가? 타는 듯한 느낌이 드는가? 혀에 전달되는 맛은 어떠한가? 단맛, 신맛, 쓴맛 중 무엇이 느껴지는가? 【힌트】아마도 쓴맛이 느껴질 것이다. 우리의 혀는 에탄올을 쓴맛으로 느끼기 때문이다. 그다음으로 자주 느껴지는 맛은 신맛이다. 단맛은 올드 톰 진이나 코디얼 진이 아니라면 느끼기 어려울 것이다.

4 두 번째 모금을 삼키고 바로 숨을 깊이 내쉬어본다. 이때 느껴지는 풍미에 주목한다. 처음 시향할 때 메모했던 풍미와 비슷한가 아니면 다른가? 【힌트】첫 시향 때와 매우 다른 경우가 많다. 항상 두 풍미가 일치하리란 법은 없다. 진을 삼키고 나서 풍미가 어떻게 바뀌는지 관찰한다. 주니퍼의 풍미가 점차 또렷하게 느껴지는가? 감귤 향이 느껴지는가? 아니면 생강이나 시

1

2

3

4

나몬 같은 스파이스 케이크 향이 나는가? 마지막까지 입 안에 남는 느낌에 주목한다. 어떤 잔향이 남는가? 미각에 는 어떤 느낌이 전달되는가? 드라이함이 남는가, 신맛이 남는가? 지금 이 진을 더 마시고 싶은가? 여운이 오래 남 는가 아니면 짧게 끝나는가?

5   세 번째 모금을 마시고 숨을 뱉으며, 한 번 더 어떤 느낌 이 드는지 유심히 관찰한다. 이제 막 진 아로마를 감지하 는 법을 배우기 시작했다면, 이 세 번째 모금이 상당한 도 움이 될 것이다. 일단 진이 지닌 선명한 향을 성공적으로 감별하면 겹겹이 쌓인 향은 물론 베이스 노트까지 느낄 수 있게 된다. 이 과정에서도 부끄러워할 필요 없이 진의 식물 배합 리스트를 참고해도 좋다. 주의할 점은 만약 진 에서 레몬케이크 맛이 난다면 실제 레몬은 없지만, 향 때 문에 레몬 같은 맛이 난다고 비유적으로 표현할 수 있고 실제로 시나몬·레몬·생강이 쓰였을 수 있다. 진을 만들 때는 실제 재료를 첨가하지 않던가. 천천히 여유를 갖고

지금 마시고 있는 진만의 고유한 특징을 찾아보자.

6   진 평론가를 지망하는 이들에게 희소식이 있다. 이제 막 시음을 시작한 신입일지라도 진업계는 진입이 쉬운 편이 다. 재료들이 대부분 공개되고 진마다 지닌 아로마가 유 사해 익히기 쉽기 때문이다. 물론 노력과 창의력을 발휘 해 독창적인 상품이 탄생할 수도 있지만, 식물 재료와 증 류 기술의 특성상 보다 정형화된 길을 선택하는 경향이 있다. 이처럼 일반적인 식물 재료들이 어떻게 수없이 다 른 진에서도 비슷한 아로마를 형성하는지 알아보자.

진의 종류

클래식 진과 컨템포러리 진

여러분은 주위에서 진을 맛보자마자 "이건 진이 아니지!"라며 병을 치우는 친구를 본 적이 있는가. 아니면 "진에서 불타는 솔잎 향이 나서 싫어"라던 친구가 어느 날 새로운 진을 경험하고는 화들짝 놀라는 모습을 본 적이 있는가. 또는 당신이 이 두 부류 중에 속하지는 않은가. 자, 당신은 지금 동네 주류 마트에서 진을 사려고 한다. 맛이 괜찮기를 바라며 새로운 진에 도전해볼 수 있고, 기본 맛은 보장된 항상 마시던 상품을 고를 수 있다. 만약 이 같은 고민에 한 번이라도 빠져본 경험이 있다면, 여러분은 클래식 스타일 진과 컨템포러리 스타일 진의 차이를 알고 있다. 그리고 왜 이 두 스타일의 차이를 명확하게 이해해야 하는지도 알고 있다.

진의 법률상 정의

예로부터 진을 정의하는 명료한 기준은 없었다. 그래서 증류업자들은 저마다의 방식대로 진을 생산해왔고, 진의 스타일을 구분하는 두 용어도 그렇게 탄생했다.

대부분 증류주는 베이스 스피릿을 바탕으로 이름을 정하는 반면, 진은 향미에 따라 이름을 짓는다. 기주가 무엇인지는 중요하지 않다. 만약 주된 풍미가 '주니퍼 열매'에서 나왔다면 그 술은 진이 될 수 있다. 하지만 맛이란 다소 주관적이므로 여기서 의견 차이가 발생한다. 주니퍼 고유의 맛만 있다면 진에 어떤 실험을 하든 진으로 불린다.

미국은 법률상 풍미(Flavour)를 바탕으로 진을 정의한다. 진의 '주된 풍미는 주니퍼 열매에서 추출'되며, 진은 '주니퍼 열매와 다른 아로마 성분의 농축액을 침출하거나 삼투, 침용해' 만들어진다.

EU에서는 특정한 주니퍼종을 규정해 보다 구체적으로 진을 정의한다. EU 기준상 진은 '주니퍼베리(학명 *Juniperus communis L.*)'에서 향미를 추출해야 하고 '주니퍼 향미가 현저하다는 전제하에 다른 자연 식물'을 첨가할 수 있다.

우리가 진을 떠올릴 때 가장 쉽게 연상하는 런던 드라이라는 이름은 진의 스타일을 지칭하는 말이다. 매우 엄격한 기준을 충족해야 이 이름을 얻을 수 있다. 런던 드라이 진은 설탕을 비롯한 감미료 함유량을 0.1g 이하로 제한하며, 어떤 착색제도 첨가해서는 안 된다. 향미(주니퍼가 중심이 되어야 함)를 추출할 때는 꼭 '천연 식물 재료만' 사용할 수 있으며 '전통 증류기에서 에틸알코올'을 재증류해 만들어야 한다.

그렇다면 앞서 언급한 혼란은 어디서 오는 것일까? 맛과 아로마가 주관적인 탓에 오는 것이다. '런던 드라이 진'이라는 이름 자체가 특정한 풍미를 규정하지는 않는다. 소비자에게 최고의 품질을 보증하기 위해 규정이 생겼고, 런던 드라이 진이 이 규정을 가장 엄격하게 따르고 있지만, 그렇다고 뚜렷한 주니퍼 향미를 보장하는 것은 아니다.

진 시장에 만연한 착각이 있다. '런던 드라이' 스타일의 진은 모두 탱커레이, 비피터, 고든스를 비롯한 유명 브랜드와 유사한 향미를 가진다는 것이다. 하지만 이는 사실이 아니다.

블룸 진을 살펴보자. 18세기 중반부터 진을 만들기 시작해, 세계에서 가장 존경받고 장수하는 증류소 가운데 하나인 G&J 그린올 증류소의 런던 스타일 진이다. 블룸 프리미엄 런던 드라이 진(Bloom Premium London Dry Gin)은 법적 정의상 런던 드라이(고품질, 천연 식물, 증류) 진(주니퍼 향미)이 맞지만, 주니퍼 향미는 적은 편이다. 오히려 '카모마일'이나 '인동덩굴(Honeysuckle)' 향이 중심이 된다. 환상적인 꽃 향이 강한 진으로 기존의 런던 드라이 진과 다르다. 그렇다고 문제될 것이 있는가. 우리는 즐겁게 마시기만 하면 되지 않는가.

오늘날 세계적으로 떠오르는 2가지 스타일의 진을 상세히 알아보자.

십스미스는 병 입구를 종종 왁스에 담근다. 원래는 진을 신선하게 보존하고 상하지 않았음을 증명하기 위해 행하던 전통이다.

클래식 진(Classic Gin)

클래식 진은 일반적으로 우리가 전형적인 진을 이야기할 때 떠올리는 스타일이다. 진한 주니퍼 향과 이를 보조하는 미세한 감귤류와 향신료를 느낄 수 있고, 하나같이 여운에서 건조한 수렴성을 보인다. 전 세계적으로 가장 잘 팔리는 진 스타일 중 하나다. 클래식 진의 대부분은 런던 드라이 진인데, 오래전부터 엄격한 품질 기준을 준수하며 생산되었기 때문이다.

클래식 진의 특징은 뚜렷한 주니퍼 향미다. 어떤 이들은 '솔향' 또는 '날카로운' 풍미가 있다고 표현한다. 주니퍼 외에 보조 재료도 첨가하지만 말 그대로 보조일 뿐이다. 안젤리카, 오리스 뿌리, 각종 감귤류, 카시아, 그레인 오브 파라다이스 등이 주로 등장하는 배경 풍미다. 하지만 이러한 향미가 중심에서 도드라지지는 않는다. 마치 그림의 바탕색처럼 은은하게 머물 뿐이다. 모든 중심에는 항상 주니퍼가 있다. 그럼에도 이러한 보조 재료 덕분에 탱커레이와 고든스를 구별할 수 있고, 비피터와 그린올 진의 차이가 나타난다.

굴지의 진 브랜드가 런던과 영국에서 유래한 것은 맞지만, 런던이 이렇게 오래도록 진 산업의 중추 역할을 유지하는 것은 필연보다 우연에 가깝다. 일반적인 진의 원료 가운데 영국에만 한정된 독특한 식물 배합이 있는 게 아니다. 주니퍼는 세계 전역에서 자생하며, 대부분의 보조 식물 재료는 향료 무역을 통해 아시아에서 유입되었다. 따라서 하나의 진 스타일을 특정 지역에만 한정하는 것은 전 세계에서 생산되는 클래식 진의 다양성을 해치는 일이라 할 수 있겠다.

미국 태평양 연안 북서부에 위치한 블루워터 오가닉 디스틸링은 할시온이라는 클래식 스타일의 진을 생산한다. 콜로라도 주 덴버에 위치한 마일 하이 디스틸링에서는 클래식한 스타일의 덴버 드라이 진을 만든다. 즉 유럽·영국·런던만이 클래식 스타일 진을 독점하지 않는다. 클래식 진은 전 세계 모든 지역에서 생산된다.

런던 드라이라는 용어가 예부터 지금까지 품질보증서의 역할을 하지만, 모든 클래식 진 생산자를 위해서라도 공통으로 사용할 용어를 발굴해야 한다. 그래야 고든스를 좋아하는 사람도 새로운 진을 시도해볼 수 있고, 탱커레이와 비피터를 즐기는 사람도 새로운 미국산 클래식 진에 입문할 수 있다.

컨템포러리 진 (Contemporary Gin)

21세기 초 진 마케팅업계에는 미국산 진 자체가 하나의 진 스타일이라는 매우 잘못된 생각이 팽배했다. 미국처럼 거대하고 기후가 다양한 나라에서 단일 스타일이나 향미 프로필만 관찰할 수 있다는 주장은 완전히 잘못됐다.

수많은 진 브랜드에서 '바이 로컬(Buy local)'을 홍보하며, 판매량을 늘리기 위해 '아메리칸 진(American Gin)'이라는 용어를 술병에 쓰기 시작했다.

하지만 크래프트 진이 대유행하면서 이 용어가 가진 의미는 초창기에 비해 퇴색되었다. 현재는 미국에만 수백 개의 크래프트 진 브랜드가 있으며 매주 새로운 상품이 출시된다. 즉, 아메리칸 진은 미국에서 증류한 진을 말할 뿐이다. 그 이상의 의미는 없으며 특정한 풍미를 지칭하지도 않는다. 66페이지에서 다룬 미국산 증류 진이 흔히 이야기하는 런던 스타일을 지닌 것처럼, 위 사진의 블룸 런던 드라이 진은 반대로 컨템포러리 진의 범주에 완벽히 포함된다.

법적으로도 규정한 바와 같이 컨템포러리 진의 주요 풍미 가운데는 꼭 주니퍼 향이 포함된다. 하지만 그 강도는 천차만별이다. 헨드릭스 진은 획기적인 풍미로 컨템포러리 진 스타일에 새로운 지평을 연 대표 상품이다. 장미와 오이를 첨가해 세상을 놀라게 했고, 평소에 진을 마시지 않는 사람도 진의 팬으로 끌어들였다.

하지만 컨템포러리 진의 범주는 단순히 헨드릭스를 뛰어넘어 훨씬 다양하다. 이들의 목표는 잠재적인 컨템포러리 진 애호가에게 진가를 보여주고, 그들을 유인하는 것이다. 뉴욕 브루클린에서 생산하는 도로시 파커 진은 꽃 향이 돋보이는 진으로, 히비스커스와 달콤하고 신선한 베리 향을 뿜는다. 스페인의 포트 오브 드래곤스 100% 플로랄 진(Port of Dragons 100% Floral Gin)은 산뜻한 꽃의 신선한 아로마와 은은한 향신료 풍미, 희미한 주니퍼 향이 일품이다.

이러한 진 스타일은 미국에서도, 스페인에서도, 영국에서도, 전 세계 어디에서도 보기 드문 독특한 스타일이다. 그저 양 대륙이 규정하는 진의 법률상 정의에 속할 뿐이다. 이처럼 컨템포러리 스타일 진은 엄밀하게 진은 맞지만, 형식이 매우 다채롭다.

지역은 스타일이 되기도 한다

진에는 자연스럽게 특정 테루아를 지칭하는 지역 이름이 붙기도 한다. 하지만 이들은 일반적으로 그 지역을 대표하는 특성을 보여주기보다 대개 단일 증류소에서 생산한 '단일 스타일'을 나타낸다. 그럼에도 지역명이 꾸준히 진 이름으로 사용되다 보면 특정한 스타일을 의미하는 용어로 법제화된다. 최소한 EU 법규상에는 그렇다.

플리머스 진은 지역 이름이 하나의 스타일로 지정되었던 가장 대표적인 사례다. 플리머스 증류소는 1793년부터 진을 생산해왔고, 19세기 영국 해군에 진을 납품한 것으로 잘 알려져 있다. 오랫동안 플리머스 진은 하나의 스타일로서 법적으로 보호받았다. 1980년대부터 리투아니아에서 생산된 빌뉴스 진도 별도의 스타일로 법적 보호를 받은 진이다. 마지막으로 쇼리게 진으로 잘 알려진 진 데 마온(Gin de Mahón)도 마찬가지다. 이 지역의 진은 스페인 미노르카섬이 영국 통치하에 있을 당시 그 영향을 받아 탄생했다. 와인을 증류해 기주를 만들고

이를 오크 배럴에 숙성하는 것이 특징이다. 이처럼 와인을 증류하거나 오크 배럴에 숙성하는 방식은 점차 일반적으로 통용되고 있다. 하지만 다른 진 브랜드에서 이러한 스타일을 차용하고 더 나아가 미노르카섬에서 생산한다고 해도, 그들은 별도의 스타일이나 지리적 표시[19]로 지정될 수는 없다.

---

19 지리적 표시란 상품의 품질·명성이 지리적 특성에 근거를 두고 있는 상품임을 알리는 제도다. 지리적 표시제 등록상품은 법적으로 표시권을 보호받으므로 비등록품목이 등록품목의 지리적 표시를 사용하거나 유사한 표시를 하는 경우 해당 법에 의해 처벌받게 된다.

하지만 지역이 스타일이 되어도 좋을까

진 이름에 지역명을 사용하다 보면, '실제와 다른 테루아' 정보를 전달할 수 있다. 진 스타일과 지역을 연결지음으로 인해 소비자에게 불필요한 혼란을 불러일으키는 것이다. 일부 미국 소비자가 '아메리칸 진'은 마시지 않겠다고 선언하는 이유도 지역명과 진 스타일 간의 잘못된 연관성 때문이다. 그들이 지역명을 듣고 기대한 특성과 실제 풍미가 일치하지 않았다. 하지만 실제로 그들이 싫어한 것은 생산지가 아니다. 와인을 마실 때처럼 생산지에 따라 기호가 바뀐 것이 아니라 단지 그 진의 풍미가 마음에 들지 않았을 뿐이다. 만약 그들이 동일 지역에서 생산한 여러 스타일을 접한다면 언제든지 진의 세계로 돌아와 다양한 시도를 할 것이다.

지역 이름을 진 이름에 사용하지 않는 것이 좋다고 생각하는 또 다른 이유가 있다. 진 생산지의 실제 테루아와 동떨어진 메시지를 전달할 수 있기 때문이다. 지역산 주니퍼와 식물을 활용한 브리티시컬럼비아주만의 진 스타일이라는 것이 실제로 존재할까? 미국 남서부에서는 사막의 세이지 향을 표현한 진 스타일을 개발하고 있을까? 유럽 동부와 북부에서 탄생한 고산지대 스타일 진이 가능할까? 지역으로 스타일을 규정하다 보면 진의 생산지에서 얻는 정보와 진의 유형에서 얻는 정보를 혼동하게 된다.

그래서 많은 사람은 아직 별도의 스타일로 법제화하지 않은 드넓은 지역을 그대로 유지해야 한다고 주장한다. 클래식 스타일 진이란 대서양 양 연안에서 생산되어 전 세계의 사랑을 받는 진이고, 컨템포러리 진은 전 세계 어디서든 만들어지는 진인 것처럼.

21세기 진

만약 우리가 '클래식' 진과 '컨템포러리' 진의 대비되는 개념을 전 세계 주류 상점과 바에 속속들이 전파할 수 있다면, 진업계는 새로운 21세기를 맞이할 것이다. 바텐더들은 새로운 진을 최적의 방법으로 활용할 것이고, 다양한 진을 즐기는 사람들은 잘못된 선택을 할 걱정 없이 경험의 폭을 넓혀갈 수 있다. 함께하겠는가? 다음 절부터 진 스타일(클래식, 컨템포러리 등)을 포함한 다양한 진의 시음 노트를 살펴보고, 각각의 진으로 만들 수 있는 칵테일도 알아보겠다.

게네베르(Genever)

게네베르[20]는 진이 아니다. 하지만 이 둘은 밀접한 연관이 있다. 게네베르가 훗날 발전해 진이 되기 때문이다. 즉, 게네베르는 진의 조상이지만, 모든 게네베르가 진이 된 것은 아니다. 오히려 그와는 정반대다. 진이 게네베르에서 갈라져 나와 발전하자, 네덜란드 증류주 게네베르는 번성과 침체, 부흥을 반복했다. 게네베르는 아직까지도 명백히 독립적인 주류다. 예로부터 진은 게네베르와 매우 유사했다. 드라이 진이 유행할 당시는 물론이고 거의 19세기 올드 톰 진 시대까지도 비슷했다. 따라서 오래된 칵테일 서적에는 게네베르를 더치 진이나 홀란드 진(Holland Gin)으로 표기하기도 했다.

오늘날에는 게네베르를 '위스키와 진의 교차점'으로 종종 묘사하기도 한다. 하지만 실제로는 이보다 훨씬 복잡하다. 게네베르만으로도 책 1권을 족히 쓸 수 있으며, 실제로 이렇게 쓰인 책도 존재한다. 따라서 여기서는 게네베르의 모든 것을 총망라하기보다 최근 200년간 두 스타일이 갈라지게 된 배경을 간략히 알아보겠다.

게네베르는 곡물로 만든 베이스 스피릿을 사용한다. 16세기 게네베르 생산 초창기에는 조악한 증류 기술을 보완하기 위해 손쉽게 구할 수 있는 주니퍼나 네덜란드의 광범위한 향료 무역으로 수급이 원활했던 향신료를 사용해 기주에 풍미를 입혔다. 증류 기술이 급격히 발전한 지금도 여전히 곡물 기주를 사용해 게네베르를 생산한다. 물론 품질은 매우 향상되었으며, 풍미를 더하기 위해 사용하는 식물 재료도 다양해졌다. 진은 식물 재료를 통해 주요 향미를 추출하는 반면, 게네베르의 주된 특성은 최종 기주가 되는 몰트 와인(Malt wine), 즉 발효된 곡물 당즙에서 나온다.

법적으로 명문화된 게네베르 생산지는 11곳이지만, 크게 몇 가지 스타일로 분류할 수 있다. 맨 먼저 소개할 게네베르는 알코올 함량이 가장 높다. 코런베인(Korenwijn)은 몰트 와인의 함량이 51%가 넘는 숙성 증류주다. 별도의 감미료를 첨가할 수 있으며, 전반적인 맛은 다른 게네베르보다 빵을 연상시키고, 풍미가 진하며, 질감이 거칠어 다소 희소성이 있

다. 오늘날 코런베인은 200년 전 사람들이 마시던 게네베르와 가장 비슷한 편이다.

다음 2종류의 게네베르는 몰트 와인의 함유량에 따라 구분된다. 네덜란드어로 '오래된'이라는 뜻을 지닌 아우더(Oude)는 최소 15%의 몰트 와인을 함유하고, '어린'을 뜻하는 용허(Jonge)의 몰트 와인 함량은 15%를 넘을 수 없다. 결과적으로 용허 게네베르는 훨씬 가볍고 맥아 향이 적으며, 아우더 특유

왼쪽 현대의 볼스 게네베르 병.

20 주니버 또는 예네버(Jenever)로도 발음한다.

의 거친 풍미도 적다. 아우더를 만들 때 꼭 숙성이 필요한 것은 아니지만 대체로 숙성을 통해 생산된다.

게네베르의 중요한 특징은 법적으로 보호를 받는다는 사실이다. 게네베르 증류는 네덜란드·벨기에·프랑스·독일 등 한정된 국가에만 제한된다. 오로지 이 국가들, 때로는 그중에서도 특정 지역에서 생산한 증류주에만 게네베르라는 이름을 붙여 판매할 수 있다. 이 같은 규제 때문에 다른 증류업자

들이 게네베르 연구를 게을리하는 것은 아니다. 미국에서는 '게네베르 스타일 진'이나 진과 게네베르의 합성어인 '지니버(Ginever)'라는 이름의 증류주를 판매한다. EU 내에서 생산할 때만큼 엄격한 기준을 적용하지 않지만, 곡물과 맥아의 활용도가 높고 현대 진보다 전통 게네베르에서 자주 쓰이는 식물을 많이 활용한다. 이처럼 게네베르 스타일은 여전히 건재해 아직도 존재감을 뽐낸다.

위 네덜란드 미술품 중에는 고대
게네베르 병을 그린 작품이 많다.

슬로 진(Sloe Gin), 코디얼 진(Cordial Gin)

리큐어와 코디얼[21]을 정의하는 별도의 엄격한 기준은 따로 존재하지 않는다. 이 둘은 일반적으로 점성이 진하고, 감미료가 첨가(설탕 함유량 2.5% 이상)되었으며, 다른 증류주보다 알코올 도수가 낮은 편(15~30도)이다. 진 리큐어는 보통 드라이한 진을 베이스로 만들어지며, 침출법을 사용해 풍미를 더하고 당도를 높인다. 우리가 진 리큐어를 말할 때는 대개 슬로 진이나 슬로 베리와 유사한 열매로 만든 진만 뜻한다. 대표 상품은 그린훅 진스미스 비치 플럼 진 리큐어, 헤이먼스 슬로 진, 십스미스 리미티드 에디션 슬로 진이 있다.

슬로 진의 제조법은 다음과 같다. 먼저 가죽 같은 슬로베리 껍질에 구멍을 내고 진에 담근다. 그 상태로 가끔 섞기만 하면서 약 3개월에서 6개월간 보관한다. 슬로베리의 풍미가 만족스럽게 침출되었다면 열매를 걸러낸다. 만들어진 리큐어를 면보에 거르거나 디캔팅해 기타 침전물이나 탁한 성분을 제거한다. 오늘날 슬로 진은 대부분 투명하고 앙금 없이 생산된다.

전형적인 영국 리큐어인 슬로 진이 어떻게 탄생했는지 알고 싶다면 영국 교외 지역의 형성 과정을 살펴보면 된다. 슬로[22]는 영국 시골에서 자라는 흔한 울타리 식물이었다. 촘촘하고 무성하게 자라나는 가시투성이 식물로 어디서든 볼 수 있었다. 슬로나무는 소유지의 경계선을 구분 짓는 데 유용하게 쓰이는 동시에 빽빽한 가시덤불 숲이 형성되면 골칫거리로 전락하기도 했다. 반면 슬로나무의 열매를 찾는 사람은 많지 않았다. 열매가 단단해 통째로 먹기 어려웠다. 하지만 사람들은 이 자두를 어떻게 활용할지 끊임없이 연구했다. 그 결과 감미료를 포함한 다른 재료들과 대량으로 배합하면 먹을 만하다는 결론을 내렸다. 그래서 슬로베리를 와인, 젤리, 진에 활용하는 전통이 생겨났다. 약간의 관심과 정성으로 상당히 훌륭한 리큐어 또는 진으로 태어난 것이다.

---

21 과일을 주성분으로 하는 농축 과당 음료나 술.
22 자두의 일종인 장미과의 낙엽관목 식물로 가시자두라고도 한다.

18세기에도 슬로베리를 와인이나 브랜디에 담그는 침용법이 존재했지만, 진에 슬로베리를 사용하는 레시피는 19세기 중후반부터 유행했다. 1870년대에는 슬로 진 레시피가 여성을 위한 가사 활동 서적에 등장했고, 머지않아 주방 선반에서 슬로 진을 볼 수 있게 되었다. 슬로 진은 '힙스(Hips)', '스낵 진(Snag Gin)' 등 다양한 이름으로 불린다. 슬로 진은 슬로 열매를 가장 많이 사용해 만들지만, 자두 토착종도 활용된다. 일부 브랜드는 슬로 진을 '스포츠맨이 가장 좋아하는 리큐어'라며 사냥터에서 마시는 술로 홍보했다. 사냥꾼들이 사냥을 떠날 때 커다란 병을 챙겨가서 사냥 중간에 마신다고 광고했다. 대체로 슬로 진은 시골의 전통 술로 이어져왔다. 많은 가정에서는 예로부터 전해 내려오는 전통적인 슬로 진 주조법이 있으며, 추운 겨울을 맞아 영국 가정의 난롯가에서 주로 마시곤 했다.

오늘날 시장에는 크게 2종류의 슬로 진이 있다. 첫 번째는 앞서 이야기한 종류로 자두를 침용한 진에 감미료를 첨가해 만든다. 두 번째는 대략 2000년대 후반 이전에 널리 유통된 형태로, 이 스타일의 슬로 진에는 슬로베리도 진도 들어 있지 않다. 인위적으로 착향료와 감미료를 더한 뉴트럴 스피릿 리큐어이기 때문이다. 만약 1970년대에 슬로 진 피즈 칵테일을 마셨다면 두 번째 형태의 슬로 진을 사용했을 확률이 높다.

다행히도 슬로 진과 인스티아 자두(Damson)를 비롯한 유사 재료를 침출해 만든 진은 되살아나고 있는 추세다. 플리머스와 헤이먼스는 모두 인공 풍미가 아닌 실제 과일을 이용해 전통적인 슬로 진을 생산한다. 많은 소규모 증류소에서도 실험적으로 계절 한정 슬로 진을 만들거나 자신들만의 상품을 개발한다. 컨템포러리 진이나 플레이버드 진의 아성에는 아직 미치지 못하지만 슬로 진과 슬로 진 피즈 칵테일은 확실히 돌아왔다. 실제 슬로가 함유된 채로!

숙성 진(Aged Gin)

한때 모든 진은 오늘날 우리가 '옐로 진(Yellow gin)', '숙성 진'이라 부르는 것들이었다. 18세기 또는 19세기 초에는 진에 색깔이 있는 것이 아무런 문제가 되지 않았다. 대부분 증류주가 배럴에 저장되어 운반되었기 때문에 거의 모든 진은 어느 정도 숙성될 수밖에 없었다. 진 역사학자들은 종종 1861년 영국의 단일병법(Single Bottle Act)이 옐로 진의 전환점이 되었다고 말한다. 이 법으로 증류업자들과 와인 양조업자들은 처음 자신의 상품을 배럴이 아닌 유리 용기에 판매할 수 있게 되었다. 이 법은 영국에만 한정된 법이었지만, 영국이 진 생산의 중심이어서 진의 생태계를 바꾸는 역할을 했다.

진을 숙성한 것은 애초에 맛을 끌어올린다거나 다른 창의적인 이유가 있어서가 아니다. 경제적·현실적 여건 때문에 자연스럽게 일어난 것이다. 증류주를 유통할 수 있는 용기가 배럴밖에 없어서 자연스러운 현상이었다. 이 배럴은 오늘날 우리가 생각하는 배럴만큼 품질이 좋지 않았다. 첫째, 이 배럴은 수시로 재사용되었다. 하지만 배럴은 일정한 횟수를 사용하면 성능이 사라져 더는 최종 결과물에 아무런 영향을 주지 못했다. 둘째, 배럴이 유일한 운송 용기였으므로 이 배럴을 불에 그을려 특유의 개성을 첨가할 수 없었다. 당시의 진에 배럴의 개성이 일정 부분 녹아든 것은 사실이다. 하지만 풍미를 향상시키기 위해 의도적으로 활용했을 때 느낄 수 있는 다양하고 깊은 향은 경험할 수 없었다.

숙성 진이 다시 유행할 때는 이 대목에서 차이가 나타났다. 사람들은 배럴을 진의 주요 구성요소이자 재료로 인식하고, 더 훌륭한 진을 만들기 위해 배럴을 의도적으로 손보기 시작했다. 이러한 방향성으로 만들어진 초창기 진 가운데 부스(오늘날의 부스와는 다른 상품이다)의 상품이 있으나, 현재는 존재하지 않는다. 이보다 더 유명한 브랜드인 시그램스에서도 숙성 진을 만들었다. 하지만 많은 사람의 입에 오르내리지 않는다는 사실을 생각하면 얼마나 홍보가 부족했는지 알 수 있다. 아무도 모르는 사이에 술병에 숙성을 표기했으며, 2010년 초에는 별다른 광고 없이 제조법도 변경했다. 시그램스는 아직도 상징적인 연한 갈대 빛의 진을 만들지만 더는 위스키 배럴에 숙성하지 않는다.

이처럼 역사 속으로 사라져간 사례도 있지만, 최근 십수 년간은 숙성 진의 르네상스가 펼쳐지고 있다. 그 공은 대부분 시타델 브랜드가 차지한다. 시타델에서 출시한 시타델 리저브가 시장에 처음 대량 유통되었기 때문이다. 그러나 숙성 진의 종류가 늘어나는 진정한 성장은 미국에서 일어났다. 현재 미국에는 100여 개의 숙성 진이 존재한다. 하지만 대부분 지역 단위로만 유통되므로 아무 주류 상점에서나 찾을 수 없다.

그렇다면 숙성 진은 왜 미국에서 급성장했을까? 이는 소규모 증류소를 운영할 때 경험하는 어려움과 관련 있다. 크래프트 증류주가 대유행할 당시, 많은 업자는 위스키 숙성을 기다리는 동안 즉시 판매할 수 있는 진을 생산했다. 즉, 위스키를 생산하면서 진을 실험하는 업자들이 많았다. 따라서 그만큼 사용할 수 있는 배럴도 충분했다. 이처럼 두 조건이 맞아떨어지면서 진을 배럴에 숙성하는 일이 꼭 해야 하는 일처럼 분위기가 형성되었다.

시중에는 다양한 스타일의 숙성 진이 등장하고 있다. 새 배럴을 쓰거나 사용한 배럴을 재활용하는 방법, 여러 진을 배합해 배럴 숙성 기간을 달리하는 방법, 기후와 계절에 따라 숙성을 달리하는 방법 등이 있다. 이처럼 숙성 진의 영역이 다양해지고 있는데, 이는 위스키 숙성 대비 짧은 진 숙성 기간 때문으로 풀이된다.

비록 미국의 주류 규제상 숙성 진에 숙성 기간을 기입하는 것은 불가능하지만, 숙성 진의 확산으로 소비자의 선택 폭은 상당히 다양해졌다. 안타깝게도 2015년 현재는 숙성 기간 표기가 불가능하지만, 이 규정이 바뀌기를 희망한다.

필리어스 증류소는 코냑 생산에 사용한
프랑스산 배럴로 숙성 진을 생산한다.

옐로 진이라는 용어는 적절한가

'옐로 진'이라는 용어의 문제는 옐로 진이 숙성 진의 외관을 표현하는 부정확한 방법이라서가 아니라 실제 시중에 노란색 진이 있어서 발생한다. 숙성 진은 아름다운 밀짚 빛깔을 띠는데, 그 색깔은 반짝거리는 밝은 황금색부터 은은하고 깊은 구릿빛이나 그보다 더 어두운 톤까지 다양하다. 하지만 금빛을 내는 다른 스타일의 진도 있어서 문제가 발생한다.

캐나다 퀘벡주의 운가바 진은 카나리아색으로, 모든 옐로 진 가운데 가장 선명한 노란색에 가깝다. 하지만 이 진은 노란색이란 의미로 옐로 진은 맞지만, 숙성 진은 아니다.

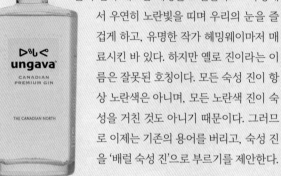

따라서 보다 정확한 진의 정의는 숙성 진의 특성에 따라 이뤄져야 한다. 숙성 진은 배럴에 보관하거나 숙성한 진으로, 배럴의 나무 성분과 알코올이 만나 새로운 개성을 표현한다. 그 과정에서 우연히 노란빛을 띠며 우리의 눈을 즐겁게 하고, 유명한 작가 헤밍웨이마저 매료시킨 바 있다. 하지만 옐로 진이라는 이름은 잘못된 호칭이다. 모든 숙성 진이 항상 노란색은 아니며, 모든 노란색 진이 숙성을 거친 것도 아니기 때문이다. 그러므로 이제는 기존의 용어를 버리고, 숙성 진을 '배럴 숙성 진'으로 부르기를 제안한다.

숙성 진은 어떻게 만들어지는가

위스키와 동일하게 진을 숙성할 때는 최종 증류물을 배럴에 숙성한다. 일정 기간 베이스 스피릿을 배럴 숙성하는데, 보통 위스키 숙성 기간보다 훨씬 짧다. 시중 일부 진은 90일 또는 그 이하로 숙성한 뒤 판매된다. 물론 예외도 있어 10년 또는 13년까지 배럴 숙성한 뒤 출시하는 진도 드물게 존재한다.

법적으로 숙성 배럴의 종류를 엄격하게 규정하지는 않으며, 최선의 결과를 위해 매우 다양한 종류를 활용한다. 시타델 리저브의 제조사 피에르 페랑에서는 불에 그을린 새 프랑스산 오크 배럴로 진을 숙성한다. 이 증류사가 코냑 전문 생산회사이므로 짐작했을 수 있겠다. 미국 노스캐롤라이나주 서던 아티산 디스틸러리에서는 새로 만든 미국산 오크 배럴을 사용해, 일체의 외부 간섭 없이 나무와 진만의 상호작용을 끌어낸다. 반면 미국 커세어 디스틸러리와 컬럼비아의 딕타도르 럼 디스틸러리는 럼 배럴을 재사용한다. 뉴 홀란드 브루잉은 위스키 배럴을 재사용해 니커보커 진을 숙성하고, 캘리포니아의 디스틸러리 넘버 209와 델라웨어주의 페인티드 스테이브 디스틸링은 레드와 화이트와인 배럴에 숙성한 2개의 진으로 구성된 세트 상품을 출시한다. 버로우스 리저브 진은 식전주 장 드릴레를 보관한 배럴을 재사용하고, 웨스트 버지니아주의 스무스 앰블러 스피리츠(Smooth Ambler Spirits)는 2종 이상의 배럴로 숙성한 뒤 이를 배합해 최종 결과물을 만든다.

풀어야 할 숙제와 미래

숙성 진은 이처럼 성장하는 카테고리임에도 난관에 봉착했다. 비록 이 책에는 이런 스타일의 진을 '숙성한' 진이라 표현했지만, 미국에서 '숙성 진(Aged gin)'이라는 용어를 술병에 표기하는 일은 불법이다. 이러한 스타일의 진이 폭발적으로 증가하고 있음에도 규제가 존재하는 것이다. 증류업자들은 이를 피하려 다양한 방법을 사용한다. 데킬라에서 쓰는 '레포사도(Reposado)[23]'라는 용어를 차용하거나 '배럴 레스티드(Barrel rested)', '배럴 리저브(Barrel reserve)' 등의 신조어를 쓴다. 빙빙 돌려가며 진의 특성을 이야기하는 가운데 '1년', '2년', '6개월' 등 숙성 기간의 표기는 전적으로 금지된다. 따라서 소비자가 한눈에 진을 비교하는 일이 어려워지고, 결국 인터넷에서 정보를 확인하거나 증류업자에게 직접 물어볼 수밖에 없게 된다. 꾸준한 숙성 진의 성장 속에서 라벨 표기법 규정은 창의적인 숙성 진 생산업자들에게 계속해서 골칫거리로 남을 것이다. 숙성 진이 직면한 또 다른 문제는 '그래서 숙성 진을 어떻게 활용하느냐'다. 위스키를 마시는 사람들은 자연스럽게 다음 단계로 숙성 진을 선택한다. 위스키와 진의 장점이 고루 섞였기 때문이다. 하지만 진을 즐기는 보통 사람들은 숙성 진을 보며 의문을 품는다. 드라이 진만큼 토닉워터와 어울리는 것도 아니고, 톰 콜린스(→P.213)나 에비에이션(→P.208) 칵테일과도 궁합이 좋지 않기 때문이다. 따라서 이 책에서 다룰 칵테일 제조법을 참고한다면 당신이 보유하고 있는 숙성 진을 확실히 소비할 수 있을 것이다. 숙성 진은 니트(Neat)[24]로 마셔도 훌륭하지만, 칵테일로 만들면 훨씬 맛있다는 사실을 보여주겠다.

---

23 '휴식을 취한'이라는 뜻으로 60일 이상 1년 미만 숙성한 데킬라에 붙이는 말.
24 얼음·물·음료 등과 섞지 않은 술을 상온 상태로 잔에 따른 것.

호주 포 필러스 디스틸러리에서 생산한 배럴 숙성 진은
자사의 다른 진과는 확연히 다른 빛깔을 띤다.

올드 톰 진(Old Tom Gin)

늙은 수고양이를 뜻하는 올드 톰캣(Old Tomcat). 이 말이 진에 사용된 시기는 올드 톰 진 자체의 탄생 시기와 같을 만큼 오랜 역사를 자랑한다. '올드 톰'이라는 용어의 유래는 신화, 잘못된 정보, 흐릿한 역사 기록에서밖에 찾을 수 없기에 늙은 고양이와 진의 연관성을 공신력 있게 밝히기는 어려울 것이다. 그러나 이러한 어려움에도 불구하고 칵테일 역사학자들은 올드 톰 진의 어원을 밝혀줄 흥미로운 가설을 오래된 영국 신문에서 꾸준히 파헤쳐왔다.

가장 유력하면서도 언급이 많이 되는 설은 1755년 출간된 《The Life and Uncommon Adventures of Capt. Dudley Bradstreet》라는 책에서 유래한다. 이 책은 한 비상한 건물주가 진 광풍이 절정에 달했을 때 어떻게 금주법을 피해갔는지 이야기한다. 이 책에 따르면 한 건물에 고양이가 그려진 간판이 있었는데, 이 간판에는 파이프가 연결되어 있었다. 당시 진을 마시고 싶은 사람은 고양이 간판에 동전을 집어넣으며 "야옹아, 2페니어치 진을 주겠니?"라고 말했다. 그러면 건물 안쪽에 안전하게 숨어 있던 사람이 질문에 대답하며 소량의 진을 파이프에 부었다. 돈을 낸 사람은 파이프에 입을 대고 진을 마실 수 있었다. 이 이야기는 문헌 속에서 고양이와 진을 연관 지어 다룬 첫 사례일 것이다.

1870년대가 되자, 올드 톰의 어원에 대해 문제를 제기하는 사람이 등장한다. 1873년까지만 해도 앞서 소개한 이야기가 올드 톰이란 용어의 어원으로 기정사실화되고 있었다. 하지만 학술지 〈Notes and Queries〉의 편집자는 '올드 톰 호지스(Old Tom Hodges)', 즉 토마스 챔벌레인(Thomas Chamberlain)이 그 어원에 동의하지 않을 것이라고 주장했다. 그의 어조는 매우 단호했다. 1881년호 〈Notes and Queries〉에 따르면 토마스 노리스(Thomas Norris)[25]는 스승이자 선임 마스터 디스틸러였던 토마스 챔벌레인을 찬사하며, '올드 톰'이라는 별명을 그에게 붙였다고 전한다. 그리고 이 토마스 챔벌레인이 올드 톰 스타일의 진을 발명했다고 주장한다. 1885년이 되자, 올드 톰이라는 용어는 '진'을 대신하는 말로 쓰일 만큼 대중적인 용어가 되었고, 만화책의 가장 웃긴 부분을 장식하는 핵심 구절로도 활용되었다.

1844년, 런던 경찰 관보의 뉴스 단신에 한 절도 사건이 게재된다. 술병을 잠그는 자물쇠의 열쇠들이 없어진 사건이었는데, 그 열쇠에는 'R', 'B', 'G'라는 글자가 쓰여 있었다. 그 가운데 진 병을 잠그는 열쇠에는 '올드 톰'이라는 글자가 적혀 있었다고 한다. 당시 올드 톰이라는 단어가 진을 의미하는 용어였는지는 확인할 수 없다. 하지만 이 단어는 콕 집어 언급될 만큼 중요한 단어였고, 이 관보의 뉴스 단신은 영국 신문에서 '올드 톰'과 '진'의 연관성을 한 문장 안에서 표현한 최초의 사례이기도 하다. 이전까지 '올드 톰'이라는 말은 사람을 지칭할 때만 쓰였다. 즉, 이름 앞의 '올드(Old)'라는 접두사가 사람을 묘사할 때는 일반적으로 사용되었다는 뜻이다. 하지만 '캣'이라는 단어까지 나란히 쓰인 것에 대해서는 여전히 의견이 분분하다.

1890년대 이르러 올드 톰 진은 여러 광고물에 빈번하게 등장했다. 이름의 유래가 무엇이든 시에라리온과 케냐에서는 '올드 톰'이라는 이름으로 불렸고, 다양한 회사에서 생산한 진을 통칭하는 용어로도 사용되었다. 즉, 올드 톰은 다양한 진을 총칭하는 포괄적인 이름이 된 것이다.

그렇다면 이 시기 사람들이 즐겼던 올드 톰 진은 어떤 풍미를 지녔을까?

1892년 제임스 뮤와 존 애쉬튼이 집필한 《Drinks of the World》에서는 "진은 지금까지 다양한 이름으로 불렸다. 하지만 런던의 대중과 하층민이 진을 올드 톰이라고 부르는 이유를 궁금해하는 사람은 일부 관심을 갖는 이들밖에 없다"라고 말했다. 뮤와 애쉬튼은 당시 '올드 톰'을 진을 총칭하는 일반적인 용어로 봤으며, 따라서 우리가 지금 당시의 올드 톰 진을 소환하는 것은 당시의 일반적인 진을 이야기하는 것과 다름없다. 《Drinks of the World》에 따르면 당시 진의 알코올 농도는 22~48도였으며, 당도는 2~9%로 매우 높았다. 비교하자면 오늘날 런던 진의 당도는 1L당 0.1g 미만으로 제한된다. 당시의 진은 오늘날에 비해 확실히 달았다. 당시 영국 진은 상급 네덜란드 진(홀란드 진/더치 진)과 확연하게 달랐으며, 과자·시나몬·고추는 물론 심지어 감초 등의 첨가물이 섞여 있었다. 이는 장사의 비법이 되었고, 현대의 증류업자도 당시의 진을 재현할 때 활용한다. 당시 기주의 품질은 진 광풍의 전성기보다는 훨씬 나아졌지만, 여전히 부족했다. 따라서 증류업자들은 감미료를 첨가해 맛을 개선하거나 식물 재료를 첨가하는 등 더 독특한 방법을 사용한 것이다.

올드 톰 스타일 진은 주로 배럴로 진을 운송하던 시기에 발전했기 때문에 자연스럽게 적당히 '숙성될' 수밖에 없었다. 비록 맛을 끌어올리기 위한 목적은 아니었지만, 배럴의 수명에

---

25 영 톰이라는 별명이 있었다.

따라 최종 결과물에는 그 개성이 녹아들었다.

하지만 사람들의 취향은 빠르게 변하기 마련이다. 올드 톰은 당시 진을 통칭하는 용어였지만, 머지않아 '드라이'라는 이름에 자리를 내어줬다. 드라이한, 즉 당도가 낮은 진은 오늘날 진의 대다수를 차지한다. 사람들의 기호가 변함에 따라 기존의 레시피는 더는 인기를 끌지 못했고, 전 세계 신문을 장식하던 올드 톰 진은 마담 제네바의 폭발적인 인기 아래 진기한 옛 문물로 남게 되었다.

당시의 올드 톰이 정확히 어떤 진인지 확인할 공신력 있는 자료가 없으므로 칵테일 역사가들은 각종 기록과 신문, 오래된 레시피를 조합해 단서를 찾아간다. 이러한 활동 덕분에 흥미로운 현상이 발생했다. 증류업자들이 과거 자료와 증류 지식을 총동원해 19세기 후반 올드 톰 '스타일'을 재창조한 것이다.

올드 톰은 그 스타일을 처음 재현한 두 업자의 상품에서 가장 잘 나타난다. 영국의 헤이먼스와 미국의 랜섬 스피리츠 (Ransom Spirits)다. 헤이먼스의 올드 톰 진은 마치 드라이 진처

럼 투명하지만, 설탕을 첨가해 단맛이 뚜렷하다. 별도의 숙성 기간이 없으며 깔끔한 맛이 특징이다. 랜섬의 올드 톰은 옥수수와 보리를 단식 증류하고 간단한 식물 배합만 해서 만들어진다. 사용되는 식물은 주니퍼, 감귤류, 안젤리카, 카더멈, 고수다. 이렇게 만든 스피릿을 와인 배럴에 숙성하면 최종 완성된다. 두 상품 모두 시대를 적절히 반영한 레시피로 탄생했으며, '역사적으로 정확하게' 올드 톰을 재현했다고 주장할 수 있다. 하지만 정확히 올드 톰이 어떤 술이었는지 정의하기에는 다소 부족함이 있다.

어쩌면 오늘날의 시각으로 올드 톰을 바라보는 것이 올드 톰을 제대로 이해하는 최선의 방법일 수 있다. 오늘날 수많은 진이 존재하듯 과거에도 똑같이 독특하고 개성 있는 진이 많았을 것이라 믿는 것이다. 물론 이러한 관점이 과거의 칵테일을 연구하는 재미를 빼앗거나 23세기 미래의 칵테일 역사학자들이 21세기 컨템포러리 진을 재현하려는 노력을 가로막는 일일 수 있겠지만.

아래 전통적으로 올드 톰 진은 설탕이나 식물로 단맛을 더해 맛을 향상시켰다. 반면 배스터브 진은 조악한 품질로 평가받았다.

위 빈티지 올드 톰 광고 포스터는 오늘날 인기가 높아 수집하는 사람이 많다.

플레이버드 진(Flavoured Gin)

엄밀히 따지면 모든 진은 플레이버드 진이다. 즉, 향미가 더해졌다는 뜻이다. 심지어 플레이버드 보드카도 마찬가지다. 하지만 우리가 다룰 플레이버드 진은 그 경계선이 명확하다. 일반적으로 진은 재료를 첨가하고 증류를 거치며 향미를 얻는다. 반면 플레이버드 진은 증류 이후에 풍미를 첨가해 만들어진다. 진이라고 할 수 있는 상태에 향미를 더하는 것이다. 설명이 조금 헷갈릴 수 있겠다.

그렇다면 증류 이후에 장미 꽃잎과 오이를 첨가한 헨드릭스 진은 엄밀히 플레이버드 진일까? 그렇다. 따지고 보면 플레이버드 진이 맞다. 일반적으로 내가 이야기하는 플레이버드 진은 증류가 끝나 완성된 진에 별도의 향미료를 첨가하는 형태다. 명쾌하게 구분이 되지 않을 수 있지만, 실제로 플레이버드 진을 접하면 자연스럽게 깨닫게 된다.

특히 20세기 초를 중심으로 한때 꽤 유행했던 수많은 플레이버드 진은 1950년대 보드카 열풍이 불기 전 주류 상점에서 사라졌다. 그러나 2010년대 엄청난 인기를 얻은 후, 아직까지 이어지는 플레이버드 보드카의 유행에 힘입어 기나긴 겨울잠에 빠졌던 플레이버드 진도 다시 깨어나고 있다.

영국의 고든스는 2010년 초 플레이버드 진 컬렉션을 출시했다. 그 컬렉션은 고든스 크리스프 큐컴버 진과 고든스 엘더플라워 진으로 구성된다. 고든스는 모국 영국을 비롯한 전 세계에서 가장 많이 판매되는 진 가운데 하나를 생산하는 브랜드이기도 하다. 고든스의 플레이버드 진은 고든스 진의 증류 과정 마지막에 딱총나무꽃과 오이를 첨가한 것에 불과하다. 진

위 딱총나무꽃과 오이는 진의 향미를 더할 때 흔히 활용되는 재료로 진한 과일 첨가물에 비해 당도가 낮다.

시장에 완전히 새로운 상품은 아니다. 고든스는 20세기 초에 레몬 진과 오렌지 진을 생산하기도 했다. 비록 1952년 이래 더는 생산하지 않지만, 아직도 종종 온라인에서 수집용으로 판매되는 상품을 찾아볼 수 있다.

미국의 가장 대표적인 플레이버드 진은 베스트셀러이자 진의 아이콘인 시그램스사의 상품일 것이다. 시그램스에서는 시그램스 애플 트위스티드 진, 피치 트위스티드 진, 파인애플 트위스티드 진, 라임 트위스티드 진 등 다양한 플레이버드 진 포트폴리오를 갖추고 있다. 이들은 향미와 당도를 더해 보다 폭넓은 소비자를 공략한다.

고든스와 시그램스는 모두 각자의 위치에서 최고의 반열에 오른 브랜드이므로 진을 이용한 다양한 실험이 가능했을 수 있다. 이외에 자유로운 실험을 진행한 브랜드가 있다. 배퍼츠 민트 플레이버드 진(Baffert's Mint Flavored Gin)은 1930년대와 1940년대를 대표하는 파이핑 록(Piping Rock) 브랜드의 스타일을 재현한다. 워너 에드워즈는 딱총나무꽃을 침출해 만든 진을 생산한다. 하지만 가장 인상적인 플레이버드 진은 대체로 기억 속에만 남아 있는 것 같다.

1900년대 캘리포니아주 샌프란시스코의 한 회사에서는 아스파라거스 향미를 더한 진을 만들었고, 뉴욕주 버펄로의 한 증류소에서는 단풍나무 풍미를 입힌 진을 생산했다. 이들은 아주 오래전에 역사 속으로 사라졌지만, 아직까지 우리의 기억 속에 남아 있다. 아마도 플레이버드 진의 가능성과 확장성을 일깨워주고자 함이 아닐까?

위 시그램스는 오랜 역사를 자랑하는 미국 굴지의 브랜드로 최근 플레이버드 진과 감미를 더한 진으로 대대적인 확장을 꾀하고 있다.

유사 진

진은 아니지만, 진과 비슷한 성격을 띤 주류다. 대표적으로 슈타인헤거(Steinhäger)가 있다. 독일 베스트팔렌 지역의 슈타인하겐(Steinhägen) 마을은 진 산업이 호황을 누릴 당시 그 중심에 있었다. 과거 자료에 따르면, 19세기 당시 이 지역에는 슈타인헤거 스타일의 진을 만드는 증류소가 20여 개나 있었다고 한다. 일부 진 연구가들은 무려 15세기부터 이 진의 기원을 찾을 수 있다고 주장하고, 심지어 더 오래전인 12세기부터 유래했다는 자료도 있다.

하지만 오늘날에는 단 두 증류소에서만 이 스타일의 진을 생산해 영영 사라질 위기에 놓여 있다. HW 슈리히테(HW Schlichte)사는 앞장서서 이 진을 사수하는 제조사다. 1766년부터 꾸준히 증류 사업을 운영하며, 오늘날까지 판매되는 2개의 슈타인헤거 가운데 가장 유명한 상품을 생산한다.

슈타인헤거를 만들려면 먼저 신선한 주니퍼를 발효, 증류해 주니퍼 러터(Juniper lutter)라는 혼합물을 만든다. 이 혼합물에 뉴트럴 스피릿을 섞어 재증류한다. 그 결과 소량의 주니퍼 열매와 물로만 향미를 뽑아낸 증류주가 탄생한다. 최종 결과물은 알코올 농도 38도 이상으로 병입한다. 엄밀하게 기술적으로 따지면 진은 맞지만, 대개 주니퍼 슈냅스(Juniper Schnapps)[26]로도 분류한다.

카르스트(Karst) 진은 슬로베니아에서 발전한 특정 주니퍼 브랜디를 지칭하며, 이는 지리적 표시제를 통해 그 스타일을 보호받는다.

생산 방법은 다음과 같다. 먼저 깨끗하게 세척한 주니퍼 열매를 효모와 함께 최소 4주 이상 발효해 당즙을 만든다. 이 당즙을 구리 증류기에 2회 증류해 브랜디를 만든다. 이렇게 탄생한 무색의 증류주는 싱긋한 주니퍼 향미를 지닌다. 카르스트 진은 일종의 브린제베크(Brinjevec)라 할 수 있다.

위 19세기부터 생산된 슈타인헤거 슈리히테 진은 진보다 주니퍼 슈냅스에 가깝고, 카르스트는 주니퍼 브랜디라 할 수 있다.

---

26 독일의 전통 증류주 또는 브랜디.

이는 슬로베니아와 인접 국가에서 생산하는 주니퍼 브랜디를 일컫는 말이다. 세르비아 특산주인 클레코바차(Klekovača)가 있는데, 주니퍼 열매와 함께 오크통에서 숙성한 자두 브랜디로 만들어진다. 보로비카(Borovička) 또한 이 지역에서 생산하는 브랜디로, 대략 14세기부터 음용되었을 정도로 오랜 역사를 자랑한다. 이러한 슈냅스와 브랜디의 주된 향미 성분이 주니퍼에서 나왔기 때문에 진으로 분류하는 사람도 있으나, 주니퍼를 사용하는 단계가 진의 생산 공정과는 다르며 오늘날의 진과도 약간의 차이를 보인다.

이들 대부분은 최초 약용으로 사용된 전통 증류주로, 진의 범주에 광범위하게 묶이기보다는 지역 고유의 이름으로 불리고 있다. 이렇게 법적으로 진을 정의하는 규정이 느슨하기는 하지만, 만약 이 증류주들이 오늘날 발명되었다면 아마 진의 범주 안에 속하지 않았을까 생각한다.

아트 인 더 에이지(Art in the Age)에서 생산한 세이지(Sage)나 스퀘어 원(Square One)의 보태니컬 보드카(Botanical Vodka) 등 식물 재료를 이용한 증류주는 가든 진(Garden gin)이라고도 불렸다. 이들은 일반 진과 뚜렷한 공통점이 있다. 세이지에는 장미, 쿠베브, 오렌지 껍질, 감초, 세이지, 안젤리카, 라벤더 등의 식물 재료가 쓰였다. 스퀘어 원의 보태니컬 보드카에는 카모마일, 레몬버베나(Lemon verbena), 라벤더, 로즈메리, 고수, 감귤류 껍질이 들어간다.

하지만 이 중에 뭔가 빠진 것 같지 않은가. 주니퍼다. 이들은 어떤 경우에도 진이라 할 수 없다. 주니퍼를 제외하고 사용한 식물 재료나 이들이 어떤 술에서 영감을 얻었는지 살펴보면, 상당 부분 전통 진을 차용했음을 알 수 있다. 게다가 그 자체의 맛도 좋고, 진 칵테일로 만들었을 때 궁합도 훌륭하다. 주니퍼가 조금도 포함되지 않았다는 사실이 아쉬울 따름이다.

위 세이지는 가든 진이고, 세르비아의 나빕 클레코바카(Navip Klekovača)는 자두 브랜디에 가깝다. 병입 단계에서 주니퍼 향미를 첨가해 만들어진다.

진 시음 노트

진을 사랑하는 당신이

지금까지 진에 관해 공부한 내용을 바탕으로 당신이 좋아하거나 더 나아가 사랑하는 진을 하나쯤 발견했는가. 그리고 그 진을 친구들에게 소개해주고 싶은 마음이 생겼는가. 누구나 저마다의 취향이 있고, 나는 그 취향을 존중한다. 모든 사람이 진에 빠지기를 바라면서 이 글을 쓰는 것은 아니다. 물론 아주 조금은 그런 마음이 있을지도 모르겠다. 여러분이 친구들의 기호를 알고 다양한 진의 범주를 이해한다면 각각의 입맛에 맞는 진을 추천할 수 있을 것이다.

위스키를 좋아하는 친구에게

숙성을 통해 어두운 빛깔을 내는 위스키를 좋아하는 사람이라면 진 세계에도 충분히 흥미를 느낄 수 있다. 특히 숙성 진이 확산된 요즘 같은 때는 더욱 매력을 느낄 것이다. 그들을 진의 세계로 인도하려면 그들이 친숙한 기주로 만든 숙성 진을 추천한다. 퓨 배럴 진(→P.152)은 따뜻한 느낌의 화이트 위스키를 기주로 사용해 식물을 첨가하고, 오크 숙성을 거친다. 이 제조 공정이 익숙하다면, 위스키를 좋아하는 친구들에게 왜 이 진을 입문용으로 추천했는지 이해할 것이다. 니트로 마셔도 좋고, 기호에 따라 어떻게 마셔도 훌륭하다. 일단 이 진을 마음에 들어 한다면, 다음에는 퓨 아메리칸 진(→P.152)을 추천해보자.

보드카를 좋아하는 친구에게

무미(無味)에 익숙한 보드카 애호가들은 진을 더욱 어려워한다. 그래도 만약 친구가 호기심이 있는 편이라면 처음에는 어느 정도 개성이 있는 보드카를 추천한다. 그 친구가 술에는 적당한 풍미가 있어야 한다는 말에 공감하기 시작한다면, 그때부터 부드럽고 마시기 편한 진을 권한다. 아우데무스 스피리츠의 핑크 페퍼 진(→P.120)은 클래식 진 마니아들에게는 생소하지만, 부드럽고 풍미가 있어 보드카를 좋아하는 사람들은 어렵게 느끼지 않는다. 선셋 힐스 버지니아 진(→P.161)이나 플리머스(→P.100)처럼 보다 은은한 진도 추천한다. 처음에는 칵테일로 마시다가 점점 본연의 맛을 느껴보자. 걸음마를 떼듯 차근차근 바꾸는 것이 중요하다. 미각은 한순간에 익숙해지지 않는다.

감귤향 보드카, 메스칼을 좋아하는 친구에게

당신의 친구가 감귤 향미가 함유된 보드카를 즐긴다면, 감귤 풍미가 매우 뚜렷한 라리오스 12 보태니컬스(Larios 12 Botanicals)부터 시작하자. 그다음 단계 블루코트 진(→P.144), 핀크니 벤드(→P.158)로 넘어가자. 여기까지 정복했다면 윌리엄스 체이스 세빌 오렌지 진(→P.109)으로 마무리하면 된다. 축하한다! 그들이 감귤류 풍미의 세계에 발을 들였다는 말은 진의 세계에 진입했다는 뜻이다. 메스칼[1]을 좋아하는 친구라면 고민할 필요도 없다. 진은 식물 성분을 함유한 메스칼이나 다름없기 때문이다. 피에르데 알마스 나인 보태니컬 메스칼(→P.172)부터 시작하면 완벽하다. 주변에 훈연 향을 좋아하는 친구가 있다면 커세어사의 스팀펑크(→P.148)를 추천하자.

1 용설란을 재료로 만든 멕시코의 증류주.

럼을 좋아하는 친구에게

오늘날이야말로 럼 애호가에게 진의 세계를 소개할 최적의 시기라고 생각한다. 콜롬비안 트레저(→P.173)는 럼 증류소인 딕타도르사에서 만든 진으로, 진과 럼의 최대 장점을 고루 차용했다. 몽키 47(→P.122)은 진 가운데서도 독특한 향미를 지녔다. 프랑스산 당밀 증류액을 원재료로 사용해 럼 마니아라면 시선을 뺏길 수밖에 없다. 워털루 앤티크 배럴 리저브 진(→P.162)은 그 어떤 면에서도 럼이 아니고, 럼과는 관계가 없는 상품이지만 계속 럼을 떠올리게 하는 진이다.

요약하건대 누구에게나 자신에게 맞는 술이 있기 마련이다. 따라서 만약 누군가 자신이 대학 시절에 솔 향이 지독한 술을 마신 뒤 다시는 입에 대지 않았다고 말한다면, 먼저 그들이 어떤 술을 좋아하는지 관찰하자. 그리고 어떻게 하면 진의 또 다른 매력을 보여줄 수 있을지 곰곰이 고민하고, 최적의 상품을 추천해보자.

Cheers!

Tasting Notes

유럽

당신의 안목을 높여줄 진 시음기

영국 & 아일랜드

'모성의 몰락(Mother's ruin)[2]'이 탄생한 지역이자 게네베르가 진으로 발전한 종주국이다. 더 무슨 설명이 필요할까? 300여 년의 시간 동안 진과 관련된 사건은 모두 이 지역에서 발생했다고 봐도 무방하다. 수 세기 동안의 영국 문화를 한 모금으로 요약한다면 진이 아닐까? 오랫동안 영국의 진 시장은 고조할아버지 시대에도 있었던 고든스, 비피터, 탱커레이, 그린올 등의 상품이 지배했다. 이들은 여전히 훌륭한 진을 생산한다. 하지만 오늘날 진 시장은 다변화되어 어디서든 신생 소규모 증류업자를 찾아볼 수 있다. 런던·스코틀랜드·웨일스·콘월·북아일랜드 인근 지역에는 소규모 증류업자가 넘쳐난다. 영국인들은 오래전에 자신들이 완성한 진이라는 주류에 다시금 독창성을 불어 넣고 있으며, 언제라도 그 작업을 반복할 수 있을 것 같다.

―――――
2 진을 뜻하는 별칭으로, 전 국민이 진에 취했던 진 광풍 시기의 사회상에서 유래했다.

아래 블룸 진(→P.92)의 독특한 병목에는 섬세함이 깃들어 있다.

잉글랜드

애드남스 카퍼 하우스 디스틸드 진(Adnams Copper House Distilled Gin), 40도
잉글랜드, 사우스월드, 더 쿠퍼 하우스 디스틸러리 (The Copper House Distillery)

디스틸드 진

향긋한 로즈메리에서 풍기는 진한 솔 향을 느낄 수 있다. 보리를 연상시키는 곡물의 크리미함이 뚜렷하게 나타나며, 그 곁을 감귤류와 꽃 향이 감싼다. 맛은 부드러우면서도 직관적으로 히비스커스와 감귤류 향미가 끝까지 이어진다. 고품질의 베이스 스피릿을 기반으로 훌륭한 조화를 보이는 진으로 신선하고 즐거운 경험을 선사한다.

애드남스 카퍼 하우스 퍼스트 레이트 진 (Adnams Copper House First Rate Gin), 48도
디스틸드 진

애드남스 퍼스트 레이트 진은 13가지 식물 재료를 배합해 탄생한다. 곡물의 진하고 풍부한 크리미함이 가장 먼저 코에 전달된다. 이어서 바닐라 향과 가벼운 곡물 향이 전달되고, 옅은 주니퍼 향미가 맴돌며 화이트 위스키를 연상시킨다. 따뜻하고 실크처럼 부드러운 마우스필(Mouthfeel)[3]이 느껴지는 전반적으로 훌륭한 진이다. 미각적으로는 송진 향과 솔잎 향이 풍부한 주니퍼 향미가 먼저 나타나고, 곧바로 카더멈을 비롯한 향신료 풍미가 이어진다. 마지막으로는 고수, 시나몬, 감초가 여운에 남는다.

―――――
3 주류를 입안에 넣었을 때 느껴지는 재질감.

애드남스 카퍼 하우스 슬로 진(Adnams Copper House Sloe Gin), 26도
코디얼 진

고급스러운 슬로 향이 일품인 진이다. 체리와 핵과류 과일 향은 물론 약간의 마지팬(Marzipan)[4]과 아몬드 향도 느낄 수 있다. 단맛과 신맛이 적절하게 균형 잡힌 슬로 진으로 평가받는다. 은은하게 깔린 전통적인 진의 특성이 감미로운 과일과 향신료, 주니퍼의 구조감을 형성하고 탄탄하게 지탱해 잼 같은 슬로 진의 활용성을 높인다. 진 피즈 칵테일로 만들었을 때 최고의 매력을 자랑한다.

―――――
4 아몬드가루, 설탕, 달걀흰자로 만든 페이스트.

베케츠 런던 드라이 진 타입 1097(Beckett's London Dry Gin Type 1097), 40도
잉글랜드, 킹스턴어폰템스

킹스턴 디스틸러스(Kingston Distillers LTD)

클래식 진

런던에서 증류하고 병입한 세련된 진으로 상쾌하고 강렬한 풍미를 지닌다. 크림같이 부드러우면서도 달콤하고, 따뜻한 맛과 풍성한 아로마를 지닌다. 여운은 시원하게 남는 편이다. 세계에서 유일하게 영국산 주니퍼 열매와 최상급 식물 재료를 침출해 만든다. 그 결과 푸른 목초지와 위스키가 연상되는 향과 함께 부드러운 감귤, 주니퍼 아로마를 자아낸다. 질감이 부드럽고, 가벼운 민트 풍미가 여운에 남는다. 킹스턴어폰템스에서 생산하는 베케츠 진에는 영국 서리 카운티의 박스 힐에서 일일이 손으로 수확한 베리류 과일을 쓴다.

비피터 진(Beefeater Gin), 40도

잉글랜드, 런던
비피터 디스틸러리(Beefeater Distillery)

클래식 진

1876년 출시해 진 세계에서 가장 존경받는 진 중 하나다. 상쾌한 솔 향이 뚜렷한 주니퍼 향미가 주가 되고, 감귤 제스트[5] 향이 은은하게 올라와 개성을 더한다. 첫맛으로는 감귤류를 느낄 수 있고, 뒤이어 주니퍼가 또렷하게 자신의 색깔을 드러낸다. 따뜻하면서 흙을 연상시키는 질감과 알싸한 고수 씨앗의 풍미도 함께 느껴진다. 여운으로 고수의 풍미가 따뜻하고 은은하게 퍼지며 적절한 길이로 유지된다.

[5] 감귤류 껍질 가장 외각의 색이 선명한 부분으로 요리할 때는 주로 강판에 갈아서 쓴다.

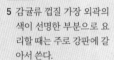

비피터 24(Beefeater 24), 45도

컨템포러리 진

기존의 비피터 제조법에 자몽과 차 몇 가지를 첨가해 만든다. 이름에 24가 들어간 이유는 최종 증류 작업 전에 식물 재료를 24시간 동안 주정에 담그기 때문이다. 자몽 제스트와 녹차 향이 깃든 진이다. 상당히 부드럽고 크림 같은 질감을 지녔으며 감귤류, 주니퍼, 소나무 향은 물론 스파이시한 허브차 향미가 진하게 어우러진다. 여운은 길지도 짧지도 않아 적당하게 이어지며, 예기치 못한 달콤함을 선사한다. 진의 향이 뚜렷하고 섬세한 칵테일에 매우 잘 어울린다.

비피터 버로우스 리저브(Beefeater Burrough's Reserve), 43도

숙성 진

버로우스 리저브 진은 고급 식전주인 장 드 릴레(Jean de Lillet)를 보관하던 프랑스산 오크 배럴을 재사용해 만들어진다. 장 드 릴레는 제임스 본드가 즐겨 마셨다고 전해지는 베스퍼 칵테일의 재료 키나 릴레(Kina Lillet)와 그 후속작 릴레 블랑(Lillet Blanc)을 만든 사람들이 생산한 식전주다. 따뜻한 기운과 꽃 향을 느낄 수 있고 레몬, 오렌지, 장뇌 향미가 소나무와 로즈메리를 연상시킨다. 중간 풍미로는 레몬 제스트에 이어 다소 전통적인 진의 풍미가 이어지며 자연스럽게 클래식 진이 그려진다. 마지막으로 바닐라, 감귤 향과 함께 따뜻하고 산뜻한 오크 향이 여운에 남는다.

비피터 런던 마켓(Beefeater London Market), 40도

컨템포러리 진

톱 노트에 라임과 함께 풍성한 꽃 향이 묻어나고, 레몬과 오렌지 향이 뒤를 잇는다. 전통적인 비피터를 연상시키는 향으로 마무리된다. 혀에는 가장 먼저 레몬 껍질과 라임 껍질 맛이 같은 비율로 퍼진다. 중간에는 주니퍼의 맛이 부각되면서 상록수 특유의 느낌을 전한다. 뒤이어 감초와 안젤리카가 강하게 존재감을 드러내며 풍미가 완성된다. 따뜻하면서도 산뜻한 진으로, 이 진이 있다면 라임이 없어도 훌륭한 진 토닉을 완성할 수 있다. 런던 마켓의 힘을 믿어보자.

비피터 서머(Beefeater Summer), 40도

컨템포러리 진

계절에 특화된 진으로 또렷한 꽃 향과 약간의 딸기, 히비스커스 향을 느낄 수 있다. 톱 노트에 석류와 딱총나무꽃을 느낄 수 있으며 무르익은 맛을 자랑한다. 비피터 서머에도 오리지널 비피터의 특징적인 풍미가 많이 녹아 있는데, 신선한 주니퍼가 주도하는 끝맛은 기존의 비피터와는 아주 미세한 차이를 보인다. 토닉이나 탄산수와 환상적인 궁합을 자랑한다.

비피터 윈터(Beefeater Winter), 40도

컨템포러리 진

처음으로 느껴지는 향은 기대만큼 겨울을 연상시키지는 않는다. 먼저 산뜻한 꽃 향이 코를 즐겁게 하고, 온화한 카시아와 육두구 향이 이어진다. 하지만 맛을 보면 이 진에 비피터가 숨어 있었다는 사실을 명확히 깨닫게 된다. 전통적인 주니퍼, 감귤류, 고수 향미가 존재감을 드러낸다. 마지막으로 또렷한 육두구 향미와 베이킹 향신료의 풍미가 입안에 남는다. 네그로니 칵테일에 잘 어울리지만, 사용량을 늘리기를 추천한다. 진과 캄파리[6], 스위트 베르무트를 2 : 1 : 1 비율로 사용한다.

[6] 이탈리아 가스파레 캄파리(Gaspare Campari)가 만든 쓴맛이 나는 붉은색 리큐어.

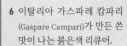

버클리 스퀘어 진(Berkeley Square Gin), 40도

잉글랜드, 워링턴

G&J 디스틸러스(G&J Distillers)

클래식 진, 추천

상큼한 레몬과 주니퍼는 물론 꽃과 오리스, 라벤더 등이 주가 되어 빼어난 향을 자랑한다. 하지만 맛은 전통을 향해 나아간다. 따라서 주니퍼를 중심으로 풍부한 흙의 풍미가 가장 먼저 느껴진다. 중간에는 약간의 열기와 함께 따뜻함이 감돌고, 허브와 감귤 향미가 부드럽게 온기를 씻어내며 마무리를 장식한다. 상쾌하게 생기를 북돋는 진으로, 다른 음료와 섞지 말고 자체를 즐겨보자. 온더록스(On the rocks)[7]로 마시기를 추천한다.

----

7 잔에 얼음 2~3개를 넣어 그 위에 술을 따라 마시는 것.

블룸 진(Bloom Gin), 40도

잉글랜드, 워링턴, G&J 디스틸러스

컨템포러리 진, 추천

훌륭한 입문용 진이다. 코에 전달되는 인동덩굴과 감귤 향 때문에 진이라는 생각이 바로 들지는 않는다. 고급스럽고 풍미가 풍성한 술로 기름지고 진득한 질감을 지닌다. 주니퍼 향미는 처음과 중간에 걸쳐 나타나며, 인동덩굴과 상큼한 감귤, 알싸한 차의 풍미도 함께 느껴진다. 카모마일 향이 나타나며 향미가 막바지에 이르렀음을 알리고, 진한 솔 향을 머금은 주니퍼 풍미가 약간은 드라이하게 긴 여운으로 남는다. 한마디로 런던 드라이 스타일에 꽃 향이 깃든 진이라고 요약할 수 있다. 프렌치 75 칵테일로 마시는 것을 추천한다.

봄베이 드라이 진(Bombay Dry Gin), 37.5도

잉글랜드, 위트처치

레이버스토크 밀(Laverstoke Mill)

클래식 진

클래식 스타일을 적극적으로 도입한 진으로 주니퍼, 레몬, 고수, 안젤리카, 감초, 카시아, 아몬드, 오리스 뿌리 등의 재료를 이용해 개성이 명확한 18세기의 레시피를 따랐다. 진한 주니퍼 아로마가 인상적이다. 미각적인 측면에서는 주니퍼의 날카로운 수렴성과 레몬 제스트, 고수풍미 등 은은한 복합성이 피어오름을 느낄 수 있다. 잘 만든 클래식 진으로 다른 음료와도 잘 섞인다. 미국 출시 상품은 알코올 도수가 43도다.

봄베이 사파이어 [UK 스트렝스](Bombay Sapphire [UK Strength]), 40도

클래식 진

봄베이 사파이어 영국 출시용 상품은 미국 버전보다 알코올 함량이 약간 낮다. 미국용과 비슷하고 훌륭한 상품이지만, 고수와 향신료 향미가 미국 버전보다 옅은 편이다. 반면 상대적으로 알코올 도수가 낮고 순해서 은은한 라벤더 향미와 꽃 향의 여운을 더욱 잘 느낄 수 있다.

봄베이 사파이어 [US 스트렝스](Bombay Sapphire [US Strength]), 43도

클래식 진

수천 가지의 매력을 가진 진으로, 1987년 출시 당시 기존 진 시장의 판도를 바꿔놓았다. 카터헤드(Carterhead) 증류기를 이용해 증기 투과 방식으로 만들어진 톱 노트는 강렬한 아로마를 내뿜으며 순식간에 사라진다. 감귤·고수 향과 함께 약간의 향신료 아로마가 이어진다. 본격적으로 맛을 보면 상쾌한 주니퍼 풍미가 또렷하게 혀를 자극하고, 레몬과 고수 향미가 입안을 맴돈다. 여운은 은은하게 올라오는 알싸함과 미세한 꽃 향으로 마무리된다. 봄베이 사파이어로 만든 베스퍼나 프렌치 75 칵테일은 특히 맛이 훌륭하다. 출시 당시만큼 폭발적인 인기를 구가하는 것은 아니지만, 특유의 아로마와 영향력은 여전하다.

봄베이 사파이어 이스트(Bombay Sapphire East), 42도

컨템포러리 진

동남아시아의 경관과 소리, 음식에서 영감을 받아 식물 재료를 선택했다. 이 진에 독특하게 쓰인 재료로는 레몬그라스와 후추가 있다. 레몬그라스는 봄베이 사파이어 이스트에 허브와 감귤 향을 더하며 이 진의 결정적인 개성을 형성한다. 갓 빻은 후추 향이 주된 맛을 이끌고 주니퍼, 레몬 제스트, 신선한 레몬그라스 향미가 함께 나타난다. 바질 스매시(Basil Smash), 진 블러디 매리(Gin Bloody Mary)와 잘 어울리는 진 중 하나다.

브록맨스 진(Brockmans Gin), 40도

잉글랜드, 워링턴, G&J 디스틸러스

컨템포러리 진

산뜻한 꽃 향이 딸기, 히비스커스, 라즈베리 향과 어우러진다. 첫맛으로는 생강이 뚜렷하게 느껴지고 뒤이어 라즈베리, 레몬케이크, 잘 익은 블랙베리, 고수 향미가 전달된다. 주니퍼는 마지막 끝맛 즈음에 나타나며 상당히 드라이하게 표현된다. 현대적인 스타일의 진으로 취향에 따라 호불호가 갈릴 수 있다. 브롱크스 칵테일이나 진토닉으로 마시는 것을 추천한다. 블랙베리 브램블(Blackberry Bramble) 칵테일이 떠오를 것이다.

불독 진(Bulldog Gin), 40도

잉글랜드, 워링턴, G&J 디스틸러스

클래식 진

런던 드라이 진에 뿌리를 두고 있지만, 아시아 식문화에 영향을 받아 동양의 색을 입힌 진이다. 양귀비, 연잎, 용안이 식물 재료로 활용되었다. 향에서는 아시아 재료의 영향력이 도드라지지 않는다. 주니퍼, 라임 향이 먼저 나타나고, 시나몬케이크와 얼얼한 향이 기저에 깔려 있다. 맛은 상쾌한 주니퍼 향미가 주도하고, 향신료의 풍미도 함께 나타난다. 동양적인 풍미가 균형 있게 섞여 있다. 순하고 부드러워 부담 없이 마시기 좋은 진이다.

칠그로브 드라이 진(Chilgrove Dry Gin), 44도

잉글랜드, 런던

템스 디스틸러리(Thames Distillery)

컨템포러리 진, 추천

포도로 만든 기주를 증류하고, 웨스트 서식스 주의 칠그로브 인근 초크힐에서 공수한 광천수를 사용한 드라이 진으로, 11가지 식물 재료를 사용한다. 그중에 상당히 생소한 재료로 맞비비면 독특한 레몬 향을 내는 야생 물박하(Water mint)도 있다. 잘 익은 과일 향과 꽃 향을 지녔으며, 베이스 스피릿의 포도 향미는 주니퍼, 고수, 안젤리카의 부드럽고 깨끗한 맛으로 서서히 변한다. 은은한 감귤과 박하 향도 함께 나타난다. 여운은 박하와 솔 향이 길게 남는다. 전체적으로 균형이 잘 잡힌 진이다.

브로커스 진(Broker's Gin), 47도

잉글랜드, 랭글리 그린

랭글리 디스틸러리(Langley Distillery)

클래식 진, 추천

말쑥한 더비 햇 모양의 뚜껑이 있어 진계의 베스트 드레서라고 해도 손색없다. 환상적인 품질로 멋진 외관마저 압도한다. 싱그러운 솔 향을 묵직하게 내뿜는 주니퍼와 달콤하고 산뜻한 감귤 향이 어우러져 풍미 가득한 아로마를 형성한다. 혀에는 파릇한 주니퍼와 오렌지 껍질 풍미가 은은하게 닿고, 가벼운 오리스 향미가 복합미를 선사한다. 여운에는 또렷한 솔 향과 함께 흙 향을 풍기는 어두운 향신료 풍미가 뒤섞여 나타난다. 더할 나위 없이 환상적인 진이다.

버틀러스 레몬그라스 앤 카더멈 진(Butler's Lemongrass and Cardamom Gin), 40도

잉글랜드, 런던, 버틀러스 진(Butler's Gin)

플레이버드 진

필수 식물 재료 하나만 사용해 만든 간단한 증류 진에 다양한 향을 주입해 완성된다. 밝은 꽃 향과 카더멈이 주요 아로마를 이룬다. 맛은 식물 재료가 한 층 한 층 천천히 쌓이듯 전개된다. 맨 먼저 아니스가 나타나고, 시나몬과 카더멈이 뒤따른다. 중간에는 주니퍼의 향미가 혀에 강하게 전달된다. 여운은 바닐라, 오렌지, 레몬그라스, 펜넬 향미가 어우러져 크림 같은 풍성함을 형성하고, 진한 커스터드를 연상시킨다. 살짝 드라이하고 싱긋한 향으로 마무리된다.

코츠월즈 드라이 진(Cotswolds Dry Gin), 46도

잉글랜드, 스털턴, 코츠월즈 디스틸링 컴퍼니

(Cotswolds Distilling Company)

컨템포러리 진

침용과 증기 투과방식을 사용해 만든 진으로 식물학자들의 도움을 받아 식물의 개성을 최대한으로 끌어낸다. 멘톨 향을 함유한 허브, 자몽 껍질, 오렌지 꽃이 주된 아로마다. 잔 밖으로 넘쳐흐를 만큼 생기가 넘치는 진이다. 솔방울과 나무 향, 송진 향을 머금은 주니퍼 향미가 도드라지고, 감귤과 셀러리 풍미가 혀에 전달된다. 월계수와 라벤더로 이어지는 향미는 흠잡을 데 없이 깔끔하다. 시원한 박하 향을 머금은 끝맛에는 약간의 통후추 풍미가 녹아 있다. 칸딘스키의 미술품을 마신다면 이런 느낌이 아닐까 싶다. 그만큼 선명하고 틀에 얽매이지 않는 진이다.

D1 데어링글리 드라이 진(D1 Daringly Dry Gin), 40도

잉글랜드, 런던

D.J. 림브레이 디스틸링(D.J. Limbrey Distilling Co.)

컨템포러리 진

··

기본적으로 클래식 진과 유사한 식물 배합, 즉 주니퍼, 고수, 감귤류 제스트, 안젤리카, 카시아, 아몬드, 감초를 사용한다. 차로 마셔도 손색없는 품질의 쐐기풀을 첨가해 개성을 살렸다. 전반적으로 풍성한 아로마 속에서 은은한 주니퍼, 감귤, 안젤리카 향을 느낄 수 있다. 실크처럼 부드러운 질감과 고수, 솔향을 가장 먼저 느낄 수 있고, 중간에는 풍성한 허브 맛이 혀에 전달된다. 끝으로는 후추와 멘톨 향미가 여운에 남는다. 상쾌한 마티니나 드라이한 네그로니 칵테일과 잘 어울린다.

듀람 진(Durham Gin), 40도

잉글랜드, 듀람

듀람 디스틸러리(Durham Distillery)

컨템포러리 진

··

사랑스럽고 풍성한 꽃 향이 딱총나무꽃, 적후추 향과 어우러져 코에 닿는다. 은은하게 깔린 펜넬 향과 수지를 함유한 주니퍼 향도 느낄 수 있다. 첫맛으로는 생강, 아니스, 카더멈이 먼저 고개를 내민다. 주니퍼와 고수가 뒤따라 이어진다. 미세한 차이(Chai) 향미와 그레인 오브 파라다이스, 레몬 향도 느낄 수 있다. 약간의 채소 향이 은은하게 깔린 채 따뜻한 후추 향미가 적당하게 여운에 남는다. 클래식 진과 컨템포러리 진을 잇는 훌륭한 중간 다리 역할을 하는 진이다.

길핀스 웨스트모어랜드 진(Gilpin's Westmoreland Gin), 40도

잉글랜드, 런던, 템스 디스틸러리

클래식 진

··

풍성한 주니퍼 향과 레몬, 알싸한 고수 향 때문에 전통적인 진의 느낌을 선사한다. 혀에는 주니퍼의 다채로운 맛이 강하게 퍼지지만, 쌉쌀한 감귤 껍질 향미가 적절한 균형을 맞춘다. 여운에는 흙 향과 수렴성을 느낄 수 있고, 주니퍼와 안젤리카 풍미도 함께 지속된다. 깨끗하고 청량감이 있는 진으로 칵테일의 재료로 활용하기 좋다. 특히 마티니나 드라이한 네그로니, 깔끔하고 주니퍼가 톡톡 튀는 에비에이션 칵테일에 적합하다.

도싯 드라이 진(Dorset Dry Gin), 40도

잉글랜드, 크라이스트처치, 콩커 스피리트

컨템포러리 진

··

콩커 스피리트 증류소에서 출시한 도싯 지역 최초의 진. 자연스럽게 토착 식물군을 사용했다. 대표적으로 엘더베리, 삼파이어[8], 유럽가시금작화[9]가 있다. 은은한 숲 향과 함께 섬세한 박하와 레몬 오일 향이 퍼진다. 부드러운 맛을 선사하며, 천천히 풍미가 쌓인다. 송진 향을 머금은 주니퍼 풍미가 쌓이며 약간의 고수, 안젤리카 향이 곁을 에워싼다. 미세한 멘톨 향과 함께 풍성하고 따뜻한 향미가 느껴진다. 밀도 있는 박하 향과 채소 향미가 여운에 남는다.

[8] 유럽의 해안 바위 위에서 자라는 미나릿과 식물.

[9] 서유럽 원산의 상록관목으로 이른 봄과 가을에 나비 모양의 노란 꽃이 핀다.

피프티 파운즈 진(Fifty Pounds Gin), 43.5도

잉글랜드, 런던, 템스 디스틸러리

클래식 진

··

1736년 영국은 진 조령을 제정하고 진 판매 면허에 연간 50파운드라는 가혹한 금액을 부과해서 진 판매를 금지하려고 했다. 이 진은 가장 어두웠던 당시 진 암흑기에서 이름을 딴 상품으로, 오늘날의 스타일로 해석한 클래식 진이다. 레몬 향이 부드럽게 퍼지며 라임과 주니퍼 향도 살포시 느낄 수 있다. 한 모금 마시면 가장 먼저 주니퍼 향미가 혀끝을 적신다. 잇따라 레몬이 중간에 느껴지며 시원한 아니스 쿠키 맛이 입안을 마지막으로 장식한다. 미각을 씻어내는 여운이 오래도록 남는다. 토닉과 어우러져 상쾌하게 마시거나 20th 센추리 칵테일로 즐겨도 좋다.

그린올스 진(Greenall's Gin), 40도

잉글랜드, 워링턴, G&J 디스틸러스

클래식 진

··

1761년에 설립되어 260여 년간 세계 최고령 런던 드라이 진 제조사로서 명맥을 유지하고 있다. 향은 부드럽고 전통적인 편으로 상쾌한 주니퍼 아로마가 밝게 당신을 맞이한다. 진 자체의 미묘한 개성이 곳곳에 묻어난다. 혀에는 알싸하고 상큼한 고수 향과 레몬 껍질의 상쾌함이 은은하게 어우러진다. 여운의 길이는 적당한 편이며, 다른 클래식 진만큼 드라이하거나 수렴성이 강하지 않다. 다른 음료와 섞어 마시기 좋은 진이지만, 순한 풍미 때문에 다른 음료에 묻힐 수 있다.

그린올스 와일드 베리 진(Greenall's Wild Berry Gin), 37.5도
플레이버드 진

오랫동안 서서히 향을 주입하는 방식이 아니라 증류 후에 풍미를 입히는 방식으로 탄생한다. 그럼에도 블루베리와 함께 주니퍼 향이 코에 잘 전달된다. 첫 모금에 이 진의 전반적인 인상을 슬며시 엿볼 수 있으며, 잇따라 블랙베리와 라즈베리 풍미가 혀를 자극한다. 훌륭한 감귤 향미와 은은하게 깔린 약간의 가문비나무(Spruce) 향이 모든 풍미를 잡아주며 진을 완성시킨다. 토닉과 훌륭한 궁합을 보인다. 블루베리 향이 과하다고 느끼는 사람도 있겠으나, 플레이버드 보드카를 마시는 사람들에게 추천하는 입문용 진이다.

해머 앤 선 올드 잉글리시 진(Hammer&Son Old English Gin), 44도
잉글랜드, 랭글리 그린, 랭글리 디스틸러리

올드 톰 진

18세기의 제조법을 사용한 올드 잉글리시 진이다. 단식 증류와 당화를 통해 탄생하며, 샴페인 모양의 병을 사용해 우리를 오래전 '올드 톰' 시대로 데려간다. 사향 냄새와 얼얼한 향이 맴돌며, 비 온 가을날과 주니퍼를 연상시키는 향미도 살짝 느껴진다. 혀에는 크림 같은 질감과 주니퍼 풍미가 전달되며, 감귤 껍질 풍미도 선명하다. 이어서 육두구, 정향, 오리스 향미가 뒤따른다. 전반적으로 부드럽고 달콤한 편이다. 후추 향을 머금은 여운은 오랫동안 지속된다. 톰 콜린스나 마르티네즈 칵테일로 마셔보자.

헤이먼스 패밀리 리저브(Hayman's Family Reserve), 41.3도
클래식 진

헤이먼스 1850에서 파생된 업데이트 버전으로 스카치위스키 배럴에 몇 주간 숙성해 만들어진다. 배럴 숙성을 거쳤지만, 나무 향이 추가 되지는 않는다. 코와 입에서 느껴지는 나무 향미는 은은하게 깔려 배경 역할을 할 뿐이다. 대신 고수와 주니퍼 향미가 후각과 미각을 자극하며 레몬, 오렌지, 후추 향미가 가볍게 여운을 장식한다.

그린올스 슬로 진(Greenall's Sloe Gin), 26도
코디얼 진

풍성한 티리안 퍼플(Tyrian purple) 색조를 띠는 진으로 설탕에 조린 신선한 슬로베리 향이 코를 감싼다. 첫 모금에 딱 맞게 익은 슬로베리와 이를 에워싼 라즈베리, 은은하게 깔린 시나몬 향미가 느껴진다. 잇따라 입안 뒤편에서 주니퍼와 레몬 껍질, 미미한 향신료 풍미가 이어진다. 균형이 잘 잡혀 있으며 기분 좋게 달콤하다. 존재감을 제대로 느낄 수 있는 블랙선 칵테일로 마시거나 간단하게 니트로 마시는 것을 추천한다.

헤이먼스 런던 드라이 진(Hayman's London Dry Gin), 40도
잉글랜드, 에식스, 헤이먼 디스틸러스(Hayman Distillers)

클래식 진

풍성한 아로마를 지닌 클래식 진이다. 톱 노트에는 강렬한 주니퍼 향이, 미드 노트에는 따뜻한 느낌과 흙 향이, 베이스 노트에는 안젤리카·고수·감귤 향이 느껴진다. 첫맛은 약간의 톡 쏘는 향미로 그레인 오브 파라다이스와 페퍼베리가 연상된다. 이어서 상쾌한 주니퍼 풍미가 꽃과 감귤 향미에 어우러져 전달된다. 걸쭉한 질감과 솔 향미를 머금은 여운이 길게 남는다. 브롱크스 칵테일에 잘 어울리며, 마티니로 마시기에도 충분히 클래식하다.

헤이먼스 올드 톰(Hayman's Old Tom), 40도
올드 톰 진

1870년대부터 전해오는 가문의 레시피를 바탕으로 탄생한 진으로 그 당시 진을 완전하게 재해석하고자 노력한다. 식물 재료의 특성을 중점적으로 강조하고, 아주 약간의 감미료만 더한 진이어서 주니퍼, 감귤, 고수, 안젤리카의 향이 묵직하고 뚜렷하게 도드라진다. 맛도 그만큼 선명한 편이다. 알싸하게 달콤한 맛과 가벼운 꽃의 향미가 가장 먼저 혀를 물들이고, 감귤 향이 이어지면서 훌륭한 균형과 견고함을 형성한다. 솔 향이 도드라진 주니퍼 향미가 드라이하게 오랫동안 여운에 남는다.

버몬지 디스틸러리

때로는 위치만으로도 증류소의 특징을 상당히 파악할 수 있다. 버몬지 디스틸러리는 런던 브리지와 타워 브리지 남쪽에 있는 구름다리에 자리한다. 증류소 외관은 마치 한 세기 정도를 거슬러 올라간 듯한 인상을 풍기는데, 공교롭게도 젠슨스 버몬지 드라이 진과 젠슨스 런던 디스틸드 올드 톰 진은 이 시기로부터 영감을 받아 탄생했다.

영국, 잉글랜드, 런던
스탠위스 스트리트 55
우편번호 SE1
버몬지 디스틸러리

www.bermondseygin.com

대표 상품

젠슨스 드라이 진, 43도
젠슨스 올드 톰 진(Jensen's Old Tom Gin), 43도

현대적으로 꾸며진 증류소 내부는 실험실로 가득했는데, 다양한 신규 아이디어를 시험하고 있었다. 비가 내리던 오후, 젠슨스 진을 증류하는 한나 랜피어(Hannah Lanfear)와 앤 브록(Anne Brock) 박사가 증류소를 소개해주었다.

브록 박사가 증류 업계에 발을 들이게 된 계기는 다소 이례적이다. 그녀는 옥스퍼드대학에서 박사학위를 취득한 합성유기화학자였다. 증류는 본질적으로 화학과 깊은 연관이 있기는 하다. 끓는점과 기압을 꾸준히 추적하는 동시에 진의 개성을 결정짓는 분자를 섬세하게 관리하기 때문이다. 그녀는 "매일같이 증류소에서 벌어지는 일들은 단순한 화학의 학문적 성격을 뛰어넘는 일이에요. 실제로 움직이며 해야 하는 일이 많죠. 증류액을 여기저기 옮겨야 하고요. 기계 장비나 가압 시스템도 다뤄야 해요."라고 말했다. 유기화학연구소에서 수년간의 경험을 쌓은 브록 박사에게 증류는 제2의 천성으로 자리 잡았다.

버몬지 디스틸러리에서는 2종의 진을 생산한다. 모두 역사적으로 유서 깊은 진이다. 먼저 젠슨스 런던 디스틸드 버몬지 드라이 진이다. 과거 첨단기술에 능통했던 크리스찬 젠슨(Christian Jensen)은 잊힌 진을 탐색하는 과정에서 발견한 레시피로 이 진을 만들었다. 크리스찬은 오래전 마티니 한잔을 마셨는데, 그 안에 들어간 진에 깊은 감명을 받았다. 하지만 그 진은 예전에 생산이 중단된 상태였다. 그는 빈티지 상품과 레시피 서적을 수집하며 진의 제조법을 탐색했고, 마침내 발견하게 되었다. 처음에는 취미처럼 시작했지만 일은 점차 커졌다. 그는 템스 디스틸러리의 저명한 찰스 맥스웰(Charles Maxwell) 마스터 디스틸러와 협업해 그 진을 재현했다. 2004년의 일이다. 이로써 젠슨 드라이 진은 영국 현대 양조업의 폭발적인 발전에 노련한 베테랑의 면모를 유감없이 발휘하게 된다. 비록 크리스찬이 상업적인 부흥을 바라고 한 일이 아니었으나, '이미 사라진 진'을 재현한 이 상품은 존재감을 드러내며 유럽의 바텐더들을 매료시켰다. 2013년 버몬지 디스틸러리는 현재의 위치인 런던 사우스워크의 철도 아래로 옮기게 된다.

브록 박사는 이어서 '잊힌 진'에 대한 열정이 얼마나 더 발전되었는지 설명했다. "크리스찬은 1840년대에 출간한 증류업자들의 지침서에 기록된 올드 톰 진 레시피도 다시 재현하고 싶어했어요. 그 스타일은 시중에 유통되는 올드 톰 진과는 달랐고요. 설탕이나 꿀 같은 직접적인 감미료 대신 감초를 사용해 '식물로 단맛을 낸' 스타일이었지요. 과거에 한 증류소에서 생산한 진 레시피를 바탕으로 재현한 것이고, 현대식 올드 톰 진이 재현 가능한 가장 정확한 과거의 모습을 역사를 기반으로 보여준 것이죠."라고 말했다.

증류소가 위치한 아치형 구름다리 옆을 지나다 보면 그 공간과 그 공간에서 만든 진이 같은 이야기를 들려주는 것 같다. 과연 이것을 우연이라 할 수 있을까? 100년이 넘는 역사를 지닌 공간과 레시피 뒤에는 이제 현대식 증류 실험실이 들어서 훌륭한 상품을 만들고 있다. 그 상품 속에는 활발한 실험 정신이 아직도 깃들어 있다. 크리스찬과 브록 박사는 과거와 현재 최고의 증류주를 녹여낸 상품을 계속 만들고 있다.

97쪽 증류업자 앤 브록 박사가 버몬지 증류소의 실험실 같은 환경에서 반짝이는 증류기를 검사하고 있다.

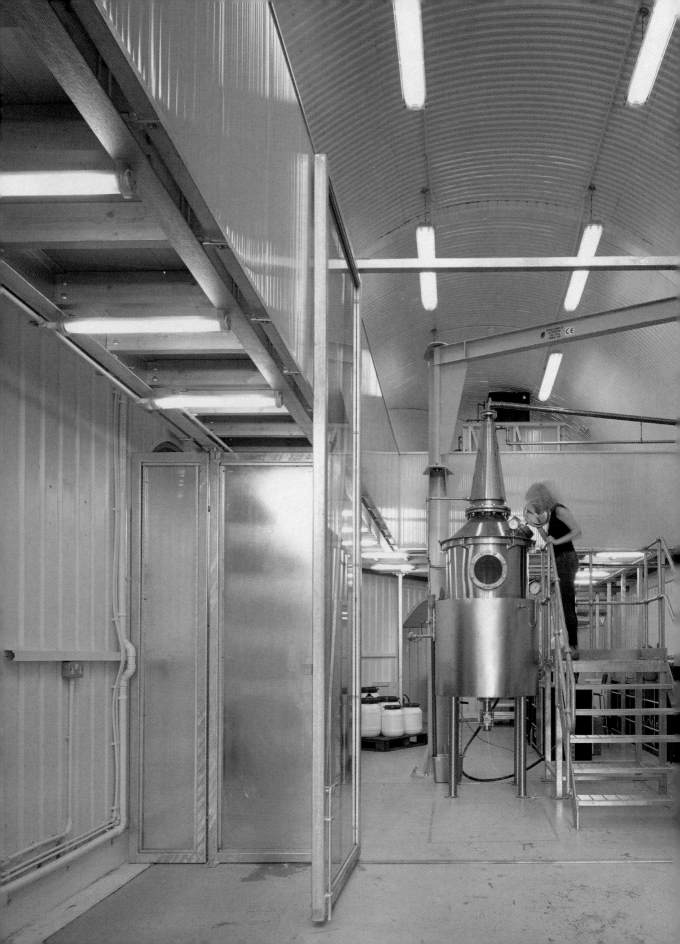

헤이먼스 로열 독 오브 뎃퍼드(Hayman's Royal Dock of Deptford), 57도

클래식 진, 네이비 스트렝스 진

템스강에 위치한 로열 독은 영국 해군의 가장 중요한 조선소 중 하나로, 1513년부터 1961년 폐쇄될 때까지 활발히 이용되었다. 이 진에서 느낄 수 있는 향은 매우 단순하다. 솔 향이 또렷한 주니퍼. 반면 그 맛은 첫 향에서 기대되는 것보다는 부드럽고 달콤한 편이다. 주로 오렌지, 안젤리카, 오리스 향미가 중심이 된다. 여운은 백후추와 주니퍼 향미가 오랫동안 따뜻하게 남는다. 다른 음료와 섞어 마실 때 매력이 극대화된다. 브램블 칵테일로 마셔보기를 추천한다.

재패니즈 진(Japanese Gin), 42도

잉글랜드, 케임브리지
케임브리지 디스틸러리(Cambridge Distillery)

클래식 진

일본 식물 재료인 시소(Shiso), 참깨, 유자를 사용한 진이다. 이들을 낮은 온도에서 따로따로 감압증류한 뒤 배합한다. 부드러운 주니퍼 향과 희미하게 알싸한 향에 이어 아로마 폭탄이 혀를 감싼다. 수지와 허브 향을 머금은 주니퍼, 적후추, 오이 향미가 느껴진다. 구운 참깨와 주니퍼 향미를 머금은 여운이 길게 남는다. 환상적인 네그로니 칵테일의 재료로 활용할 수 있고, 에비에이션 칵테일에 독특한 매력을 더할 때 사용해도 좋다.

더 레이크스 진(The Lakes Gin), 43.7도

잉글랜드, 코커머스
레이크스 디스틸러리(Lakes Distillery)

클래식 진

주니퍼, 고수, 안젤리카, 감귤 향이 중심이 되고 경쾌한 허브 향이 은은하게 깔려 있다. 진득하고 진한 질감은 클래식 진에서 기대하는 상쾌하고 청량감 있는 풍미를 뒷받침한다. 조밀한 구조감을 지니고 있어 빼어난 풍미를 느낄 수 있다. 주니퍼가 뚜렷하게 중심 풍미를 담당하고 있음에도 전반적으로 상쾌하고 산뜻한 편이다. 이는 주니퍼의 풍성한 송진 향을 느낄 수 있는 진에서는 쉽게 찾을 수 없는 성질이다. 손쉽게 구할 수 있으면서도 매력적인 균형감을 보이는 진이다.

헤이먼스 슬로 진(Hayman's Sloe Gin), 26도

코디얼 진

첫서리 직후에 수확한 야생 슬로베리로 만든 전통적인 슬로 진 리큐어다. 수확한 슬로베리를 몇 달간 헤이먼스 진에 침용하고, 그 후 감미료를 첨가해 탄생한다. 사랑스러운 코도반(Cordovan) 빛깔을 자랑한다. 전체적으로 익은 과일과 딸기, 오렌지와 향신료 아로마가 은은하게 깔려 있다. 혀에는 자두, 구운 체리, 핑크 자몽(Pink grapefruit)의 맛이 강도를 높여가며 전달된다. 마지막에는 감귤류와 육두구 향미가 복합적으로 여운에 남는다. 슬로 진 피즈 칵테일이나 온더록스로 마시기를 추천한다.

젠슨스 드라이 진(Jensen's Dry Gin), 43도

잉글랜드, 런던
버몬지 디스틸러리(Bermondsey Distillery)

클래식 진, 추천

매우 고전적인 식물 배합을 사용해 전통을 고수하면서도 꽃 향을 만들어내는 진이다. 강한 고수 향과 함께 오리스 향미가 느껴지며, 주니퍼의 솔 향이 깊이를 더한다. 혀에 전달되는 질감은 부드럽고, 복합적인 주니퍼 향미가 뚜렷하게 중심을 차지한다. 라벤더, 제비꽃, 잔잔한 고수 풍미가 그 주위를 감싼다. 젠슨스 드라이 진은 마티니에 잘 어울리며, 올드 톰 진은 마르티네즈 칵테일에 잘 어울린다.

로드 애스터 런던 드라이 진(Lord Astor London Dry Gin), 40도

잉글랜드, 랭글리 그린, 랭글리 디스틸러리

클래식 진

유리처럼 투명한 주니퍼 향과 상쾌하고 선명한 솔 향을 가졌다. 맛도 단순하고 깔끔한 편이다. 향미의 3분의 2는 주니퍼가 담당하고, 나머지 3분의 1은 매우 전통적이지만 깔끔한 맛을 자랑하는 고수, 안젤리카, 감귤의 배합으로 이뤄진다. 여운은 간결하지만, 함축적인 편으로 훌륭한 클래식 진에서 항상 느낄 수 있는 주니퍼와 소나무 향을 지닌다.

마틴 밀러스 진(Martin Miller's Gin), 40도

잉글랜드, 랭글리 그린, 랭글리 디스틸러리

컨템포러리 진

마틴 밀러스는 영국에서 증류되지만, 아이슬란드의 신비로운 이미지마저 떠오르게 한다. 병에는 일반적인 증류주 표기나 식품 성분뿐 아니라 수원지까지 명확히 명시되어 있다. 또렷한 오렌지 껍질 향과 함께 주니퍼 베리 향이 뒷받침되고, 미세한 감초 향을 느낄 수 있다. 오렌지 제스트와 오이 향 다음에는 솔 향이 도드라진 주니퍼가 전달된다. 여운은 중간 정도의 길이로 드라이하게 남으며 통후추, 오리스, 채소 향을 자아낸다.

메이페어 드라이 진(Mayfair Dry Gin), 40도

잉글랜드, 런던, 템스 디스틸러리

클래식 진

주니퍼와 레몬의 전통적인 향이 주가 되고 고수 향이 은은하게 뒤에서 맴돈다. 첫 모금에 신선한 주니퍼 풍미가 혀끝을 때리고, 나무 진액과 흙내음이 뒤를 잇는다. 중간에는 쌉쌀한 시나몬과 허브 향이 차례로 나타나고, 향긋한 타라곤(Tarragon)[10]에 이어 주니퍼 향이 한 번 더 이어진다. 여운은 흙과 안젤리카 향미가 은은하게 어우러져 오랫동안 지속된다. 감귤 향이 뚜렷한 톰 콜린스 또는 김렛 칵테일과 가장 잘 어울린다.

---

10 유럽 원산의 정원초 일종으로 달콤한 향기와 매콤하고 쌉쌀한 맛을 지닌다.

오피어 오리엔탈 스파이스드 진(Opihr Oriental Spiced Gin), 40도

잉글랜드, 워링턴, G&J 디스틸러스

컨템포러리 진

오피어 진은 오늘날의 진을 향신채소에 주목하던 과거와 다시 연결하겠다는 철학을 바탕으로 탄생했다. 이 과거 시기에는 향신료 무역이 활발해 이국적인 향신료가 육로와 해로를 통해 동양에서 유럽으로 전파됐다. 오피어 진에서는 캐러웨이(Caraway) 같은 토착 향신료부터 카다멈, 커민(Cumin), 카시아 같은 이국의 것까지 풍성한 향을 느낄 수 있다. 혀에 전달되는 맛은 부드러우며 드라이한 주니퍼와 고수의 풍미가 그윽한 프로필을 완성한다. 향신료 풍미가 도드라진 현대적인 진의 대표주자다.

마틴 밀러스 웨스트본 스트렝스 진(Martin Miller's Westbourne Strength Gin), 45.2도

컨템포러리 진, 추천

마틴 밀러스 진과 비슷하지만 한 단계 도수를 높인 진이다. 개인적으로는 오리지널보다 상급이라고 생각하는데, 칵테일과 더 조화롭게 어울리기 때문이다. 오리지널에서는 다소 강하게 느껴졌던 오렌지와 오이 향이 조화를 이루며 맛을 배가시키고, 주니퍼 풍미가 조금 더 묵직하게 전달된다. 놀랄 만큼 부드러운 목넘김은 유지했으며 상쾌한 여운이 길게 지속된다. 토닉을 곁들여 상쾌함을 살린 진 토닉으로 마시거나 프렌치 75 칵테일로 마셔보자.

몸바사 클럽 진(Mombasa Club Gin), 41.5도

잉글랜드, 런던, 템스 디스틸러리

클래식 진

케냐는 19~20세기 동안 영국의 보호 아래 있었다. 이 진은 케냐 몸바사의 유명한 사교 클럽의 이름을 따서 탄생했는데, 이 모임의 멤버들은 지구 반대편에서 진을 수입해왔다. 즉, 몸바사 클럽 진은 '실화에 영감을 받은 진'이라는 이야기가 가능하다. 나무껍질과 흙내음이 가득한 낙엽수림의 아로마가 코끝에 전해지고, 오리스와 레몬 향이 후각을 가득 채운다. 맛은 상당히 복합적이어서 라임, 어린 주니퍼, 향이 강한 빵, 육두구를 경험할 수 있다. 여운은 긴 편으로 소나무 향을 연상시킨다. 예측 불가능한 복합적인 진이라 할 수 있다.

옥슬리 진(Oxley Gin), 47도

잉글랜드, 위트처치

레이버스토크 밀(Laverstoke Mill)

클래식 진

감압증류 방식으로 생산한 진 가운데 가장 오랜 역사를 지닌 축에 속한다. 증류 과정에서 낮은 온도를 고집해 식물 배합에서 느낄 수 있는 미묘하고 섬세한 아로마 성분을 보존하려 노력했다. 오렌지와 주니퍼가 도드라져 매우 산뜻한 향을 자아낸다. 혀에는 뚜렷하게 소나무와 파릇한 주니퍼의 풍미가 전달되며 레몬과 자몽도 풍성하게 퍼진다. 마티니와 진 토닉에 잘 어울리며, 코프스 리바이버 #2 칵테일로 멋지게 힘을 주는 것도 추천한다.

플리머스 진

꽤 오랫동안 EU는 '플리머스 진'을 하나의 진 스타일로 규정해 아무나 그 이름을 사용할 수 없도록 보호했다. 이 플리머스 진은 대부분의 런던 드라이 진보다 가벼운 특성을 보였다. 최근 훨씬 현대적인 스타일의 진이 폭발적으로 증가할 때까지도 많은 사람은 플리머스 진은 법적으로 그들만의 것이라 생각했다.

데본, 플리머스, 바비칸
사우스사이드 스트리트 60
우편번호 PL1 2LQ
블랙 프라이어스 디스틸러리
플리머스 진

www.plymouthdistillery.com

대표 상품
플리머스 네이비 스트렝스 진, 57도
플리머스 슬로 진(Plymouth Sloe Gin), 26도
플리머스 진, 41.2도

2014년 플리머스 브랜드의 소유주인 페르노 리카드(Pernod Ricard)는 계속해서 하나의 스타일로 법적인 보호를 받는 것이 브랜드를 위한 최선의 길이 아닐 수 있다고 생각했다. 그 이름은 계속 보호를 받겠지만, 빌뉴스 진, 스페인 미노르카섬의 마혼 진과 함께 지역명이 하나의 스타일로 지정되어 보호받았던 시대는 끝나버렸다. 그럼에도 플리머스와 블랙 프라이어스 디스틸러리가 진 역사에서 중요한 부분을 담당했다는 사실에는 변함이 없었다. 플리머스에 위치한 이 증류소는 5세기가 넘는 역사를 자랑하며, 1697년부터 진을 비롯한 다른 증류주를 생산한 기록이 남아 있다. 플리머스 진 자체는 1793년에 처음 생산되었다. 1620년 이 플리머스 항구에서 순례자들이 메이플라워호를 타고 아메리카 대륙으로 떠났기 때문에 플리머스의 본격적인 전설이 발전된 것도 최근 수 세기 동안의 일이다. 그 역사는 코츠가 기존에 폭스와 윌리엄슨이 운영하던 증류 사업에 동참하면서 시작되었다. 곧 그의 이름은 최고의 반열에 올랐고, 2004년까지 그 자리에서 내려오지 않았다.

플리머스 진은 19세기 왕립 해군에 진을 공급하면서 명성을 얻게 되었다. 57도의 네이비 스트렝스 진은 이 같은 협력 관계를 통해 발전했다. 플리머스는 해군에 진을 공급했고, 결국 전 세계로 진을 실어 나를 수 있었다. 유통량 측면에서 세계 최대 진 브랜드 중 하나였다. 그래서 20세기 초 많은 칵테일 서적에는 플리머스 진이 실려 있다.

오늘날 플리머스에서는 기존의 주요 상품과 네이비 스트렝스뿐 아니라 슬로 진 리큐어도 생산한다. 플리머스는 한동안 제대로 된 슬로 진을 생산하는 유일한 증류소이기도 했다. 2000년대 후반 슬로 진을 선호하던 바텐더들은 1883년에 발명된 레시피를 바탕으로 제대로 된 진짜 슬로 진 칵테일을 재현하려 노력했고, 그중 수많은 결과물이 아직까지 남아 있다.

이제는 더는 특별한 법적 보호를 받지 않지만, 플리머스 증류소는 진 증류 세계에서 가장 오래된 랜드마크 중 하나이며 자신의 브랜드와 증류주가 지닌 영향력을 꾸준히 증명하고 있다.

위 인적이 드문 바비칸(Barbican)에 위치한 증류소는 진 여행자들의 메카로 인기가 높다.

아래 증류소에서는 마스터 디스틸러가 주관하는 견학과 함께 나만의 레시피를 만드는 경험도 할 수 있다.

플리머스 진은 1793년부터 증류되었다.

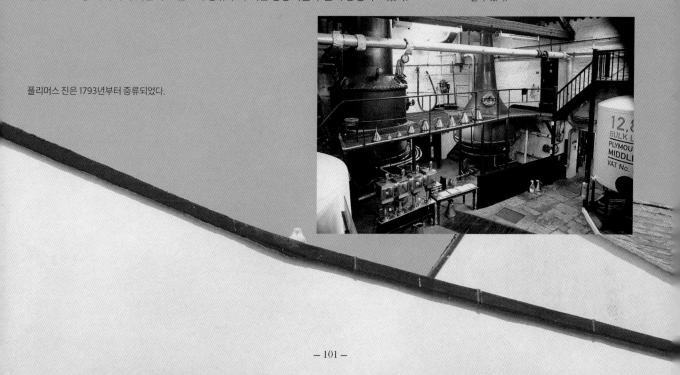

플리머스 진(Plymouth Gin), 41.2도
잉글랜드, 플리머스
블랙 프라이어스 디스틸러리(Black Friars Distillery)
클래식 진, 추천, *Top 10*

환상적인 클래식 진이다. 소나무 특성이 뚜렷한 주니퍼와 고수, 오렌지유 향을 느낄 수 있다. 맛도 상당히 빼어나 주니퍼와 감귤이 손을 맞잡은 듯 고루 느껴진다. 크림 같고 선명한 질감을 지닌다. 여운은 은은한 단맛과 함께 또렷한 고수 향미, 가벼운 아니스 풍미가 길게 나타난다. 다른 음료와의 궁합도 완벽하고 단독으로 혼자 마셔도 훌륭하다.

세이크리드 진(Sacred Gin), 40도
잉글랜드, 런던
세이크리드 스피리츠 컴퍼니(Sacred Spirits Company)
클래식 진

저 멀리서 바람을 타고 온 듯 신선한 소나무 향과 상쾌한 주니퍼 향미가 부드럽게 코에 닿는다. 혀에는 또렷한 주니퍼와 고수 향미가 가장 먼저 전달되고, 이어서 감초와 은은한 아니스의 달달함이 느껴진다. 끝맛은 제비꽃과 후추의 풍미로 장식한다. 기름진 주니퍼의 송진 향미와 후추를 연상시키는 여운은 드라이하게 오래도록 남는다.

세이크리드 진(고수)(Sacred Gin(Coriander)), 43.8도
클래식 진, 추천

나는 진에 들어가는 모든 식물 재료 가운데 실제 영향력 대비 고수가 가장 과소평가된다고 생각한다. 세이크리드 코리앤더 진은 진이 표현할 수 있는 이국적인 아로마의 정수를 보여준다. 그 맛은 오직 고수만 전달할 수 있는 산뜻하고 감귤 향이 가득한 풍미로 진을 물들인다. 많은 사람에게 진가를 인정받지 못하고, 복잡한 식물로만 인식되었던 고수가 이 진에서 자신의 매력을 활짝 드러내고 모두를 맞이한다. 진 앤 잼 또는 브롱크스 칵테일로 마셔보기를 바란다.

플리머스 네이비 스트렝스 진(Plymouth Navy Strength Gin), 57도
클래식 진, 네이비 스트렝스 진, 추천

그 유명한 네이비 스트렝스 진이다. 역사적으로 영국 해군 장교들은 이 진을 주기적으로 마셨다. 기존의 플리머스 진을 한 단계 끌어올리는 일이 상당히 어려움에도 불구하고, 더 강력해진 알코올 도수를 선보이며 칵테일과 한층 더 훌륭한 궁합을 끌어낸다. 아로마와 맛은 기존의 플리머스 진과 비슷하지만, 보다 활력을 느낄 수 있다. 산뜻한 감귤 향과 날카로운 주니퍼 향미가 일품이다.

세이크리드 진(카더멈)(Sacred Gin(Cardamom)), 43.8도
클래식 진, 추천

몇몇 사람은 대부분의 현대 진에 카더멈이 들어갔다고 주장한다. 하지만 약 25%의 진에만 카더멈이 함유되어 있다. 솔직히 카더멈을 그만큼 못 쓸 이유는 또 무엇인가. 스파이시한 향과 꽃 향이 어우러져 환상적인 아로마를 내뿜는 진으로 나무, 장뇌 등 이국적인 특성을 지닌다. 혀에 전해지는 나무와 꽃의 향미는 주니퍼와 소나무 풍미와 훌륭하게 조화를 이룬다. 알렉산더(Alexander) 칵테일이나 라모스 진 피즈(Ramos Gin Fizz) 칵테일로 마셔보기를 추천한다. 진에서 경험할 수 있는 카더멈의 진정한 매력을 발견할 것이다.

세이크리드 진(자몽)(Sacred Gin(Grapefruit)), 43.8도
클래식 진, 추천

라임은 진 토닉에 종종 사용되며, 레몬과 오렌지는 약 75%의 진에 들어간다. 그렇다면 자몽은 어떤 매력이 있을까? 자몽의 진가를 제대로 조명한 이 진을 만나고 나면, 대체 왜 자몽이 다른 감귤류보다 적게 쓰이는지 의아할 것이다. 이 진의 톱 노트에는 은은한 감귤 향이 느껴지고, 그 아래에는 주니퍼의 향이 깔린다. 혀에는 풀 향이 가득한 주니퍼가 가장 먼저 전달되고, 뒤이어 신선한 화이트 자몽이 입안에 터지듯 퍼진다. 마지막 끝맛은 루비레드 자몽 풍미에 가깝다. 산뜻하고 또렷한 감귤 향미가 오랫동안 입안에 남는다. 톰 콜린스 칵테일에 특히 잘 어울린다.

십스미스 런던 드라이 진(Sipsmith London Dry Gin), 41.6도

잉글랜드, 런던

십스미스 디스틸러리(Sipsmith Distillery)

클래식 진

··

밀과 런던의 물로 만든 주정에 10가지 식물 재료를 사용해 만든 진이다. 진 자체는 부드러우면서도 색깔이 뚜렷한 편이다. 산뜻하면서도 탄탄한 주니퍼 향과 이를 뒷받침하는 레몬 향을 느낄 수 있다. 하지만 솔 향이 살짝 부족한 것은 아쉬움으로 남는다. 드라이하고 상쾌한 주니퍼 향미와 쌉싸래한 오렌지 제스트, 부드러운 레몬의 달콤함이 풍성하게 전달된다. 여운은 파삭하면서도 드라이하게 남는다. 고품질의 기주로 만들어진 균형이 뛰어난 진으로 식물 배합도 상당히 훌륭하다. 프렌치 75 또는 김렛 칵테일에 잘 어울린다.

십스미스 VJOP(Sipsmith VJOP), 57.7도

클래식 진, 네이비 스트렝스 진

추천, Top 10

··

이 진의 이름에 붙은 VJOP는 'Very Junipery Over Proof'의 약자로, 주니퍼의 향미가 매우 강하고 알코올 함량이 높다는 뜻이다. 주니퍼는 총 3단계에 걸쳐 첨가된다. 가장 먼저 침용하고 증류기를 거쳐서 증기 투과 작업을 한다. 그 결과, 뚜렷한 주니퍼 아로마와 희미한 솔과 나무 향을 머금은 진이 탄생한다. 여태까지 경험한 진 가운데 주니퍼 향미를 가장 많이 느낄 수 있었다.  이와 함께 소나무와 허브, 나무 풍미, 기름진 질감도 충분하게 표현된다. 뒤이어 흙내음이 길게 이어지며 여운이 마무리된다. 정말 환상적인 진이다.

타르퀸스 드라이 진(Tarquin's Dry Gin), 42도

잉글랜드, 세인트 얼반

사우스웨스턴 디스틸러리(Southwestern Distillery)

컨템포러리 진

··

흥미로운 아로마를 지닌 진이다. 레몬 셔벗과 배 사탕 향에 이어 주니퍼와 신선한 감귤 향을 느낄 수 있다. 맛은 드라이한 편으로 주니퍼와 가벼운 감귤, 활짝 터지는 꽃 향미가 연달아 나타난다. 마지막 여운은 미세한 염도로 인해 살짝 짭짤하게 느껴지며 영국 콘월 해안을 연상케 한다. 클래식 진과 컨템포러리 진의 경계선에 있는 진이다.

십스미스 슬로 진 2013(Sipsmith Sloe Gin 2013), 29도

코디얼 진

··

풍성한 아로마로 코가 즐거운 진이다. 빛깔이 진한 체리와 갓 수확한 베리류 과일은 물론 연한 주니퍼, 감귤, 시나몬 향을 느낄 수 있다. 훌륭한 향미로 빼어난 매력을 자랑한다. 잼처럼 진득한 질감에 강건한 힘이 느껴지는 진으로, 슬로베리 맛이 가장 뚜렷하고 뒤이어 베이킹 향신료가 부드럽게 가세한다. 여운에는 베리류 향이  더욱 풍성하게 전해진다. 슬로 진 피즈 칵테일에 매우 잘 어울리지만, 아무것도 섞지 않고 그대로 마셔도 훌륭하다. 신선한 느낌과 선명한 개성을 지닌 최상급 슬로 진이다.

사우스뱅크 런던 드라이 진(South Bank London Dry Gin), 37.5도

잉글랜드, 런던

템스 디스틸러리(Thames Distillery Ltd)

클래식 진

··

향이 강하지 않은 진으로 가벼운 주니퍼, 감귤 향과 함께 달콤한 향신료 아로마를 미세하게 느낄 수 있다. 카시아와 오리스 향도 상당히 얇게 나마 맡을 수 있다. 마치 느낄 수 있는 선에서 가장 연하게 향미를 표현했다고나 할까? 향신료를 머금은 오렌지 풍미가 싱긋하게 솔 향을 머금은 주니퍼의 끝맛에 섞인다. 주니퍼 향미는 순식간에 사라지고, 비록 짧지만 따뜻한 여운이 입안에 남는다. 깔끔하고 전통적인 특성을 지닌 진으로 다른 음료와 잘 어울린다.

투 버즈 진(Two Birds Gin), 40도

잉글랜드, 마켓 하버로우

유니언 디스틸러스(Union Distillers)

클래식 진, 추천

··

균형이 뛰어난 전통 진으로 신선하고 싱긋한 주니퍼 향이 도드라진다. 주니퍼·감귤·고수·오리스를 비롯한 전통적인 식물 재료의 향미에서 시작한다. 혀에 감귤이 가장 먼저 닿으며 레몬과 고수가 양념처럼 맛을 더한다. 중간에는 주니퍼의 향미가 깊이를 더하고 안젤리카, 바닐라크림, 절인 제비꽃 풍미가 이어진다. 마지막으로 따뜻한 여운이 오래도록 남는다. 마티니와는 궁합이 훌륭하지만, 이보다 복잡한 칵테일에 사용한다면 개성이 묻힐 수 있다.

세이크리드

런던 하이게이트에 위치한 이안 하트의 세이크리드 마이크로디스틸러리(Sacred Microdistillery)에 들어서면, 마치 광기 어린 과학자의 은신처나 어린이 과학 TV 프로그램의 배경에 온 듯한 착각을 하게 된다. 기체 응결 장치, 유리병, 튜브가 서로 뒤엉켜 있고 유색의 액체들과 난해한 장치들이 온 방을 뒤덮고 있다.

런던, 하이게이트, 탤벗 로드 5
우편번호 N6 4QS
세이크리드 스피리츠 컴퍼니

www.sacredspiritscompany.com

대표 상품
세이크리드 진, 40도
세이크리드 진(고수), 43.8도
세이크리드 진(자몽), 43.8도
세이크리드 진(카더멈), 43.8도

첫눈에 봐도 세이크리드 증류소는 여태껏 경험한 다른 증류소와 다를 것이다. 하지만 걱정할 필요는 없다. 세이크리드 진도 여태껏 경험한 진과 다를 것이다. 이안 하트는 정신 나간 과학자도 아니다. 다만 자연과학을 전공하기는 했다. 이안 하트는 금융 시장이 침체된 시기에 증류 업계에 발을 들이게 되었고, 이는 증류에 대한 열정에 불을 지피는 계기가 되었다. 그가 처음 실험한 술은 와인이었다. 그는 오래된 와인을 다양하게 수집했다. 수분을 증류해 더욱 진한 와인을 만들 수 있었을까? 물론 가능했다. 그렇다면 풍미가 진하면서도 상업성까지 갖춘 상품도 만들 수 있었을까? 글쎄, 이것은 쉽지 않았다. 따라서 이안은 진업계로 눈길을 돌렸다.

그전에 실험실 풍경으로 다시 돌아가 보자. 실험실은 단순히 보여주기 위한 공간이 아니다. 세이크리드 진은 진공이나 다름없는 환경을 만들어 증류액의 끓는점을 낮추는, 저압력 시스템을 사용해 탄생한다. 상대적으로 적은 열기를 사용하는 셈이다. 따라서 식물 재료는 다른 증류법보다 '덜 졸여지게' 되고, 이로써 쉽게 증발하는 아로마 성분을 효과적으로 보존해 재증류할 수 있게 된다. 이렇게 탄생한 이안의 증류 결과물에서는 한 식물이 표현할 수 있는 가장 순수한 특성을 느낄 수 있다. 다른 진에서도 식물 재료의 특성을 수많은 방식으로 느낄 수 있지만, 이안의 결과물처럼 선명하거나 온전하게 느낄 수 있는 경우는 드물다. 코리앤더 진을 마시고 그 안에 고수가 들어갔음을 구별할 수는 있지만, 단일 식물 재료 하나를 완벽히 맛보는 것은 완전히 색다른 경험이다.

밀로 만든 기주를 사용하는 세이크리드 진은 모든 식물 재료를 따로따로 증류하며 이 결과물을 배합해 최종 상품을 만든다. 사용되는 식물 재료는 주니퍼와 고수, 안젤리카, 육두구, 시나몬, 카더멈, 라임, 오렌지, 레몬, 유향이 있다. 유향을 사용해서 세이크리드(신성한) 진이라는 이름이 붙여졌다. 이처럼 재료를 각각 개별적으로 증류함으로써 한 재료의 풍미와 아로마 성분이 다른 재료와 쉽게 어우러지는 장점을 지닌다. 각각의 재료는 서로의 풍미를 흡수하는 등 최종 결과물에 영향을 미친다. 이렇게 의도적으로 기획한 결과물은 그 값어치를 한다. 세이크리드 진은 식물이 지닌 개성을 전례 없이 명료하고 정확하게 구현한다. 최대한 정직하게 자신의 모습을 드러낸다고 할 수 있다.

세이크리드 증류소에서는 다양한 실험을 해볼 수 있다. 개별 증류액을 패키지로 구성한 키트를 구매해 마스터 블렌더처럼 배합할 수 있고, 마치 이안 하트가 된 것처럼 완벽하게 자신의 입맛에 맞는 맞춤형 진을 직접 만들 수 있다. 이보다는 간편하고 덜 분석적인 방식으로 식물 재료의 영향력을 실험해보고 싶다면(예를 들어 진 토닉을 만든다거나) 다음의 진을 추천한다. 세이크리드 핑크 그레이프프루트 진, 주니퍼 진, 카더멈 진, 코리앤더 진은 하나의 식물 재료를 선택해 그 개성을 극대화한 진이다. 흔한 식물 재료인 고수의 향을 온전히 느낌으로써 진 테이스팅을 속속들이 배우고 싶은 사람이라면 코리앤더 진을 꼭 경험하기를 바란다.

다시 원점으로 돌아온다면, 세이크리드 증류소에서는 로즈힙 컵(Rosehip Cup)이나 다양한 베르무트는 물론 주니퍼를 제외한 7가지 식물을 재증류한 런던 드라이 보드카 등 보드카 라인도 생산한다.

105쪽 이안 하트(Ian Hart's)의 증류소는 마치 과학 프로그램의 한 장면 같지만, 그의 진은 이 모습이 단지 연출이 아님을 증명한다.

십스미스

"꿈이 시작되었어요. 우리는 진을 마시고 있었죠." 십스미스의 공동창업자인 샘 갤스워시는 어떻게 페어팩스 홀과 함께 지금은 아주 유명해진 십스미스 인디펜던트 스피리츠를 열기로 했는지 이야기했다.

런던, 치즈윅
크랜브룩 로드 83
우편번호 W4 2LJ
더 디스틸러리, 십스미스

www.sipsmith.com

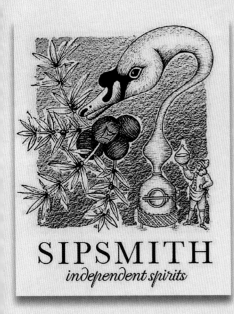

대표 상품

십스미스 런던 드라이 진, 41.6도

십스미스 서머 컵 코디얼(Sipsmith Summer Cup Cordial), 29도

십스미스 슬로 진, 29도

십스미스 VJOP, 57.7도

십스미스 증류소를 열게 된 이야기는 약간 과거로 거슬러 올라간다. 샘은 진을 처음 접하게 된 때를 회상하며 말했다. "부모님은 플리머스 진을 즐겨 마셨어요. 그러곤 여러 가지 당부의 말씀을 하셨죠. 제가 마시는 진을 공부하고, 존중하고, 감사해야 한다고요." 이러한 가르침은 초창기 십스미스 증류 작업의 기본 철학으로 자리 잡았다. 지금부터는 최근의 일을 이야기해보자. 샘과 페어팩스는 5년간 미국 증류주 시장을 탐험했다. 두 군데의 증류소를 방문해 가능한 모든 것을 흡수했다. 당시 풀러스 브루어리(Fuller's Brewery)에서 일하던 샘은 새로운 교훈을 얻었다고 말했다. "소규모업자들이 대형 양조업자를 위협하고 있었어요." 하지만 이러한 현상을 꼭 경쟁이나 시장 잠식으로 바라볼 필요는 없었다. "그들과 함께 걸어간다고 생각했어요." 그는 존경의 의미를 거듭 밝히며 말했다.

둘은 십스미스를 설립하기 위해 2007년 일을 그만두었으나, 2008년 말이 되어서야 진 증류 면허를 취득할 수 있었다. 샘은 런던의 네그로니 클럽에서 저명한 칵테일 역사학자인 재러드 브라운과 아나스타샤 밀러를 만났다고 전했다. 이 운명적인 만남으로 재러드 브라운은 둘의 사업에 합류했고, 지금은 십스미스의 마스터 디스틸러로 근무한다. 이들은 '기존의 기라성 같은 업체들과 동행한다'라는 접근법을 바탕으로 실험을 진행했다. 자신들의 프루던스(Prudence) 증류기를 공부하면서부터 십스미스의 진 라인업을 완성할 레시피를 만들기 시작했다. "십스미스는 온전히 고전주의를 추구합니다."라고 샘은 말한다. 그들은 런던 드라이 스타일에서 시작해 진을 발전시켰다. 따라서 그들이 사용하는 식물 배합도 상당히 친숙하다. 주니퍼, 오리스 뿌리, 감초, 안젤리카, 시나몬, 카시아, 아몬드, 고수, 감귤류 과일 2종류다. 하지만 VJOP 진이야말로 고전주의를 향한 세레나데이자 주니퍼의 특성을 극대화한, 그들의 라인업 중에서 가장 놀라운 상품이다. "총 3단계에 걸쳐 주니퍼를 사용합니다. 가장 먼저 스피릿에 주니퍼를 침용하고, 스피릿을 증류기에 옮길 때 주니퍼를 더 넣습니다. 마지막으로 카터헤드 증류기를 사용할 때 또 주니퍼를 추가합니다." 그는 이 진을 자신들의 '걸작'이라고 표현했다. 진 생산 과정 가운데 식물을 첨가할 수 있는 3단계에 걸쳐 각기 다르게 주니퍼를 사용함으로써 주니퍼가 지닌 모든 향미가 최종 결과물에 녹아들게 된다. 증기 투과 방식을 사용해 섬세한 향을 얻을 수 있고 베리류를 증류해 탄탄한 바디감도 느낄 수 있다.

샘은 최근 영국 전역에서 소규모 증류업자들이 폭발적으로 증가하는 상황을 바라보며 "점점 증류업자들이 늘어나고 있어요. 아주 바람직한 상황이죠."라고 말한다. 십스미스는 이러한 소규모업자 가운데 초창기 증류소였으며 오래도록 지속될 것이다. "신생업자일수록 '자신만의 이야기'를 전달하는 것이 중요합니다. 이러한 흐름이 시장을 바꾸고 있어요. 소비자는 증류업자가 전달하는 스토리텔링을 통해 감성적인 연대감을 느낍니다. 이를 느낀 소비자가 상품 이름을 기억하고 바에서 주문하는 거죠. '이런 이런 진 있나요?'라고요."

십스미스의 이야기에는 열정, 전통에 대한 존중, 프루던스 증류기가 담겨 있다. 그들이 2007년 일을 그만둘 때만 해도 꿈을 완전히 이루기까지 이렇게 오랜 시간이 걸릴 줄 몰랐을 것이다. 하지만 이제는 그 꿈이 실현되었을 뿐 아니라 진을 즐기는 사람들을 위해서도 그들이 꿈을 좇는 과정은 충분히 가치가 있는 시간이었다. 십스미스에서는 런던 드라이 진이나 VJOP 외에도 슬로 진과 서머 컵 코디얼 진도 생산한다. 홀짝이며 마실 수 있는 보드카나 인스티아 자두 향미를 입힌 보드카도 만든다.

107쪽 재러드 브라운(Jared Brown), 페어팩스 홀(Fairfax Hall), 샘 갤스워시(Sam Goldsworthy)는 런던 크래프트 진의 폭발적인 성장의 선봉장 역할을 했다. 그들의 진은 순식간에 신세대 진 생산업자들의 기준이 되었다.

투 버즈 스페셜티 칵테일 진(Two Birds Speciality Cocktail Gin), 40도
잉글랜드, 마켓 하버로우, 유니언 디스틸러스
클래식 진

투 버즈 진의 칵테일용 버전으로 특별 기획된 상품이다. 주니퍼의 볼륨감을 느낄 수 있다. 산뜻한 주니퍼 향과 이를 뒷받침하는 고수 향이 인상적이며, 기분 좋은 생기를 경험할 수 있는 전통적인 진이다. 선명한 식물 재료 향미를 느낄 수 있는데, 상쾌한 주니퍼 풍미가 가장 뚜렷하고 고수·레몬·안젤리카 향도 함께 전달된다. 동급 알코올 농도 중에서 다른 음료와 섞어 마시기 가장 좋은 진 가운데 하나다. 당연히 칵테일로 마시기를 추천한다.

워너 에드워즈 엘더플라워 인퓨즈드 진
(Warner Edwards Elderflower Infused Gin), 40도
플레이버드 진, 추천

딱총나무꽃이 함유된 훌륭한 해링턴 드라이 진에 지역 농장에서 수확한 신선한 딱총나무꽃을 추가로 침출한 뒤 약간의 감미료를 더한 진이다. 바닐라, 딱총나무꽃, 베이킹 향신료 아로마를 경험할 수 있다. 맛은 전반적으로 과자 종합 세트를 떠올리게 한다. 따뜻한 향신료와 크렘 브륄레(Crème brûlée)[12] 향미가 먼저 느껴진다. 여운은 딱총나무꽃, 장미를 비롯한 꽃 향이 남는다. 김렛 칵테일로 마시거나 탄산음료와 섞어 마셔보자.

———
12 단단한 캐러멜 토핑을 얹은 커스터드.

워너 에드워즈 빅토리아스 루바브 진
(Warner Edwards Victoria's Rhubarb Gin), 40도
플레이버드 진

루바브(Rhubarb)[13]는 가끔 진의 식물 재료로 등장하기는 하지만, 이 진처럼 대표 재료로 쓰이는 경우는 드물다. 졸인 루바브 아로마가 여름을 연상시키며 중심을 이루고, 육두구와 시나몬 같은 전통적인 베이킹 향신료 향미가 깊이를 더한다. 루바브 특유의 시큼하게 톡 쏘는 맛이 다시 한번 또렷하게 등장해 혀에 명확하게 전달된다. 바닐라의 달콤함과 카더멈·카시아·육두구 같은 향신료 풍미가 진에 복합미를 더한다.

———
13 식용 대황, 시베리아 남부 원산으로 맛이 시고 향기가 있다.

워너 에드워즈 해링턴 드라이 진(Warner Edwards Harrington Dry Gin), 44도
잉글랜드, 해링턴
워너 에드워즈 디스틸러리(Warner Edwards Distillery)
컨템포러리 진

진을 사랑하는 두 사람이 농과대학에서 만난다면 한 편의 진 동화를 써 내려가지 않을까? 11가지 식물 재료와 보리로 만든 기주를 사용한 진으로, 재료 중 상당 부분을 농장에서 직접 재배한다. 오렌지 제스트와 베이킹 향신료, 라벤더와 희미한 콜라 향을 느낄 수 있다. 맛은 복합적인 편으로 따뜻한 곡물과 주니퍼, 고수와 카더멈, 가람 마살라(Garam masala)[11]를 연상시킨다. 여운은 엷은 감귤 향미와 함께 상쾌하고 드라이하게 남는다.

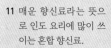

———
11 매운 향신료라는 뜻으로 인도 요리에 많이 쓰이는 혼합 향신료.

워너 에드워즈 해링턴 슬로 진(Warner Edwards Harrington Sloe Gin), 30도
코디얼 진

워너 에드워즈 증류소는 직접 손으로 수확한 영국 시골 원산의 슬로베리를 진에 첨가한다. 그 결과 산뜻하면서도 잼 같은 질감의 슬로 진이 탄생했다. 신선한 슬로베리와 잘 익은 자두, 진득하게 졸여진 체리를 느낄 수 있다. 상당히 사랑스러운 진으로 사보이 탱고 칵테일로 맛보기를 바란다.

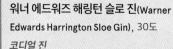

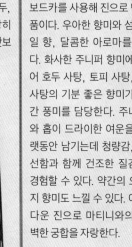

윌리엄스 체이스 엘레강트 크리스프 진
(Williams Chase Elegant Crisp Gin), 48도
잉글랜드, 헤리퍼드, 윌리엄스 체이스 디스틸러리
(Williams Chase Distillery)
컨템포러리 진, 추천

사과로 만든 사과주로 보드카를 생산한 뒤, 그 보드카를 사용해 진으로 만든 상품이다. 우아한 향미와 섬세한 과일 향, 달콤한 아로마를 지녔다. 화사한 주니퍼 향미에 이어 호두 사탕, 토피 사탕, 꿀 사탕의 기분 좋은 향미가 중간 풍미를 담당한다. 주니퍼와 홉이 드라이한 여운을 오랫동안 남기는데 청량감, 신선함과 함께 건조한 질감을 경험할 수 있다. 약간의 오렌지 향미도 느낄 수 있다. 아름다운 진으로 마티니와의 완벽한 궁합을 자랑한다.

윌리엄스 체이스 세빌 오렌지 진(Williams Chase Seville Orange Gin), 40도

플레이버드 진, 추천

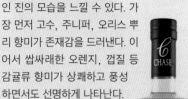

귤, 베르가못, 레몬유 아로마를 흠뻑 느낄 수 있는 진이다. 강렬한 감귤 향이 지배적으로 후각을 자극한다. 하지만 미각적으로는 복합적인 진의 모습을 느낄 수 있다. 가장 먼저 고수, 주니퍼, 오리스 뿌리 향미가 존재감을 드러낸다. 이어서 쌉싸래한 오렌지, 껍질 등 감귤류 향미가 상쾌하고 풍성하면서도 선명하게 나타난다. 마지막으로 간결한 오렌지 향미와 약간의 진 향신료 풍미를 경험할 수 있다. 상당히 매력적인 진으로 마티니와의 궁합도 완벽하고 진 토닉, 진 피즈, 콜린스 칵테일에도 매우 잘 어울린다. 최상급 플레이버드 진이라 할 수 있다.

아래 세이크리드(→P.104) 진의 병뚜껑 포장지에는 증류 장비 그림이 있는데, 이는 진 생산의 기초가 되는 과학에 대한 경의의 표현이다.

스코틀랜드

블랙우즈 빈티지 드라이 진(2012년산)
(Blackwood's Vintage Dry Gin(2012)), 40도

스코틀랜드, 셰틀랜드

디스틸 컴퍼니(Distil Company)

클래식 진

'손으로 직접 수확한 셰틀랜드의 식물 재료'로 만든 진이어서 계절별 기후와 테루아 변화에 따라 매년 품질이 달라진다. 2012년산은 주니퍼와 달콤한 오렌지, 메도스위트(Meadow-sweet)[14] 향이 일품이다. 혀에는 바닐라, 메도스위트와 함께 베리류 향미가 초본질의 주니퍼와 어우러져 나타난다. 중간 길이의 여운에는 은은한 단맛이 감돈다. 진 앤 잼 또는 프렌치 75 칵테일로 훌륭하다.

[14] 장미목 장미과의 식물로 기분을 좋게 해주는 맛과 향을 지닌다.

더 보타니스트 진(The Botanist Gin), 46도

스코틀랜드, 아일레이

브뤼클라딕 디스틸러리(Bruichladdich Distillery)

컨템포러리 진

스카치위스키로 유명한 아일레이 지역의 증류소 이름이 가장 먼저 우리의 시선을 잡아끈다. 22가지 식물 재료를 사용해 아일레이섬의 유산을 기념한 진이다. 전반적인 아로마는 꽃 향에 가까우며 고수와 레몬버베나, 메도스위트, 박하 향도 은은하게 맴돈다. 미각적으로는 다양한 식물 배합을 조화롭게 경험할 수 있다. 주니퍼와 달콤한 허브 향미, 박하가 대표적이다. 마지막 여운은 싱긋하게 입안에 남는다. 유쾌하고 경쾌한 기분을 자아내는 진으로, 과일 또는 드라이한 베르무트와 곁들이기를 추천한다.

고든스 진(Gordon's Gin), 40도

스코틀랜드, 윈디게이츠, 캐머런브리지 진 디스틸러리(Cameronbridge Gin Distillery)

클래식 진

1769년부터 우리 곁을 지켜온 진 시장의 진정한 베테랑이라 할 수 있다. 고든스는 100년이 넘는 동안 영국 최고의 진 브랜드로 널리 기록되었다. 영국용 고든스는 알코올 함량이 37.5도인데, 미국용보다 확실히 알코올 도수가 낮고 묽은 편이다. 경쾌한 주니퍼와 상쾌한 레몬 제스트 아로마가 인상적이다. 맛은 시원한 솔 향을 머금은 주니퍼 향미가 주도적으로 나타나고, 카시아와 오렌지 향미도 그 곁을 장식한다. 여운은 비교적 조밀하게 나타나지만, 끝까지 깔끔하고 클래식한 모습을 유지한다.

고든스 크리스프 큐컴버 진(Gordon's Crisp Cucumber Gin), 37.5도

플레이버드 진

2010년대 고든스 진은 라인업을 확장하며 두 상품을 추가로 출시했는데, 이 상품도 그중 하나다. 고든스 진은 이전에도 플레이버드 진을 생산했는데, 주류 수집가들은 20세기 초에 출시한 고든스 오렌지 진을 시중에서 싹쓸이한 이력이 있다. 원점으로 돌아와 큐컴버 진은 후각적으로는 오이와 레몬 향이 풍부하고, 미각적으로는 전통적인 고든스 진보다 풍미가 약하다. 특히 달콤한 채소 향미가 엷게 나타난다. 목넘김이 부드러운 매력적인 진으로 편하게 마실 수 있어 간단하게 토닉워터와 가장 잘 어울린다.

고든스 엘더플라워 진(Gordon's Elderflower Gin), 37.5도
플레이버드 진

2010년대 초 딱총나무꽃 풍미는 선풍적인 인기를 끌어 수많은 증류주와 칵테일에 활용되었다. 고든스 엘더플라워 진은 꽃과 주니퍼 향이 아로마를 주도하고, 은은한 제비꽃과 카모마일의 달콤한 향이 이어진다. 첫맛으로는 주니퍼와 젖은 소나무 가지 향미를 느낄 수 있고, 중간에는 감귤류 껍질 풍미가 뒤따른다. 딱총나무꽃 향미는 마지막 여운에 강하게 남는다. 진을 한 모금 마신 뒤 숨을 부드럽게 들이마시면 순식간에 소생하는 딱총나무꽃의 아로마를 느낄 수 있다. 마치 모닥불에 마른 나뭇잎을 던진 것처럼 화르르 생기를 얻는다. 편하게 즐길 수 있는 진으로 마티니와 잘 어울리지만, 전통적인 진을 좋아하는 사람들은 공감하지 않을 수 있다.

헨드릭스 진(Hendrick's Gin), 41.4도
스코틀랜드, 거반, 거반 디스틸러리(Girvan Distillery)
컨템포러리 진

에드워디안 댄디 스타일로 차려입은 신사가 단안경을 끼고 오이 샌드위치를 먹는 모습을 상상해보자. 어떤 생각이 드는가. 헨드릭스 진 특유의 병 모양도 이처럼 '특이하다'라는 단어를 떠올리게 만든다. 헨드릭스 진은 독특하면서도 대중적인 마케팅을 통해 소비자에게 다가간다. 마케팅 외에도 진이 가진 고유의 특성을 통해 컨템포러리 진의 진가를 전달한다. 헨드릭스 진은 신선하면서도 전형적인 진 향을 지녔으며, 장미를 비롯한 꽃 향이 이를 뒷받침한다. 주니퍼와 고수가 중심이 되어 모난 데 없이 원만한 맛을 자랑하며, 메도스위트와 장미 향미가 여운에 남는다. 진 토닉에 특히 어울린다.

인디언 서머 사프란 인퓨즈드 진(Indian Summer Saffron Infused Gin), 46도
스코틀랜드, 애버딘셔
던컨 테일러(Duncan Taylor Ltd)
컨템포러리 진

사프란은 세계에서 가장 비싼 향신료로 다행히 소량만 써도 오래도록 향이 지속된다. 사프란을 사용한 이 진은 매우 옅은 황금빛을 띠고, 진한 향미를 지닌다. 이국적이면서 가죽을 연상시키는 향이자 사프란 특유의 따뜻함을 머금은 아로마다. 첫 모금에는 오렌지 제스트와 시나몬, 뚜렷한 솔 향의 주니퍼를 맛볼 수 있다. 여운에는 풍성한 아로마가 길게 이어지며 시나몬을 다시 느낄 수 있고, 흑후추 열매와 오렌지 껍질 풍미도 경험할 수 있다.

매커 글래스고 진(Makar Glasgow Gin), 43도
스코틀랜드, 글래스고, 글래스고 디스틸러리 컴퍼니(Glasgow Distillery Company)
클래식 진

병의 라벨에는 '주니퍼 향미가 뚜렷한 고품질 드라이 진'이라는 문구가 적혀 있다. 상당히 사실에 충실한 광고라 할 수 있다. 산뜻한 주니퍼 향과 이를 보완하는 신선한 가문비나무 아로마를 맡을 수 있다. 감귤과 로즈메리 향미 덕분에 생동감과 활기가 넘치는 진이다. 맛도 이와 비슷한 특성을 지닌다. 주니퍼의 싱긋한 솔 향이 가득하며, 전반적으로 강렬하고 뚜렷한 맛을 경험할 수 있다. 고수와 마른 안젤리카, 감귤과 로즈메리가 주니퍼 향미를 받쳐준다. 현대 진은 주니퍼 향미가 아주 약하다고 생각하는 사람을 위한 진이다.

NB 진(NB Gin), 42도
스코틀랜드, 노스버윅
NB 디스틸러리(NB Distillery Ltd)
클래식 진, 추천

사소한 것 하나까지 섬세하게 챙긴 스몰 배치 진이다. 하지만 지나치게 실험적인 모험은 하지 않는다. 부부가 팀을 이뤄 생산하며 가장 흔한 식물 재료를 쓰지만, 생산 과정에서 차별화를 꾀한다. 소나무와 로즈메리, 톡 쏘는 레몬 향이 가장 먼저 코에 전달된다. 이어서 바질 향이 나타나고 진득한 향이 은은하게 깔린다. 반면 맛은 향에 비해 전통적인 스타일에 가깝다. 맨 먼저 주니퍼와 레몬을 느낄 수 있다. 뒤이어 레몬이 잠시 옆으로 빠진 사이 주니퍼가 강렬하게 자리를 지키며 섬세한 향신료 풍미를 뒷받침한다. 마지막 여운은 따뜻하게 남는다.

피커링스 진(Pickering's Gin), 42도
스코틀랜드, 에든버러
서머홀 디스틸러리(Summerhall Distillery)
클래식 진, 추천

1947년부터 전해오는 가문의 비밀 제조법을 토대로 구리 증류기에서 빚어낸 진이다. 곡물로 만든 베이스 스피릿에 주니퍼 외 8가지 식물 재료를 첨가해 만든다. 그 재료는 고수, 정향, 아니스, 카더멈, 안젤리카, 펜넬, 레몬, 라임이다. 풀 향을 머금은 주니퍼와 고수 아로마를 느낄 수 있다. 혀에는 소나무와 레몬 제스트 맛이 또렷하게 전달되고 섬세한 제비꽃과 갓 빻은 후추, 펜넬 씨앗도 맛볼 수 있다. 드라이한 여운이 오래도록 남는 편으로, 펜넬 씨앗과 정향유의 온기가 전해진다. 코프스 리바이버 #2 칵테일이나 라스트 워드 칵테일로 마셔보자.

록 로즈 진(Rock Rose Gin), 41.5도
스코틀랜드, 던넷,
던넷 베이 디스틸러리(Dunnet Bay Distillery)

클래식 진

전통적인 식물 재료에 산자나무(Sea buckthorn), 로완베리, 바위솔(Rose root) 등 토착 식물을 첨가해 스코틀랜드 고산지대의 느낌을 물씬 풍긴다. 상쾌한 소나무 가지 향과 알싸한 카더멈, 고수 아로마를 느낄 수 있다. 푸릇한 풀 향미를 머금은 주니퍼가 부드럽게 미각을 자극한다. 막바지에는 흙 향을 머금은 장미와 고수, 백후추의 어두운 풍미가 나타난다. 절제된 우아함이 느껴지는 진으로, 다음번 마티니에는 꼭 이 진을 사용해보자.

탱커레이 넘버 텐(Tanqueray 10), 47도(영국), 47.3도(미국)

클래식 진

고급 칵테일 바에서 하우스 기본 주류로 탱커레이 넘버 텐을 활용한다고 해도 놀랄 필요는 없다. 탱커레이 넘버 텐은 2000년에 출시된 진으로 또렷한 주니퍼 향이 인상적이다. 하지만 주니퍼 향에 이어 자몽과 재스민 향이 '그게 아로마 전부는 아니'라고 외치듯 뒤따른다. 맛은 전통적인 진의 범주에 가깝지만, 바닐라·레몬·고수 향미가 진한 편이다. 케이크와 버터를 연상시킬 정도로 풍미가 풍부하다. 마티니, 에비에이션, 페구 클럽(Pegu Club) 칵테일과 훌륭한 궁합을 보인다.

탱커레이 올드 톰(Tanqueray Old Tom), 47.3도

올드 톰 진, 추천

크림 같은 주니퍼와 레몬, 견고하게 섞인 오리스와 카모마일의 은은한 향이 따뜻하게 코에 닿는다. 혀에는 부드럽고 매끄러운 질감이 기분 좋게 전달되며 온화한 주니퍼 향미가 서서히 멘톨 향을 끌어낸다. 여운에는 특유의 얼얼함과 은은한 맥아, 과일, 꽃 향을 느낄 수 있다. 매우 미세하게 단맛이 감도는 훌륭한 올드 톰 스타일 진으로 마르티네즈 칵테일로 마셔보기를 바란다.

탱커레이(Tanqueray), 43.1도(영국), 47도(미국)
스코틀랜드, 윈디게이츠
캐머런브리지 진 디스틸러리

클래식 진

1830년에 출시한 이래 상징적인 브랜드로 자리 잡았다. 이 브랜드의 대표 모델인 탱커레이는 주니퍼·고수·안젤리카·감초로 구성된 4가지 식물 재료만으로 만들어진다. 얼마나 훌륭한 조화와 맛을 표현하는지 소비자는 더 많은 식물 재료가 사용되었다고 착각하기도 한다. 주니퍼 향이 또렷하며 약간의 감귤 향도 함께 전달된다. 처음부터 끝까지 전통적인 맛을 느낄 수 있는데, 주니퍼 향미와 이에 맞서는 베이킹 향신료 풍미를 맛볼 수 있다. 그렇다면 시나몬이나 후추 향미는 느낄 수 있을까? 모두 느낄 수는 없다. 에비에이션 칵테일로 마셔보자.

탱커레이 말라카(Tanqueray Malacca), 47.3도

컨템포러리 진

1997년 최초로 출시한 뒤, 탱커레이 넘버 텐의 등장과 함께 시장에서 사라졌다가 한정판으로 부활한 진이다. 출시 당시 이 진을 추종하는 마니아층이 두터웠으나 시대를 앞서갔다는 평가를 받았다. 하지만 2012년 재발매되며 선풍적인 인기를 얻었다. 산뜻한 감귤, 자몽 향이 인상적인 상품이다. 감귤이 전체적인 맛을 주도하고 베이킹 향 신료가 개성을 더한다. 뒤이어 크렘 앙글레즈(Crème anglaise)[15] 향미가 긴 여운으로 이어진다. 아무것도 섞지 않고 그대로 마셔도 좋지만, 특별하게 즐기고 싶다면 클로버 클럽 또는 라모스 진 피즈로 마셔보자.

---
15 뜨겁거나 차게 해서 디저트 위에 얹는 커스터드.

탱커레이 랑푸르 디스틸드 진(Tanqueray Rangpur Distilled Gin), 41도

컨템포러리 진

랑푸르 라임(Rangpur Lime)이라는 과일 이름을 듣거나, 초록색 라임이 그려진 녹색 술병을 보면 평소 식료품 가게에서 접한 작은 녹색 감귤 과일이 떠오를 것이다. 랑푸르는 만다린과 레몬의 교잡종 과일이다. 오렌지처럼 생겼지만, 맛은 라임에 가깝다. 예상대로 랑푸르 진에서는 시큼하고 산뜻한 라임 향과 맛을 느낄 수 있으며, 전통적인 탱커레이 진의 풍미도 뒤따른다. 진 토닉으로 마셔보기를 추천한다.

웨일스

시위드 팜하우스 보태니컬 진(Seaweed Farmhouse Botanical Gin), 42도

웨일스, 랜디설
다 밀레 디스틸러리(Dà Mhìle Distillery)

컨템포러리 진

잉글랜드 뉴키산 해초를 첨가한 보태니컬 진으로 해산물과 곁들여 마시기 좋다. 전반적인 아로마는 여름날의 허브 농원을 떠올리게 하는데 레몬버베나, 스피어민트, 세이지, 펜넬과 은은한 꽃 향까지 느낄 수 있다. 혀에는 스피어민트와 유칼립투스 향미가 신선하게 전해진다. 독특하면서 개성이 뚜렷한 진으로 사우스사이드 칵테일 또는 바질 스매시로 마셔보자.

아래 시위드 팜하우스 보태니컬 진은 왁스로 병뚜껑을 밀봉해 대서양을 가로지르는 먼 여정에 대비한다.

아일랜드

딩글(Dingle), 42.6도

아일랜드, 카운티 커리, 딩글
딩글 위스키 디스틸러리(Dingle Whiskey Distillery)

클래식 진

증기 투과 방법을 사용해 토착 식물 재료의 풍미를 효과적으로 전달한다. 단순히 아일랜드인이 만든 진이 아니라 아일랜드인이 아일랜드의 색깔을 입힌 진이다. 대표 재료로 로완베리, 보그 머틀(Bog myrtle)[16], 처빌(Chervil)[17], 헤더(Heather)[18]가 있다. 은은하게 깔린 멘톨 향과 허브 향에서는 은은한 잼의 풍미가 느껴지기도 한다. 주니퍼 향미를 여운에 남긴다.

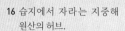

16 습지에서 자라는 지중해 원산의 허브.
17 파슬리와 비슷한 일년생 허브 일종.
18 스코틀랜드 광야에 자생하는 석남과의 작고 낮은 종 모양의 꽃.

녹킨 힐스 엘더플라워 진(Knockeen Hills Elderflower Gin), 43도

잉글랜드, 런던, 템스 디스틸러리

컨템포러리 진, 플레이버드 진

녹킨 힐스 진은 곡물로 만든 기주가 아닌 유장[19]으로 만든 주정을 쓰는데, 이는 수상 경력이 있는 아일랜드의 전통 증류주 포틴(Poitíns)에도 쓰인다. 전반적으로 허브 향이 아로마를 주도하며 은은한 재스민 향도 깔려 있다. 혀에는 딱총나무꽃, 레몬, 나뭇잎이 선사하는 따뜻하고 진득한 재질감이 전달된다. 이어서 파릇한 주니퍼 향미가 뒤따르고 차분한 딱총나무꽃 향미가 여운에 남는다.

19 젖 성분에서 단백질과 지방을 빼고 남은 맑은 액체.

쇼트크로스 진(Shortcross Gin), 46도

북아일랜드, 카운티 다운, 다운패트릭
레이드몬 이스테이트 디스틸러리(Rademon Estate Distillery)

컨템포러리 진

쇼트크로스 진의 아로마를 한숨 들이켜면 눈 깜짝할 사이에 아일랜드 시골을 여행하게 된다. 마치 산울타리에 서서 활짝 핀 봄날을 느끼는 것 같다. 베리류, 나뭇잎, 허브, 꽃 향이 어우러져 상쾌한 바람을 타고 전해져온다. 그 아래는 바닐라 크림과 레몬 쇼트브레드[20] 향미가 은은하게 깔려 있다. 진하고 기름진 질감이 입안을 뒤덮으며 46도의 알코올 함량을 느낄 수 없을 만큼 부드러운 목넘김을 선사한다. 고수와 감귤, 베리류의 달콤함과 주니퍼, 클로버 향미를 느낄 수 있다. 다소 드라이한 여운은 오래도록 지속된다.

20 버터 등의 쇼트닝을 듬뿍 넣어 구운 파삭파삭한 쿠키.

113쪽 마틴 밀러스 진(→P.99)의 병 디자인을 통해 진의 수원지를 짐작할 수 있다.

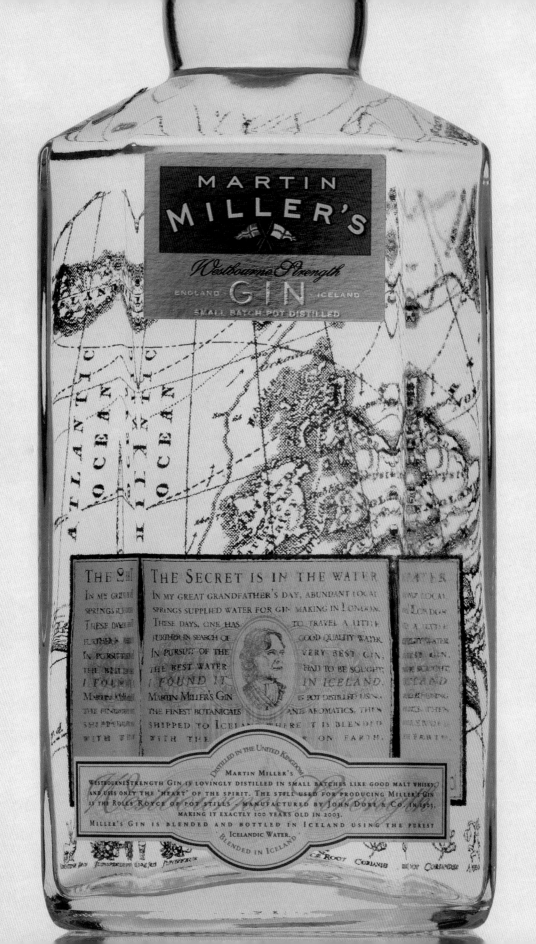

벨기에

네덜란드와 함께 진의 조상인 게네베르가 발전한 국가로 평가받는다. 필리어스를 비롯한 입지가 튼튼한 증류업자와 코크니스 같은 신흥 증류업자가 어우러져 다양한 진을 생산한다는 점도 네덜란드와 닮았다. 법적으로는 벨기에·네덜란드·프랑스·독일 일부 지역에서 생산한 게네베르만이 지리적 보호를 받는다. 그중 네덜란드의 게네베르 생산량이 다수를 차지하며 아직도 꾸준하게 생산한다. 하지만 네덜란드 생산업자들은 자신들의 영예에 기대지 않는다. 놀렛을 비롯한 유명 증류소에서 고품질 진을 계속 생산하는 동안, 굿맨스 같은 새로운 진도 꾸준히 시장에 등장한다. 저지대 국가들에는 진과 게네베르가 모두 건재하며 추천할 만한 훌륭한 진도 수없이 많다.

아래 필리어스(Filliers) 증류소는 나무와 코르크로 만든 전통적인 마개를 사용한다.

코크니스 진(Cockney's Gin), 44.2도
벨기에, 알스트, 반 데 슈렌(Van der Schueren)

컨템포러리 진

1838년부터 유래한 제조법을 기반으로 탄생한 진이다. 오늘날 유통되는 벨기에 기원의 진 가운데 가장 오랜 뿌리를 지녔다고 평가받는다. 2013년 15가지 식물 재료를 바탕으로 과거의 레시피를 현대적으로 재현하며 시장에 등장했다. 오렌지 향이 나는 초콜릿 아로마가 선명하게 나타난다. 혀에는 코코아 향이 가장 먼저 전달되고 감귤과 은은한 꽃, 고수 향이 이를 뒷받침한다. 미드 노트의 다크 초콜릿 향미가 사라지면 보다 드라이하고 파삭한 느낌이 여운에 남는다. 뚜렷한 개성이 인상적인 진으로 여름용 칵테일과 궁합이 좋다.

필리어스 드라이 진 28(Filliers Dry Gin 28), 46도
벨기에, 데인저, 필리어스 디스틸러리

클래식 진, 추천

주니퍼 외에 무려 28가지 식물 재료를 쓴 진이다. 레몬과 오렌지의 감귤 향이 코를 즐겁게 하고 강렬한 고수와 화하게 퍼지는 주니퍼, 허브 향이 이어진다. 뒤이어 오렌지, 라임의 향미와 산뜻한 질감을 선사하는 주니퍼베리 풍미가 나타난다. 약간의 크림 향과 후추 향도 어우러진다. 혀에는 입안을 에워싸는 진한 질감이 닿는다. 천천히 맛을 음미하는 사람이라면 적당한 길이의 여운 속에서 따뜻하게 퍼져오는 향신료를 느낄 수 있을 것이다.

필리어스 드라이 진 28 배럴 에이지드
(Filliers Dry Gin 28 Barrel Aged), 43.7도

숙성 진

필리어스 디스틸러리에서는 기존 필리어스 드라이 진 28을 다양한 방식으로 변형하고 수정해 새 상품을 만든다. 필리어스 드라이 진 28처럼 훌륭한 시작점이 있다면 이러한 실험은 성공하기 마련이다. 이렇게 탄생한 배럴 에이지드 진은 부드러운 향신료와 감귤 아로마로 코를 즐겁게 하고, 미각 저편에 풍성하고 선명한 향신료 풍미를 묵직하게 남긴다. 육두구와 바닐라, 레몬 케이크 등의 풍미를 통해 숙성 진의 진가를 제대로 경험할 수 있다. 한 모금씩 천천히 마시거나 올드 패션드 칵테일로 마신다면 훌륭한 복합미를 느낄 수 있다.

필리어스 드라이 진 28 파인 블라섬(Filliers Dry Gin 28 Pine Blossom), 43.7도

플레이버드 진, 추천

북유럽과 시베리아에 걸쳐 자라는 구주소나무(Scotch pine)꽃을 사용해 기품을 더한 진이다. 구주소나무꽃은 과거 의료용으로도 활용되었는데, 이번에는 진에 활용되어 크림과 침엽수 향미를 자아낸다. 마치 바닐라와 갓 자른 소나무를 섞은 풍미와 유사하다. 길게 이어지는 상록수 향미 여운 속에서 톡 쏘는 박하 향을 살포시 느낄 수 있다. 상당히 매력적인 진으로 토닉과의 궁합이 뛰어나다. 윈스턴 처칠이 즐겼던 아무것도 넣지 않은 차갑게 식힌 마티니로 마실 때 최고의 맛을 선사한다.

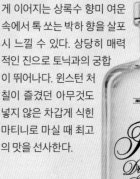

필리어스 드라이 진 28 슬로 진(Filliers Dry Gin 28 Sloe Gin), 26도

코디얼 진

톱 노트에 자두, 토마토 살사, 정향, 육두구, 채소 향이 느껴지다가 보다 고전적인 슬로베리와 체리의 달콤한 향이 은은하게 깔리며 자리를 내준다. 복합적인 채소 아로마는 다른 진과 차별되지만, 소비자에 따라 호불호가 명확히 나뉜다. 첫맛은 자두 주스의 향미가 지배적이지만 여운에는 달콤한 시나몬 풍미가 이어진다. 얼얼하게 톡 쏘는 맛과 감미로움이 동시에 존재하는 진으로 슬로 진 피즈 칵테일에 추천한다.

필리어스 드라이 진 28 탠저린(Filliers Dry Gin 28 Tangerine), 43.7도

플레이버드 진, 추천

풍성한 향과 복합미를 갖춘 진에 향미를 하나 더 추가하면 어떤 일이 일어날까? 이 진은 필리어스 드라이 진에 탠저린 귤을 더해 만든다. 라임 향이 순식간에 후각을 자극하고 과즙이 풍부한 만다린 귤과 레몬 머랭 파이 아로마가 함께 나타난다. 천천히 쌓여가는 풍미는 중간부터 수정처럼 맑은 탠저린 귤 향을 내뿜는다. 뒤이어 주니퍼 향미가 피어오르고 고수와 육두구의 풍미도 가볍게 느껴진다. 토닉워터 또는 프렌치 75 칵테일과 환상적인 궁합을 보인다.

네덜란드

굿맨스 진(Goodmans Gin), 44도

네덜란드, 헤이그

컨템포러리 진

네덜란드에서 증류한 술이지만, 저 멀리 떨어진 미국 플로리다주 남부의 산호 군도 플로리다 키스에서 영감을 얻었다. 오렌지와 자몽 껍질 향이 아로마를 주도하고 희미한 카시아, 주니퍼, 그레인 오브 파라다이스 향도 존재감을 드러낸다. 맛은 주니퍼와 함께 시나몬, 레몬 껍질을 느낄 수 있다. 찬물을 약간 섞어 마시면 산뜻한 라벤더와 제비꽃 향을 만끽할 수 있다.

넘버 스리 런던 드라이 진(No. 3 London Dry Gin), 46도

네덜란드, 스히담

디 카이퍼 로열 디스틸러스(De Kuper Royal Distillers)

클래식 진

영국의 주류회사 베리 브라더스 앤 러드에서 생산한 진이지만, 때로는 생산자보다 생산지가 더 중요하다. 넘버 스리 런던 드라이 진은 네덜란드에서 증류한 진이다. 따라서 엄밀히 따지면 더치 진이다. 주니퍼가 중심이 되고 레몬과 안젤리카가 이를 뒷받침하는 전통적인 진 향을 느낄 수 있다. 첫맛은 크게 도드라지는 향미가 없이 지속되다가 중간에 주니퍼가 존재감을 드러낸다. 뒤이어 달콤 쌉싸래한 오렌지와 경쾌한 고수 향이 기분 좋게 맴돈다. 마지막으로 따뜻한 주니퍼 향미가 오래도록 여운에 남는다.

놀렛 리저브 드라이 진 #007/998(Nolet's Reserve Dry Gin(Bottle: 007/998)), 52도

네덜란드, 스히담, 놀렛 디스틸러리

컨템포러리 진

진 가격보다는 맛에 주목하고 싶지만, 가격을 참고할 필요는 있다. 이 진은 세계에서 가장 비싼 진으로 무려 450파운드(약 700달러 또는 600유로)에 달한다. 다른 음료를 섞지 않고 있는 그대로 즐기도록 만들어진 진이다. 아로마는 장미와 인동 덩굴, 소나무 향이 주도한다. 복합미를 자랑하는 진으로 라즈베리와 오크, 사프란과 복숭아 향미에서 시작해 레몬크림과 아이리스, 주니퍼 향미가 따뜻하고 오래도록 지속된다.

놀렛 실버 드라이 진(Nolet's Silver Dry Gin), 47.6도

컨템포러리 진

오늘날 컨템포러리 진 가운데서도 가장 현대적이라는 평가를 꾸준히 받는다. 장미와 복숭아, 라즈베리 향은 진에서 좀처럼 느낄 수 없는 형태의 꽃향기를 자아내며 코를 즐겁게 한다. 소나무, 더글러스전나무(Douglasfir), 후추 향미가 어우러져 차분하고 안정적인 맛을 선사한다. 깔끔하고 간소하게 마티니나 온더록스로 마셔보자.

필리어스 디스틸러리

필리어스 디스틸러리는 벨기에 동플랑드르주 데인저시에 위치하며, 이 지역은 오늘날 진의 선조 격인 게네베르가 생겨난 곳이다.

벨기에, 데인저
리언세스틴베그 3
우편번호 B-9800
필리어스 디스틸러리

www.filliers.be

증류소의 탄생 이야기는 18세기 후반으로 거슬러 올라간다. 농사를 업으로 삼았던 필리어스 가문은 여름에 곡물을 재배하고 겨울을 대비해 남는 양을 비축해두었다. 1792년 태어난 캐럴 로드베이크 필리어스(Karel Lodewijk Filliers)는 19세기 초까지 농장을 소유했는데, 잉여 곡물을 이용해 겨울 동안 게네베르를 만들겠다고 결심했다. 겨울철 농장에서는 별다른 소일거리가 없었기 때문이다. 이렇게 캐럴은 필리어스 가문에서 최초로 증류를 시작했고, 이는 5대를 걸쳐 지금까지 이어지고 있다. 비록 실제 증류는 진행되고 있었지만, 공식적인 증류소 설립은 1880년으로 기록된다. 이는 캐럴의 후계자인 카미엘 필리어스가 증기 기관을 구매한 해다. 하루아침에 필리어스 가문의 증류업은 소규모 농업 활동에서 전격적인 증류소 운영으로 변모했다. 1920년대에 들어 피르맹(Firmin)은 벨기에를 방문한 영국인 친구에게 진을 만들어 선물했다. 필리어스 집안은 이 레시피를 대대로 물려줬지만 21세기가 되어서야 상업적으로 활용하기 시작했다. 이를 기반으로 탄생한 진이 필리어스 드라이 진 28이다. 지금은 가문의 5대 계승자인 베르나르드 필리어스(Bernard Filliers)가 명망 있는 필리어스 증류소를 지휘한다. 그의 감독 아래 필리어스 증류소는 1928년도 진 레시피를 부활시켜서 이를 기반으로 환상적인 진 라인업을 출시했다.

중앙 데인저(Deinze)의 가족 농장에 기반을 둔 필리어스 증류소는 1880년 카미엘 필리어스(Kamiel Filliers)가 설립했다.

아래 필리어스 가문은 5대에 걸쳐 전통 구리 증류기를 사용한 고품질 진과 게네베르를 생산한다.

이 진은 총 28가지 식물 재료를 사용한다. 이 재료들을 4묶음으로 나눠 각각 침용과 증류를 거친 뒤 다시 배합해 진이 만들어진다. 곡물 농사를 지었던 집안의 전통에 따라 베이스 스피릿은 구리 증류기에서 증류한 곡주를 사용한다.

필리어스 증류소의 식물 배합은 전통을 계승한다. 올스파이스(Allspice)[21]는 카리브 제도에서, 시나몬과 생강은 동남아시아에서 공수한다. 라벤더꽃, 안젤리카, 홉, 고수, 용담, 3종의 감귤류 과일도 28가지 재료에 포함된다.

필리어스 증류소는 탠저린이나 구주소나무꽃 풍미를 입힌 진부터 숙성 진과 슬로 진까지 환상적인 크래프트 진을 생산하기도 하지만, 아직까지 게네베르로 가장 널리 알려져 있다. 신선한 레몬 과육을 함유한 게네베르인 볼터겜슨(Wortegemsen)과 과일 게네베르, 보드카, 골들리스(Goldlys) 위스키도 생산한다.

대표 상품
필리어스 드라이 진 28, 46도
필리어스 드라이 진 28 배럴 에이지드, 43.7도
필리어스 드라이 진 28 슬로 진, 26도
필리어스 드라이 진 28 탠저린, 43.7도
필리어스 드라이 진 28 파인 블라섬, 43.7도

---

21 올스파이스나무가 성숙하기 전에 건조한 향신료로 약간 매운맛을 지녔다.

아래 필리어스의 증류 공정은 가문의 비법으로 엄격히 관리되어 세대별 마스터 디스틸러를 통해 전해진다.

올리버 크롬웰 1599 진(Oliver Cromwell 1599 Gin), 40도

네덜란드, 알디 마트 자체 브랜드, 증류소 미상

클래식 진

일반적으로 슈퍼마켓 체인 전용으로 만든 진에 고품질을 기대하기는 어려우나, 알디 마켓의 1599 스몰 배치 진은 당신의 예상을 벗어날지 모른다. 이 진은 네덜란드에서 증류해 영국에서 판매하는 진이다. 또렷한 주니퍼 향 아래에 고수와 향신료 향미가 어우러져 충분한 복합미를 선사한다. 그저 나쁘지 않은 정도가 아니라 다른 음료와 섞어 마시기에 매우 훌륭한 진이다. 자신들의 약속을 증명하듯 상당한 풍미를 지닌다.

스리 코너 드라이 진(Three Corner Dry Gin), 42도

네덜란드, 암스테르담
아 반 베스 디스틸리어드레 드 오이바

클래식 진, 추천

과연 단순함이 전부인 진은 얼마나 매력적일 수 있을까? 스리 코너 드라이 진은 레몬과 주니퍼라는 단 2가지 재료만 사용하고도 놀랄 만큼 깊은 향미를 뿜는다. 감귤과 주니퍼의 훌륭한 균형미가 코에 전달되며 신기하게도 오리스 또는 고수를 연상시키는 꽃 향이 은은하게 느껴진다. 혀에는 산뜻한 레몬유 향미가 또렷하게 전달되고 묵직한 솔 향을 머금은 감귤 풍미도 이어진다. 크림의 풍성한 향미까지 맛보게 되면 '분명히 다른 재료가 더 들어갔을 거야'라고 확신하게 된다. 다른 음료와 최상의 궁합을 자랑하며, 특히 진 앤 잼으로 마셔보기를 바란다.

추이담 더치 커리지(Zuidam Dutch Courage), 44.5도

네덜란드, 바를러나사우
추이담 디스틸러스(Zuidam Distillers)

클래식 진

네덜란드의 용기를 뜻하는 '더치 커리지'는 영국인들이 네덜란드 군인들이 출전하기 전에 마시던 음료를 보고 지은 이름이다. 영국과 네덜란드는 진의 정통성을 놓고 다시 한번 전투를 벌이게 되었다. 이 네덜란드산 진이 영국에서 유행한 최상급 진의 특성을 모두 담고 있기 때문이다. 추이담 더치 커리지 진은 주니퍼와 이국적인 고수 향을 머금고 있다. 레몬 제스트 향과 주니퍼의 또렷한 솔 향미, 따뜻한 향신료 풍미가 혀를 자극한다. 상당히 깔끔하고 드라이한 여운이 적당한 길이로 남는다.

실비우스 진(Sylvius Gin), 45도

네덜란드, 스히담, 디스틸리어드레 온더 드 봄퓨스

컨템포러리 진

네덜란드 스히담에 위치한 증류소라면 당연히 게네베르를 전문적으로 생산할 것이라 생각하기 쉽다. 온더 드 봄퓨스 증류소는 게네베르도 생산하지만, 전통적인 드라이 진 스타일로 실비우스 진도 만든다. 구체적으로 곡물을 사용한 기주에 허브 식물과 주니퍼를 첨가해 식물의 향미가 주축이 된 증류주를 만든다. 주요 아로마는 캐러웨이, 시나몬, 감귤 향이다. 혀에는 캐러웨이와 주니퍼 향미가 먼저 전달되고 뒤이어 펜넬 씨앗 풍미가 여운에 남는다. 향신료의 풍미가 도드라진 현대적인 진으로 마티니 또는 네그로니 칵테일에 잘 어울린다.

반 고흐 진(Van Gogh Gin), 47도

네덜란드, 스히담, 로열 디얼스바허 디스틸러리스 (Royal Dirkzwager Distilleries)

컨템포러리 진

진 르네상스 시기의 원로 격이라 할 수 있다. 1999년 출시한 진으로, 오늘날의 일반적인 표준과는 크게 다르지 않아 보이겠지만 한때는 상당히 거친 매력을 지닌 진으로 평가받았다. 레몬·고수·감초 향이 어우러져 코를 즐겁게 하고 레몬 향미가 주니퍼, 카시아와 뒤섞여 혀를 적신다. 뒤이어 쿠베브의 얼얼하고 매운 향미가 복합적으로 나타난다. 여운은 따뜻한 흙내음이 오래도록 이어진다. 칵테일에 활용하기 매우 좋은 진이다.

아래 스리 코너 드라이 진의 가늘고 긴 병목에서 우아함과 독특한 개성을 느낄 수 있다.

프랑스

와인과 코냑은 전통적으로 프랑스 주류 산업의 핵심적인 역할을 했으며, 최근에는 현대 프랑스 진에도 막대한 영향을 미친다. 일례로 유명 프랑스 진 브랜드 가운데는 포도 주정과 포도꽃을 사용하는 브랜드가 2개나 있다. 코냑 지역의 증류소에서는 법률상 코냑을 생산할 수 없는 기간에 진을 생산하기도 한다. 프랑스산 진은 각양각색의 개성을 자랑하는 편으로, 전통적인 진부터 진이 갖춰야 할 최소한의 요건만 충족한 진까지 종류가 다양하다.

아래 시타델 리저브 진의 뿌연 병목에는 피에르 페랑 증류소의 설립 연도가 자랑스럽게 적혀 있다.

시타델 진(Citadelle Gin), 44도
프랑스, 코냑
피에르 페랑 디스틸러리(Pierre Ferrand Distillery)
클래식 진

....

프랑스에서 법적으로 코냑을 생산할 수 있는 기간은 11월부터 다음 해 3월까지다. 시타델 진은 코냑 생산기간 외의 비시즌 동안 놀고 있는 구리 단식 증류기를 사용해 만들어지며 산뜻하고 전통적인 매력을 지닌다. 이 진에 사용된 19가지 식물 재료 중에서 제비꽃과 달콤한 오렌지, 고수 향을 뚜렷하게 느낄 수 있다. 혀에는 카더멈, 베이킹 향신료, 주니퍼가 전달되며 뒤이어 감초와 펜넬 향미가 여운으로 남는다. 에비에이션이나 페구 클럽 칵테일과 훌륭한 궁합을 보인다.

시타델 리저브 진(2013년산)(Citadelle Réserve Gin(2013)), 44도
숙성 진, 추천, *Top 10*

....

최초로 솔레라(Solera) 방식을 이용해 숙성한 진이다. 솔레라 방식이란 여러 단으로 쌓은 배럴의 가장 윗단에 새 술을 첨가함으로써 숙성된 진을 아래로 흘려보내거나 상대적으로 오래된 밑단의 배럴에 혼합되게 해서 일정한 품질을 유지하는 방식이다. 코에는 고수와 카더멈 향이 퍼지고 혀에는 활기찬 풍미가 전달된다. 배럴로부터 스며든 바닐라와 향나무의 산뜻한 향미 배합과 허브 향을 함께 느낄 수 있다. 여운으로는 주니퍼 풍미가 드라이하게 남는다.

디플로메 드라이 진(Diplôme Dry Gin), 44도
프랑스, 디종, 비보 드링크(Bebo Drinks)
클래식 진

....

1945년 탄생한 레시피를 기반으로 만들어진 진으로 프랑스에 주둔한 미군이 즐겨 마셨다. 그 당시 쉽게 구할 수 있었던 주니퍼, 고수, 레몬, 오렌지, 안젤리카, 사프란, 오리스, 펜넬 등의 전통적인 식물 재료를 사용했다. 은은한 주니퍼와 고수 향이 일품이다. 상쾌한 초본질의 주니퍼와 옅은 펜넬 씨앗, 감귤 향미는 물론 진하고 부드러운 마우스필도 함께 느낄 수 있다. 모든 칵테일에 두루 어울린다.

가브리엘 보디에르 레어 런던 드라이 진
(Gabriel Boudier Rare London Dry Gin), 37.5도
프랑스, 디종
가브리엘 보디에르(Gabriel Boudier)
클래식 진

....

진 토닉에 잘 어울리는 진으로 사프란이 함유된 버전(→P.120)보다 훨씬 클래식하다. 주니퍼의 또렷한 솔 향과 은은한 감귤 향에 따뜻한 향신료의 풍미와 펜넬의 산뜻한 느낌이 더해져 향미를 완성한다. 약간의 향신료 풍미를 느낄 수는 있지만, 전반적인 풍미 프로필은 정통 클래식 진에 가깝다.

가브리엘 보디에르 사프란 진(Gabriel Boudier Saffron Gin), 40도

컨템포러리 진, 플레이버드 진

………………………………………

선명한 색감을 지닌 이 진을 보면 세계에서 가장 비싼 향신료인 사프란이 즉시 떠오른다. 사프란 특유의 색을 내기 위해 증류 작업 이후에 사프란을 침출한다. 상당히 전통적인 향을 지닌 진으로 주니퍼와 고수, 아주 엷은 사프란 아로마를 느낄 수 있다. 이 진의 색감을 담당하는 사프란은 코보다는 혀로 더욱 확실히 느낄 수 있다. 사프란의 부드럽고 섬세한 풍미는 따뜻하게 입안을 감싼다. 아무것도 섞지 않고 마셔도 좋으며, 토닉 또는 탄산음료와 섞어 마셔도 좋다.

지바인 누아종(G'vine Nouaison), 43.9도

컨템포러리 진

………………………………………

플로라종보다는 전통적인 진으로 상대적으로 주니퍼의 함량과 알코올 도수가 높다. 대표적인 아로마는 싱긋한 꽃 향과 카더멈이지만, 생강과 주니퍼 향도 함께 느낄 수 있다. 혀에는 주니퍼의 향미가 훨씬 또렷하게 전달되며 이어지는 중간 향미는 고수가 담당한다. 다양한 향신료 풍미도 은은하게 깔려 있다. 시나몬, 생강, 육두구, 가벼운 아니스와 감초의 달콤함을 맛볼 수 있다. 마티니 또는 김렛 칵테일로 마셔보자.

마젤란 아이리스 플레이버드 진(Magellan Iris Flavoured Gin), 44도

프랑스, 앙잭 샤랑트

앙잭 디스틸러리(Angeac Distillery)

클래식 진

………………………………………

시각적으로 눈길을 사로잡는 진이다. 그 주목도는 엄청나다. 선명한 티파니 블루를 띠는 이 진은 그 색상만으로도 손이 저절로 가게 된다. 아이리스꽃을 증류한 후에 침출해서 이 색을 추출한다. 진의 아로마는 색상만큼 개성이 강하지는 않아 전통적인 깔끔한 주니퍼 향을 지닌다. 맛은 감귤 향미가 풍부한 편으로, 오렌지 제스트에 이어 따뜻한 고수와 그레인 오브 파라다이스, 카더멈의 풍미를 맛볼 수 있고 미세한 오리스 향미도 전해진다. 깜짝 놀랄 만큼 또렷한 주니퍼의 풍미를 경험할 수 있을 것이다.

지바인 플로라종(G'vine Floraison), 40도

프랑스, 메르팡, 유로 와인게이트 스피리츠 앤 와인
(Euro Winegate Spirits and Wine)

컨템포러리 진

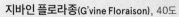

포도는 전통적으로 프랑스 주류 생산업의 중요한 역할을 차지한다. 지바인 진이 다른 진들과 구별되는 이유도 포도를 2가지 방법으로 활용해 진에 개성을 더하기 때문이다. 즉, 포도를 사용해 기주를 만들고, 포도나무꽃을 식물 재료로 활용한다. 이렇게 탄생한 진에서는 생동감 넘치는 환상적인 꽃 향과 함께 카더멈 아로마를 느낄 수 있다. 전반적인 맛도 독특한 편으로 라임 제스트와 고수, 감초 향미를 머금고 있다.

르 진 1&9(Le Gin 1&9), 40도

프랑스, 튀렌

디스틸러리 데 테르 루즈(Distillerie des Terres Rouges)

컨템포러리 진

………………………………………

감초와 아니스, 달콤한 향신료 아로마 덕분에 이국적인 향기를 경험할 수 있는 진이다. 이어서 혀에 전달되는 향미는 또렷하고 생기발랄하다. 싱긋한 주니퍼가 향미의 중추를 담당하며 카더멈, 안젤리카, 고수 풍미를 느낄 수 있다. 감초와 펜넬, 셀러리 솔트²²향미는 따뜻하면서도 풍성하게 전달된다. 드라이한 여운에는 약간의 후추 향과 함께 섬세하면서도 또렷한 향신료 풍미가 담겨 있다. 프렌치 75 칵테일이나 네그로니 칵테일에 적합하다.

―――――――
22 셀러리 씨앗을 갈아서 소금과 섞어 만든 조미료.

핑크 페퍼 진(Pink Pepper Gin), 44도

프랑스, 코냑

아우데무스 스피리츠(Audemus Spirits)

컨템포러리 진, 추천, Top 10

………………………………………

핑크 페퍼 진은 진 토닉에 뜻밖의 개성을 더하고, 네그로니 칵테일에 특유의 후추 향과 함께 달콤함을 선사한다. 참 매력적인 상품이다. 난 아무것도 섞지 않은 핑크 페퍼 진을 온전히 즐기는 것을 가장 좋아한다. 이 진은 자신의 이름을 고스란히 반영하듯 적후추의 풍미를 정확히 드러낸다. 갓 빻은 적후추 아로마가 드라이하게 코를 자극하고, 진하고 크림 같은 질감이 혀를 감싼다. 후추와 바닐라, 버터를 토핑한 시나몬케이크 향미 아래에는 은은한 주니퍼 향이 적당히 깔려 있다. 호불호가 갈릴 수 있는 진이지만, 실험적인 진에 호의적인 사람이라면 더할 나위 없이 좋아할 것이다.

독일

주니퍼가 널리 자라는 독일에서는 전통적으로 쉽게 구할 수 있는 장과류(베리류) 과일을 식생활에 많이 활용했다. 대표적인 요리로는 사워브리튼(Sauerbraten, 양념한 고기를 노릇하게 굽고 냄비에 찌는 요리)이나 슈크루트 가르니(Choucroute Garnie, 소금에 절인 양배추의 고급화 버전)가 있다. 게다가 벨기에와 역사적으로 밀접한 관련이 있는 독일의 2개 주에서는 EU에서 인정하는 진짜 게네베르를 생산할 수 있다. 그럼에도 독일은 인근 국가에 비해 진을 마시는 문화가 굳게 자리 잡지 못했다. 이러한 흐름은 바뀌는 추세다. 2000년대 중반 이래 많은 신흥 증류소가 생겨나 독일 특유의 개성을 담은 진을 만든다. 몽키 47은 독일 서남부의 흑삼림지에서 영감을 받아 탄생했으며, 퍼디난즈 사르 드라이 진은 뿌리 깊은 독일 와인 문화를 바탕으로 만들어졌다.

베를린 드라이 진(Berlin Dry Gin), 43.3도
독일, 베를린, 베를리너 브란드스티프터 UG
(Berliner Brandstifter UG)
컨템포러리 진

베를린에서 영감을 얻은 식물 재료를 쓰지만, 제한적인 재료 수급 때문에 한번 병입할 때 9,999병만 한정 생산한다. 그 식물 재료는 딱총나무꽃, 오이, 아욱(Mallow), 선갈퀴아재비(Woodruff)다. 꽃향을 내뿜는 이 식물 재료들은 신선한 장과류와 라임의 과일 향과 어우러져 코를 즐겁게 한다. 베리 향미의 진한 질감에 이어 송진 향을 머금은 주니퍼와 감귤, 고수 향미가 나타난다. 현대적이면서도 꽃 향이 가득한 여운을 남긴다.

닥타리 진(Dactari Gin), 40도
독일, 프린 암 킴제
DAC 디자인 암 킴제(DAC Design am Chiemsee)
컨템포러리 진

톰 콜린스 또는 진 토닉과 가장 잘 어울리는 진이다. 전체적인 아로마 프로필은 레몬, 오렌지꽃, 인동, 신선한 허브 향이다. 상당히 가볍고 산뜻한 향이 주를 이루며 그 외의 향미는 찾기 어렵다. 입안에는 부드러운 맛이 3단계에 걸쳐 전달된다. 가장 먼저 레몬과 라벤더가 나타나고, 중간에는 주니퍼와 삼나무가 느껴지며, 끝맛에는 설탕에 조린 오렌지 껍질과 피칸(Pecan) 풍미가 남는다. 감귤이 중심이 된 여운은 깔끔하고 드라이하게 적절한 길이로 지속된다.

더 비터 트루스 핑크 진(The Bitter Truth Pink Gin), 40도
독일, 풀라흐
더 비터 트루스 디스틸러리(The Bitter Truth Distillery)
컨템포러리 진, 플레이버드 진

진의 이름에 걸맞게 밝은 분홍 카네이션 빛을 띠는 진이다. 전반적으로 과일과 꽃 향이 어우러져 주된 아로마를 형성하고 주니퍼와 석류, 장미 향도 함께 전달된다. 맛은 소나무 향미가 뚜렷한 주니퍼와 체리, 사과를 경험할 수 있다. 드라이하고 수렴성이 있는 여운은 쑥과 용담 향미로 시작된다. 하지만 이 향미가 사라지면 놀랍게도 달콤한 감초와 캐러웨이, 펜넬 풍미가 이어진다. 적절한 균형감이 뛰어난 진으로 네그로니 칵테일과 최상의 궁합을 자랑한다.

엘리펀트 진(Elephant Gin), 45도
독일, 슈비차우, 슈비차우어 오브스트브란트
(Schwechower Obstbrand)
컨템포러리 진

비록 독일에서 증류하는 진이지만 남쪽 저 멀리 아프리카 사바나에서 영감을 얻었다. 바오밥(Baobab)과 아프리카약쑥, 부쿠나무(Buchu)를 사용해 아프리카 식물 재료의 영향을 느낄 수 있다. 이처럼 이국적인 재료를 쓰기는 했지만 진 자체의 향미는 유쾌하고 익숙하다. 허브, 감귤의 꽃, 껍질 향과 함께 은은한 라벤더 아로마가 코를 적신다. 향신료와 허브는 물론 솔 향이 도드라진 주니퍼와 갓 빻은 흑후추가 층층이 쌓여 복합적인 맛을 자아낸다.

퍼디난즈 사르 드라이 진(Ferdinand's Saar Dry Gin), 44도

독일, 빈체히링헨

아바디스 디스틸러리(Avadis Distillery)

컨템포러리 진

고유의 비밀병기를 감춰놓은 복합적인 진이다. 손으로 일일이 수확한 30가지 식물 재료를 사용해 식물 배합만으로도 충분해 보이지만, 독일 리슬링 와인을 첨가해 특유의 개성을 더한다. 라벤더와 장미를 비롯한 꽃향, 만다린 귤과 레몬을 포함한 감귤 향, 약간의 잔디와 허브 향을 느낄 수 있다. 풍성한 레몬 껍질 향미를 가장 먼저 맛볼 수 있고, 이어서 메도스위트 풍미가 혀에 전달된다. 시원한 주니퍼와 레몬, 라임 향미가 오래도록 여운에 남는다. 프렌치 75 칵테일로 마셔보기를 추천한다.

레벤스턴 핑크 진(Lebensstern Pink Gin), 43도

독일, 베를린

바 임 아인슈타인(Bar im Einstein)

컨템포러리 진, 플레이버드 진

엄밀히 따지면 병 칵테일 범주에 속할 수도 있다. 하지만 플레이버드 진으로서 매력을 충분히 지니고 있다. 전반적인 아로마는 펜넬과 페퍼민트 방향유가 주를 이루며, 뜻밖의 솜사탕 향이 은은하게 퍼진다. 펜넬과 감초, 젖은 주니퍼 등 허브 향미를 또렷하게 느낄 수 있는 진이다. 여운은 앙고스투라 비터스와 비슷하게 남는다. 진 자체만으로도 훌륭한 매력을 선사하고, 마티니나 네그로니 칵테일에 사용해 쌉싸래한 맛을 더하는 것도 좋다.

몽키 47 슈바르츠발트 드라이 진(Monkey 47 Schwarzwald Dry Gin), 47도

독일, 로스부르크

블랙 포레스트 디스틸러스(Black Forest Distillers)

컨템포러리 진

곡물 대신 당밀로 만든 주정과 47가지 식물 재료를 사용해 만들어진다. 라임 제스트의 산뜻한 아로마와 주니퍼, 레몬유, 레몬그라스는 물론 은은한 고수 향까지 느낄 수 있다. 엄청난 복합미를 지니고 있어 모든 아로마를 일일이 확인하는 것은 불가능에 가깝다. 맛도 다양하지만, 감귤 향미가 또렷한 편이다. 레몬 과육과 자몽 껍질, 시나몬과 프루트 루프 시리얼 풍미를 지니며 여운은 따뜻하고 길게 남는다.

그라니트 바바리안 진(Granit Bavarian Gin), 42도

독일, 하우젠부르크, 알터 하우스브레너라이 페닝거(Alte Hausbrennerei Penninger GmbH)

클래식 진

바이에른 상품을 전문적으로 생산하는 증류소로서, 레몬밤(Lemon balm), 볼드머니(Baldmoney)[23], 용담 등 바이에른 숲에서 채취할 수 있는 식물 재료를 사용한다. 이렇게 만든 진을 토기에 휴지하고 화강암에 여과하면 최종 완성된다. 펜넬과 캐러웨이 향을 느낄 수 있고 약간의 고수와 솔 향도 맡을 수 있다. 초본질의 소나무 풍미는 마지막 여운에 남는다.

23 유럽 산지에서 나는 인동속의 다년초.

리오넬 드라이 진(Lyonel Dry Gin), 50도

독일, 비간트, 비간트 마누팩터어

컨템포러리 진

13가지 식물 재료를 손으로 직접 채취한 뒤 구리 증류기에 넣어 별도의 가리개가 없는 거친 불꽃에 증류해 생산한다. 이렇게 탄생한 진은 알코올 함량이 50도에 달할 정도로 강하며, 몬드리안을 연상시키는 클래식한 디자인의 병에 포장된다. 주니퍼와 고수 향이 은은한 박하와 오리스 향과 어우러져 기분 좋은 아로마를 형성한다. 맛은 가장 먼저 달콤한 장미와 고수 향미가 또렷하게 표현되고 잇따라 주니퍼 풍미가 이어진다. 깔끔한 커민 씨앗 향미도 은은하게 느낄 수 있다. 여운은 드라이하게 적당한 길로 남는다. 부드럽게 잘 빚어진 술로 라스트 워드 또는 알래스카 칵테일에 잘 어울린다.

사이먼스 바바리안 퓨어 팟 스틸-하비스트 진(Simon's Bavarian Pure Pott Still-Harvest Gin), 47도

독일, 알체나우

파인브레너라이 사이먼스(Feinbrennerei Simon's)

컨템포러리 진

독특한 향을 지닌 진이다. 은은한 버섯 향과 어두운 향이 톱 노트에 나타난다. 하지만 여유를 갖고 찬찬히 아로마를 느끼다 보면 강렬한 감초 향과 함께 체리, 바닐라 잼 향이 서서히 피어오른다. 혀에는 감귤, 젖은 나뭇잎, 감초와 펜넬 향미가 연달아 어우러지며 복합미를 형성한다. 여운으로 주니퍼의 솔 향이 길게 남지만, 다른 음료와 섞어 마시기는 다소 어려운 편이다.

사이먼스 바바리안 퓨어 팟 스틸-서머 진
(Simon's Bavarian Pure Pott Still-Summer Gin), 42.5도
컨템포러리 진

채소와 과일 향을 느낄 수 있는 진으로 오이와 월계수 잎, 타임과 주니퍼 향이 은은하게 깔려 있다. 혀에는 신선한 주니퍼 향미가 힘있게 전달되고, 이와 함께 허브 드 프로방스(Herbes de Provence)[24]의 풍미가 적절한 균형을 이룬다. 뒤이어 멘톨과 유칼립투스 향미가 이어진다. 여운은 로즈메리와 세이지 향미가 적절한 길이로 남는다. 여름, 꽃 피는 허브 정원과 환상적인 궁합을 자랑한다. 탄산음료를 섞고 레몬을 얹어 마셔보자!

---

24 바질·마조람·로즈메리·타임·오레가노 등을 혼합해 만든 프랑스 프로방스 지역의 향신료.

발렌더 퓨어 진(Vallender Pure Gin), 40도
독일, 카일, 브레너라이 후베르투스 발렌더
(Brennerei Hubertus Vallendar)
컨템포러리 진

주니퍼의 솔 향에 감초의 아로마가 어우러져 코를 감싼다. 이와 함께 연하게 몰팅한 보리 맥아와 발효한 사과즙의 향도 느낄 수 있다. 혀에는 엄청난 주니퍼 향미와 향신료로 맛을 낸 오렌지케이크의 풍미가 강렬하게 전달된다. 이외에 펜넬 씨앗과 곡물, 장뇌 향미가 은은하게 깔려 있다. 여운은 풍성한 송진 향과 주니퍼 향이 어우러져 뜨겁고 길게 지속된다.

오른쪽 엘리펀트 진의 라벨에는 코끼리를 비롯한 과거의 주요 엄니 동물 이름이 적혀 있다. 이 증류소는 코끼리 보호 활동을 벌이는 재단들과 협력 관계를 유지한다.

스칸디나비아

스칸디나비아 국가들은 수 세기 동안 진을 비롯한 증류주를 마셔왔다. 하지만 증류주에 풍미를 입힐 때는 주니퍼보다 캐러웨이나 딜을 사용했다. 이렇게 만든 증류주는 일반적으로 아쿠아비트 또는 아크바비트(Akvavit)로 불린다. 아쿠아비트는 스웨덴어로 브렌빈(Brännvin)이라고 일컫는 중화곡주나 감자로 만든 주정에 허브 또는 향신료를 침출해 탄생한다는 점에서 진과 유사하다. 주로 스냅스(Snaps)라고 부르는 스트레이트 샷으로 마신다. 이처럼 지역산 토착식물 재료를 사용하는 전통은 스칸디나비아 진 업계에도 퍼져 나갔다. 스웨덴의 헤르뇌나 핀란드의 큐로 같은 진 증류업자들은 진에 지역색을 입혀 전통적인 스타일로 마시거나 다른 음료와 섞어 칵테일로 즐길 수 있는 상품을 만든다. 이를 위해 많은 증류소에서는 지역산 베리류까지 쓴다. 대표적으로 클라우드베리나 전형적인 스웨덴 식물인 월귤(Lingonberry)이 있다. 이렇게 탄생한 새로운 진은 어떤 스타일로 즐겨도 지역의 개성을 흠뻑 느낄 수 있다. 다 함께 잔을 들고 즐겨보자!

아래 보르 진의 원산지 표기는 자부심이 느껴지면서도 과하지 않다.

덴마크

미켈러 보태니컬 앤 호피 진(Mikkeller Botanical and Hoppy Gin), 44도
덴마크, 코펜하겐
브라운슈타인 디스틸러리(Braunstein Distillery)
클래식 진

주니퍼 향, 은은한 흙내음, 신선한 솔잎 향이 연달아 이어지며 마치 소나무 숲에서 숨을 들이마시는 듯하다. 맛도 향과 비슷해 입안을 따뜻하게 데우는 소나무 숲의 향미를 느낄 수 있다. 카더멈과 안젤리카 향미에 이어 은은한 홉과 쌉싸래한 오렌지 제스트 풍미가 퍼진다. 여운에는 오렌지 향과 희미한 홉 아로마가 담겨 있으며, 드라이하게 오랫동안 지속된다. 칵테일과 잘 어울리는 균형 잡힌 진이다.

노르디스크 진(Nordisk Gin), 44.8도
덴마크, 피에야이츨루
노르디스크 브랜더리(Nordisk Braenderi)
컨템포러리 진

노르디스크는 영어로는 Nordic, 즉 '북유럽 국가의'란 뜻이다. 이를 반증하듯 이 진은 북유럽 국가에서 영감을 받아 탄생했다. 클라우드베리 또는 카야사트(Qajaasat) 같은 토착 식물 재료와 소량의 사과 브랜디를 배합해 만든다. 매우 달콤하고 산뜻한 아로마에는 사과와 딸기의 향이 녹아 있다. 맛은 향에 비해 푸릇함이 느껴지는데, 꽃줄기와 장미 풍미에 이어 주니퍼의 솔 향미가 뒤따른다. 여운은 풍성한 박하 향과 함께 애플파이와 케일 향미가 넘쳐흐르며 오래도록 이어진다. 참신하면서도 현대적인 진이다.

핀란드

코스쿠에 진(Koskue Gin), 42.6도
핀란드, 이소큐로
큐로 디스틸러리 컴퍼니(Kyrö Distillery Company)
숙성 진

호밀 베이스의 나푸에 진을 나무통에 숙성해서 만든 진으로 선명한 황금빛과 장엄한 아로마를 지닌다. 따뜻한 레몬그라스와 또렷한 가문비나무 향을 느낄 수 있고, 나무와 유칼립투스 풍미를 맛볼 수 있다. 상쾌한 멘톨 향을 곡물과 캐러웨이, 아니스와 주니퍼 향미가 은은하게 뒷받침한다. 끝맛에서는 캐러멜의 달콤함이 은은하게 퍼지고, 레몬 후추와 가문비나무 풍미도 전해진다. 올드 패션드 또는 네그로니 칵테일에 추천한다.

나푸에 진(Napue Gin), 46.3도
컨템포러리 진

최근 10년간 호밀 베이스 진이 다시 인기를 얻고 있다. 세계의 몇몇 증류업자는 19세기 광고에도 등장했던 호밀 진에 새 생명을 불어넣고 있다. 나푸에 진을 생산하는 증류소도 웹사이트에 '우리가 믿는 호밀 아래'라는 신선한 문구를 걸어놓았다. 이 진의 주요 아로마는 레몬과 메도스위트이며, 주요 풍미는 따뜻한 곡물 향미와 박하·감초다. 은은한 펜넬 향이 오래도록 따뜻하게 여운을 장식한다. 우리가 믿는 호밀 아래라는 문구가 무색하지 않은 훌륭한 진이다.

그린란드

이스피요르드 프리미엄 아틱 진(Isfjord Premium Arctic Gin), 44도
그린란드, 이스피요르드

클래식 진

그린란드의 빙하를 녹인 물을 사용한 진으로, 주니퍼 향과 짭짤하고 향긋한 향미를 느낄 수 있다. 레몬과 바닐라는 물론 마카다미아와 헤이즐넛의 견과류 아로마도 지닌다. 부드럽고 풍성한 향미를 지녔으며, 고수 풍미에 이어 드라이한 질감이 뒤따른다. 향미의 후반으로 접어들수록 달콤한 향신료를 느낄 수 있고, 마지막 여운은 주니퍼 향을 머금은 채 길게 지속된다.

아이슬란드

보르 진(Vor Gin), 47도
아이슬란드, 카르다파이르
에임버크 디스틸러리(Eimverk Distillery)

컨템포러리 진, 추천, Top 10

이 진에 사용한 보리와 주니퍼, 식물 재료는 모두 아이슬란드에서 자란 재료다. 게다가 시로미(Crowberry)[25]와 아이슬란드 이끼 등 일부 재료는 아이슬란드에서만 자생한다. 이처럼 지역산 재료만 고집해 엄청난 결과물을 만들어낸다. 전체적인 아로마는 곡물과 허브 향, 은은한 감초 향이 중심이 된다. 혀에는 주니퍼, 루바브, 타임, 오레가노, 박하 향미가 켜켜이 느껴지고 마지막으로 따뜻한 여운이 오래도록 남는다. 복합미를 느낄 수 있는 진으로 토닉과 섞어 마시거나 네그로니 칵테일로 마셔보자.

---

25 시로미과의 상록관목.

노르웨이

해머 런던 드라이 진(Hammer London Dry Gin), 40도
노르웨이, 오슬로
아르쿠스 비버리지(Arcus Beverage)

클래식 진

산뜻하고 전통적인 런던 드라이 진으로 풍성한 향이 빠르게 코를 자극한다. 가장 먼저 주니퍼 향이 퍼지고, 바로 아래에 고수와 장미 향미, 흙내음이 이어진다. 하지만 하나하나의 향미에 너무 사로잡힐 필요는 없다. 전체적으로 주니퍼가 향과 맛을 주도한다고 이해하면 된다. 여운은 고수와 감귤, 미세한 캐러웨이 향이 남는다. 사랑스러운 클래식 스타일 진으로 브롱크스 또는 클로버 클럽 칵테일에 매우 잘 어울린다.

아래 이스피요르드 진이 추운 북극 지방에서 생산된 진임을 조심스럽게 알리듯 별도의 문양이 새겨져 있다.

노르디스크 브랜더리

앤더스 빌그램(Anders Bilgram)은 모험가다. 그는 갑판이 없는 작은 배를 타고 10년간 북극권을 여행했고, 그때 북극 인근에 거주하는 지역 사람들을 만났다. 아마도 그때의 여행 경험이 진에 영감을 주지 않았을까? 그의 삶과 진을 상세히 알아보자.

덴마크, 피에야이츨루
요알베그 227
우편번호 9690
노르디스크 브랜더리

www.nordiskbraenderi.dk

대표 상품
노르디스크 진, 44.8도

다른 나라와 마찬가지로 불과 십수 년 전까지만 해도 덴마크에서 증류소를 개업하는 일은 쉽게 결정할 수 있는 문제가 아니었다. "북극 해안을 배로 여행하다 보니 덴마크 정부로부터 고품질 알코올 생산 허가를 받을 수 있겠다는 생각이 들었어요. 아내가 만든 유리잔에 그 술을 채우는 거죠." 앤더스의 아내는 유리공예가다. "당시 덴마크 당국에서는 증류주 생산이 가능할 것이라고 말했어요. 하지만 쉽지 않았죠." 2008년 여행을 마치고 집에 돌아온 앤더스는 일에 착수했다. 그의 노력이 결실을 맺음으로써 노르디스크 증류소가 비로소 탄생했다.

먼저 그라파(Grappa)[26], 위스키, 럼, 과일 브랜디, 슈냅스를 생산했다. "몇 년이 지나자 진을 만들어야겠다는 생각이 들었어요. 북유럽의 식물 재료를 사용한 진을." 그는 카야사트 또는 그혼란드스포스트(Grønlandspost)라고 불리는 꽃을 쓰기로 했다. 카야사트는 그린란드에서 자생하는 키가 작은 흰 꽃으로, 잎은 육류 요리에 풍미를 더하는 등 요리용 허브로 쓰인다. 앤더스는 북방 지역에서 자생하는 연어 빛깔의 작은 열매로 라즈베리나 블랙베리와 닮은 스웨덴산 클라우드베리도 사용했다. 클라우드베리는 종종 잼으로 만들어 먹지만 상업적으로 재배하기 매우 어려운 과일이다. 그는 덴마크의 산자나무, 야생 장미, 딱총나무꽃도 첨가했다. "나의 모든 삶과 개인적인 경험은 북유럽에 기반을 두고 있어요. 이 토착 식물 재료들은 매우 맛있고요. 그래서 진에 넣기로 한 거죠."라고 앤더스는 설명했다.

노르디스크 브랜더리에서 사용하는 기주는 당밀로 만든 주정과 덴마크산 사과로 만든 주정을 배합한 것이다. 이 기주를 뮐러 증류기에서 증류하고, 식물 재료는 일종의 바구니 역할을 하는 거름망에 넣어 투입한다. 증류에서 발생한 증기는 이 거름망을 통과하게 된다. "3종의 증류액을 만들고 이를 제가 추구하는 맛에 따라 배합합니다."

"진의 미래가 밝다고 생각해요. 단순한 유행이 아니라고 봅니다." 앤더스는 진 르네상스를 이야기하며 이렇게 덧붙였다. "수많은 역동적인 기회가 진 앞에 펼쳐져 있습니다. 진이 얼마나 다양한 방식으로 활용되고 새로운 칵테일의 재료가 될지 아주 기대됩니다." 그는 노르디스크 진으로 만든 진 토닉을 추천했다. 그리고 덴마크의 숨결을 느끼기 위해 감귤류는 제외하고 베리류나 허브를 첨가해 마시기를 추천했다.

---

26 이탈리아산 브랜디.

위 노르디스크 증류소에서는 뮐러(Mueller) 증류기를 사용해 진을 3중 증류한다.

왼쪽 야생 장미를 첨가해 북유럽 특유의 꽃 향미를 추출한다.

중앙 카야사트는 그린란드 야생에서 자라는 식물이다. 카야사트꽃은 종종 찻잎으로 활용되지만, 노르디스크 증류소에서는 노르디스크 진의 식물 재료로 활용한다.

스웨덴

헤르뇌 스웨디시 엑설런스 진(배치 11)(Hernö Swedish Excellence Gin(Batch 11)), 40.5도
스웨덴, 헤르뇌산드, 헤르뇌 진(Hernö Gin)

컨템포러리 진

스웨덴의 대표적인 진으로 8가지 식물 재료를 이용해 만들어진다. 스웨덴 하면 이케아밖에 모르는 사람들이 많지만, 이 진에 사용된 월귤이야말로 스웨덴의 색깔을 충분히 드러낸다고 할 수 있다. 산뜻한 주니퍼와 수렴성이 있는 베리 향에 이어 잼과 바닐라의 향미가 이어지고, 여운이 오래도록 남는다. 피버트리 토닉워터와 섞어 마셔보자.

헤르뇌 네이비 스트렝스 진(Hernö Navy Strength Gin), 57도
컨템포러리 진

헤르뇌 스웨디시 엑설런스 진의 도수를 높인 버전이라고 생각하면 이해가 쉽다. 하지만 이 진의 진가는 이렇게 높은 도수에도 불구하고 칵테일로 만들었을 때 엄청나게 가볍다는 사실이다. 네그로니 칵테일에 묵직한 월귤 향미를 더할 수도 있고, 에비에이션 칵테일에 은은한 주니퍼와 바닐라 향미를 첨가할 수도 있다. 풍미가 빠르게 변하는 편으로, 주니퍼 향미에 이어 버터 같은 풍성한 향미와 또렷한 감귤 향이 나타난다. 현대적인 스타일의 네이비 스트렝스 진 가운데 최상급이다.

헤르뇌 주니퍼 캐스크 진(배치 5)(Hernö Juniper Cask Gin(Batch 5)), 47도
숙성 진, 추천, Top 10

스칸디나비아에서는 전통적으로 노간주나무를 요긴하게 써왔다. 노간주나무로 작은 수납 용기를 만들기도 했고, 전통 맥주의 당즙을 여과하기도 했다. 그러나 순수 노간주나무로만 만든 배럴에 진을 성공적으로 숙성한 사례는 2013년 헤르뇌 증류소가 처음이었다. 실험을 시작했다는 사실만으로도 충분히 가치 있었지만, 이렇게 탄생한 진은 그 가치를 훨씬 뛰어넘었다. 이 진은 코를 따뜻하게 데우는 아로마를 지니며 주니퍼와 감귤, 꽃과 향신료가 어우러져 강렬한 맛을 선사한다. 꼭 마셔봐야 할 진으로, 따뜻한 불 옆에서 니트로 마실 때 최고의 맛을 느낄 수 있다.

헤르뇌 올드 톰 진(배치 5)(Hernö Old Tom Gin(Batch 5)), 43도
올드 톰 진

일반 헤르뇌 진에 약간의 메도스위트를 더하고 꿀과 설탕으로 당화해서 만든다. 은은한 주니퍼와 고수 향을 한정적으로 느낄 수 있다. 맛은 산뜻하고 꽃 향미가 강한 편으로 가장 먼저 주니퍼 향미를, 중간에는 메도스위트와 재스민 꽃을, 마지막에는 헤르뇌 진의 상징인 월귤과 바닐라를 느낄 수 있다. 은은한 달콤함과 부드러운 크림의 질감이 여운에 남는다. 톰 콜린스나 마르티네즈 칵테일과 궁합이 좋다.

닐스 오스카 타르노 진(Nils Oscar Tärnö Gin), 41.5도
스웨덴, 뉘셰핑

닐스 오스카 브루어리(Nils Oscar Brewery)

컨템포러리 진

꽃 향과 함께 가벼운 베리, 고수, 카더멈 향이 퍼지고 미세한 주니퍼 아로마도 느낄 수 있다. 혀에 전달되는 전반적인 풍미도 아로마와 유사하지만, 추가로 산뜻한 레몬 향미가 혀를 자극한다. 시나몬 향은 이를 뒷받침하며, 마지막 여운에서는 풍성한 엘더베리 풍미가 느껴진다. 적절하게 균형 잡힌 컨템포러리 진으로 토닉워터 또는 탄산 음료와 잘 어울린다. 특유의 산뜻함으로 편하게 마실 수 있는 진이다.

스피릿 오브 벤 오가닉 진(Spirit of Hven Organic Gin), 40도
스웨덴, 바카팔스, 스피릿 오브 벤(Spirit of Hven)

컨템포러리 진

독특하게 최종 증류 전에 의도적으로 오크 숙성을 하는 진이다. 레몬 제스트와 갓 짠 오렌지 유의 생기가 코를 자극한다. 혀에는 부드럽고 크림 같은 질감이 먼저 전달되고 점차로 향미가 고조된다. 중간 풍미에는 후추 향을 머금은 쿠베브와 그레인 오브 파라다이스 풍미가 뚜렷하게 자신들의 색깔을 드러내다가, 초본질의 주니퍼 향미를 만나면서 부드러워진다. 마지막으로 옅은 바닐라, 카더멈 향이 드라이한 후추 향의 여운 속에서 희미하게 사라진다.

스트레인 런던 드라이 진(머천트 스트렝스)

(Strane London Dry Gin(Merchant Strength)),
47.4도

스웨덴, 훈보스트란드

스모겐 디스틸러리(Smögen Distillery)

클래식 진

. . . .

스모겐 디스틸러리에서는 3종의 증류액을 배합해 진을 생산한다. 감귤류, 주니퍼, 허브 증류액이다. 각각의 증류액은 저마다 독특한 개성을 지닌다. 머천트 스트렝스 진은 아몬드, 레몬, 시나몬 향이 어우러져 산뜻한 아로마를 자아내는 진이다. 진하고 풍성한 재질감과 함께 주니퍼의 향미가 가장 도드라진다. 레몬 껍질, 카모마일차, 박하 풍미도 느낄 수 있다. 진 피즈 또는 김렛 칵테일로 마셔보자.

스트레인 런던 드라이 진(네이비 스트렝스)

(Strane London Dry Gin(Navy Strength)),
57.1도

클래식 진, 추천

. . . .

알코올 함량이 높은 진으로 어떤 칵테일에 사용해도 범용성이 뛰어나다. 특히 코프스 리바이버 #2, 에비에이션, 라스트 워드 칵테일과 완벽한 궁합을 자랑한다. 고수와 주니퍼의 풍성한 향을 레몬 제스트 향이 미세하게 감싸며 개성을 더한다. 레몬 껍질, 주니퍼의 송진 향, 허브 드 프로방스가 주는 여운은 상당히 전통적인 풍미를 남기고, 짧고 드라이하게 지속된다. 알코올 함량이 높은 진 가운데 다른 음료와 섞어 마시기 좋은 최상급 상품이다.

오른쪽 스피릿 오브 벤 진은 통상적인 디자인이 아닌 유리 공예에 가까운 외관을 보인다.

헤르뇌 진 디스틸러리

헤르뇌 진 증류소는 무수한 빙하절벽 장관이 펼쳐진 세계문화유산, 하이 코스트의 남쪽 도시인 헤르뇌산드의 외곽 마을 달라에 위치한다. 스웨덴 최초로 오직 진을 전문 생산하는 증류소다.

스웨덴, 헤르뇌산드, 달라 152
우편번호 871 93
헤르뇌 진

www.hernogin.com

대표 상품

헤르뇌 네이비 스트렝스 진, 57도
헤르뇌 블랙커런트 진(Hernö Blackcurrant Gin), 28도
헤르뇌 스웨디시 엑설런스 진(배치 1), 47도
헤르뇌 올드 톰 진(배치 5), 43도
헤르뇌 주니퍼 캐스크 진(배치 5), 47도

"제가 처음 진에 관심을 가지게 된 시기는 1999년 런던에서 바텐더 일을 할 때였어요. 그때 진을 더 알고 싶다는 생각이 들었죠." 헤르뇌 증류소의 창업자이자 마스터 디스틸러인 존 힐그렌(Jon Hillgren)은 말했다. 2005년부터 그는 본격적으로 진을 연구하기 시작했다. 여러 증류소를 견학하면서 이론을 익혀 나갔다. 2011년 마침내 헤르뇌 진 증류소를 설립했고, 2012년 12월 1일 헤르뇌 진을 시장에 처음 출시했다.

항상 시중의 진은 뭔가 맛이 부족하다고 생각한 존은 헤르뇌 진 라인업을 구상하며 '감귤 향이 또렷하면서 상쾌하고, 꽃 아로마를 내뿜는 진이 있으면 좋겠어'라고 생각했다. 완벽한 식물 배합은 물론 최적의 온도와 기압을 찾기 위해 꼬박 4개월을 몰두했다고 그는 회상했다. 머릿속에 구상한 진을 그대로 재현하기 위해 아무리 사소한 일이라도 일일이 확인했다.

존은 유기농 밀로 만든 기주를 1차 증류해 본질적으로는 보드카와 동일한 결과물을 만들어낸다. "1차 증류가 끝나면 증류기를 씻어내고, 이 보드카를 증류 가마에 붓습니다." 이 의문의 증류기는 250L 크기의 홀스타인(Holstein) 구리 증류탑이다. 그는 2015년 말까지 현재 증류기의 4배에 달하는 1,000L 규모의 증류기를 추가하고자 한다. 존은 스피릿에 주니퍼와 고수를 18시간 동안 침용한 뒤 다른 식물 재료를 첨가한다. "레몬도 직접 껍질을 까서 넣어요."라고 말했다. 이외에 스웨덴 특산품인 월귤부터 메도스위트, 흑후추, 카시아, 바닐라를 사용한다.

"몇 년 내 진 시장에 새로운 증류소들이 쏟아져 나올 것이라고 생각해요."라고 존은 말했다. 그는 소비자가 '로컬', '핸드 크래프트', '유기농', '바이오' 제품을 찾는다고 덧붙였다. "시장은 거대합니다. 아직도 소규모 증류업자들이 진출할 시장은 충분하고요. 중형 업체들을 위한 기회도 어느 정도는 남아 있죠. 대규모 업체들을 위협하지 않는 선에서요."

헤르뇌 증류소의 진 라인업은 존이 엄선한 유기농 식물 재료로 만들어진다. 유기농 재료를 사용한 핸드 크래프트 진이니 한번 확인해보기를 바란다. 진 라인업에는 기본적인 헤르뇌 진 외에 네이비 스트렝스 진이 있으며, 2014년에는 영국 코디얼 진을 스웨덴식으로 해석한 올드 톰 진과 블랙커런트 진을 나란히 출시했다. 스칸디나비아 문화의 정수를 진에 접목한 노간주나무 숙성 진도 있다. 이는 노간주나무 통에 숙성한 진인데, 역사적으로 나무를 짜는 풍습이 발전한 북유럽의 문화를 진 숙성 트렌드에 접목해 현대식으로 재해석한 것이다. 북유럽에서는 심지어 핀란드 전통 맥주인 사흐티 등을 만들 때도 이러한 기법을 활용한다.

헤르뇌 증류소는 다른 증류주는 생산하지 않고 오직 진에만 초점을 맞추며, 전통적인 스웨덴의 유산을 진에 담아낸다. 이렇게 만든 헤르뇌 증류소의 대부분 상품에서 상당한 만족감을 얻을 것이다. 존은 헤르뇌 진을 마실 때는 '실온에서 니트로 마시는 것'을 추천하지만, "무더운 여름날에는 진 토닉이나 톰 콜린스로 마셔도 훌륭하다"라고 말한다.

중앙&오른쪽 스웨덴 최북단에 위치한 증류소의 겨울. 오직 진만 생산하는 증류소로, 봄에는 진의 주요 식물 재료인 메도스위트가 증류소를 에워싼다.

스페인

스페인식 진 토닉인 진 토니카(Gin Tonica)가 스페인에서 선풍적으로 유행하면서 전 세계 진 시장에 영향을 미치고 있다. 진과 아로마, 가니시와 칵테일 연출법에 대한 깊이 있는 연구를 바탕으로 탄생한 진 토니카는 단순한 칵테일을 세계적인 예술품으로 승화시켰다. 하지만 스페인의 영향력은 여기서 끝나지 않는다. 많은 사람이 '뉴 아메리칸', '뉴 웨스턴' 등의 이름을 붙이며 주니퍼 외의 식물 재료를 강조한 개성이 뚜렷한 진을 찾고 있지만, 조금만 눈을 동쪽이나 남쪽으로 돌리면 창의적인 진이 이미 전국적으로 번성하고 있음을 확인할 수 있다. 스페인 진은 전통적인 스타일부터 산뜻하고 개성이 뚜렷하며 참신한 것까지 그 종류가 다양하다. 세계적으로 다양한 컨템포러리 진을 실험적으로 생산하는 추세 속에서 스페인이 그 선두주자라고 표현해도 과언이 아니다.

아래 상당한 복합미를 자랑하는 이 진을 제대로 즐기려면 매 모금을 음미하듯 마셔야 한다.

69 브로세스 데시그 진 데스틸라도
(69 Brosses Desig Gin Destilado), 37.5도

스페인, 발렌시아, 69 브로세스

컨템포러리 진

달콤함이 은은하게 피어오르는 진으로 섬세하게 다뤄야 한다. 다른 음료와 과도하게 섞으면 이 진의 매력이 반감되기 때문이다. 깔끔하게 얼음에 섞어 마실 때 최고의 맛을 느낄 수 있다. 부드럽고 달콤한 향을 경험할 수 있는데, 탤컴 파우더[27]와 임페리얼 레더사의 비누를 연상시키고 달달한 제비꽃 향과 가벼운 라즈베리 아로마가 떠오른다. 혀에 전해지는 향미도 다채로운 편으로 과일의 달콤함과 꽃 향미가 연달아 나타난다. 드라이한 주니퍼 향은 은근하게 바닥에 깔려 마지막을 장식하며, 여운은 매우 짧게 느낄 수 있다.

27 활석가루에 붕산·향료 등을 섞어 만든 분말 화장품.

69 브로세스 클라시카 트리플 디스틸드
(69 Brosses Clàssica Triple Distilled), 37.5도

컨템포러리 진

주니퍼·안젤리카·고수 중심의 깨끗하고 전통적인 아로마를 자아내며, 이를 뒷받침하는 과일의 은은하게 달콤한 향이 탄탄한 구조감을 형성한다. 재질감은 부드럽고 묽은 편이다. 부드러운 특성 때문에 스피릿이 강조되는 마티니 유의 칵테일에 잘 어울린다. 진이 갖춰야 할 특성을 모두 충족하는 상품으로, 섬세한 제비꽃의 달콤함을 비롯해 자신의 색깔을 뚜렷하게 드러낸다.

69 브로세스 모라 실베스트레
(69 Brosses Mora Silvestre), 37.5도

컨템포러리 진

꽃 향과 고수, 장미와 감귤꽃의 아로마가 강렬하게 코에 피어오른다. 혀에도 상당한 꽃의 풍미가 전달되는데, 대표적으로 포푸리와 파르마 바이올렛(Parma Violet)의 달콤함부터 블랙베리까지 느낄 수 있다. 풍성한 향미 때문에 전통적인 진에서 느낄 수 있는 풍미는 경험하기 어렵다.

69 브로세스 나랑하 나벨리나(69 Brosses Naranjha Navelina), 37.5도

컨템포러리 진, 추천

감귤 제스트가 코에서 노래를 부르듯 경쾌한 향이 느껴지는 진이다. 잔에 따를 때부터 유쾌하게 감각이 고조되는 경험을 할 수 있다. 첫 모금에 오렌지 향이 잠시 피어오르다가 뒤이어 전통적인 진 향미가 이어지며 여운을 향해 달려간다. 산뜻한 감귤의 풍미는 독특하면서도 기억에 남고 다른 음료와도 훌륭하게 섞인다. 핫 토디(Hot Toddy)와 진 토닉은 물론 스페인식 진 토니카까지 다양한 음료와 두루 어울린다. 꼭 마셔봐야 할 훌륭한 진이다.

쿨 진(Cool Gin), 42.5도

스페인, 그라나다

벤벤토 글로벌(Benvento Global SL)

컨템포러리 진

특유의 보랏빛 등나무 색상으로 소비자의 눈을 잡아끈다. 마치 파르마 바이올렛 사탕을 물에 풀어놓은 듯한 색깔이다. 실제로 사탕을 녹였나 착각이 들 정도로 파르마 바이올렛의 향이 가장 풍성하게 느껴진다. 강건한 전통 진의 향미를 맛볼 수 있는데 주니퍼와 감귤, 고수 풍미가 은은하게 깔려 있다. 마지막 여운에는 설탕과 시나몬, 제비꽃 향미가 남는다. 에비에이션 칵테일을 만들 때 크렘 드 바이올렛(Crème de violette)[28] 대용으로 써도 좋다.

28 바닐라 엑기스와 제비꽃 방향유의 맛이 나게 한 리큐어.

진셀프(Ginself), 40도

스페인, 베니카심

카르멜리타노 보데가스 이 데스틸레리아스

(Carmelitano Bodegas Y Destilerías)

컨템포러리 진

가장 먼저 감귤 아로마가 강렬하게 코를 강타한다. 감귤 제스트와 껍질, 방향유, 감귤 꽃 향 등 감귤 향기를 모두 포착할 수 있다. 이외에 비스킷의 아몬드 향 등 복합미도 숨겨져 있다. 진하고 풍성한 마우스필과 함께 오렌지 쇼트브레드와 마멀레이드 향미를 맛볼 수 있다. 마지막 끝맛으로 은은한 주니퍼와 안젤리카 향미가 피어오른다. 쌉싸래한 감귤 향이 오래도록 여운에 남는다.

너트 진(NUT Gin), 45도

스페인, 렘포르다, 아르베니그(Arvenig)

컨템포러리 진

가벼운 목질과 진한 향신료를 연상시키는 아로마와 함께 이를 받쳐주는 미세한 달콤함을 느낄 수 있다. 입안에서는 기름진 질감이 전해지고 바닐라와 시나몬, 육두구와 생강 향미가 피어오른다. 드라이한 안젤리카 향미가 흩뿌리듯 여운으로 남는다. 따뜻하면서도 오래도록 지속되는 여운이다. 알렉산더 칵테일로 마셔보기를 바란다. 이 칵테일을 위한 맞춤형 진처럼 느껴질 것이다.

산타마니아 리제르바(Santamanía Reserva), 41도

스페인, 마드리드, 데스틸레리아 우르바나

숙성 진

프랑스산 오크 배럴을 딱 5개만 사용해 진을 숙성한 뒤 500년이 넘은 석재 저장고에 보관해 완성한 한정판 진이다. 레몬 시폰케이크 색상을 띠는 진으로 포도를 베이스로 만든다. 선명한 레몬, 캔디 아로마와 깊숙하고 은은하게 깔린 나무, 흙내음이 미세한 대조를 이룬다. 가장 먼저 따뜻한 주니퍼와 오크, 안젤리카 향미가 부드럽게 혀에 전달된다. 여운은 감초와 노간주나무 껍질, 갓 빻은 후추가 어우러져 엷은 단맛으로 남는다. 전체적으로 따뜻하면서도 드라이한 개성을 지닌다. 네그로니 칵테일로 마셔보자.

쇼리게(Xoriguer), 41도

스페인, 일레스 발레아스

엠 폰스 주스토(M. Pons Justo)

클래식 진

지리적 표시 보호를 받는 진 데 마온은 포도 베이스 증류주를 오크 숙성해서 탄생한다. 과거 미노르카섬에 주둔한 영국군의 입맛에 맞춰 지역 증류업자들이 개발한 진이다. 주니퍼의 부드러운 송진 향을 즐길 수 있다. 쇼리게 진을 맛보는 순간 일반적인 곡물 베이스 진이 아니라는 느낌을 받는다. 초본질의 주니퍼 향미에 이어 은은한 바질과 타임, 으깬 후추와 메도스위트 풍미가 여운에 남는다. 마티니 또는 네그로니 칵테일에서 최상의 매력을 발휘한다.

아래 69 브로세스 모라 실베스트레 진의 뿌연 유리병 표면에는 특유의 아로마를 만들어내는 식물 재료가 비밀스럽게 적혀 있다.

스위스

스위스의 쿠베는 중부 유럽으로 향하는 갈림길로, 과거 이 도시에 살던 프랑스 의사가 압생트를 개발한 것으로 전해진다. 이러한 역사를 가진 스위스는 다시 한번 식물 재료를 사용한 증류주의 변화를 이끌고 있다. 현지 스위스 증류소들은 알프스산맥의 물과 에델바이스 등의 식물 재료, 고품질의 증류액에 지역의 개성을 더해 스위스만의 색깔을 표현한다. 그 결과, 스위스의 숨결이 묻어난 클래식 진의 정수를 뽑아내기도 하고, 스위스 방식으로 재해석한 진의 미래를 제시하기도 한다.

아래 엑설런트 진은 스위스 빌리자우(Willisau)의 현지 호밀과 식물 재료로 생산한다.

넛멕 진(Nutmeg Gin), 44도
스위스, 칼나흐, 올리비에르 매터(Olivier Matter)

컨템포러리 진

....

이름에서 예상되듯 육두구 향을 가장 먼저 느낄 수 있다. 커피와 파이프 담배 향이 이를 받쳐주고, 은은한 나무와 가죽 향도 경험할 수 있다. 한 모금 입에 머금으면 감귤과 고수 향미가 산뜻하게 피어오르고, 서서히 아늑하고 따뜻한 풍미가 입안을 적신다. 이어서 목질의 향신료와 숲 향, 가죽과 담뱃잎 향미가 뒤따르고, 마지막으로 채소와 짭조름한 풍미가 여운에 남는다. 복합적이지만 균형 잡힌 진으로 컨템포러리 진 가운데서도 독특함을 자랑한다.

스투더 오리지널 스위스 진(Studer Original Swiss Gin), 40도
스위스, 루체른, 프라이하임 스투더(Studer&Co. AG)

클래식 진

....

톱 노트를 장식하는 안젤리카, 제비꽃 향과 함께 드라이한 특성을 확연히 느낄 수 있는 진이다. 달콤한 시나몬과 오리스 뿌리 향미가 뒷받침되며 전통적인 진의 모습에 단맛을 더한다. 전반적으로 리큐어를 연상시키는 진이지만 특유의 달달함이 부정적으로 다른 풍미를 압도하지는 않는다. 따뜻한 여운이 감귤 향과 함께 이어진다. 재밌는 개성을 지닌 클래식 진이라 표현하고 싶다.

스투더 스위스 골드 진(Studer Swiss Gold Gin), 40도

컨템포러리 진

....

미세한 금가루가 병 속에서 떠다니지만 이보다 훨씬 매혹적인 것은 개성이 넘치는 아로마와 맛이다. 풍성한 딜과 파슬리 향기를 비롯한 허브 향이 후각을 매료시킨다. 심지어 미세한 소금물 향도 맡을 수 있다. 풍성한 레몬그라스 향미가 혀에 닿고, 감귤 껍질과 고수 풍미가 깊이를 더하며, 꽃향기와 따뜻한 향신료 풍미를 완성한다.

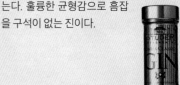

스투더 스위스 클래식 진(Studer Swiss Classic Gin), 40도

컨템포러리 진, 추천

....

정원의 신선한 바질 향을 비롯해 싱긋하고 잎이 우거진 허브 아로마와 송진 향기가 코를 자극한다. 최초로 느껴지는 생강의 톡 쏘는 화한 맛은 레몬그라스의 풍미와 훌륭하게 어우러진다. 코로 전해진 푸른 식물 이파리 향이 감귤, 은은한 주니퍼의 솔 향과 함께 혀에도 닿는다. 훌륭한 균형감으로 흠잡을 구석이 없는 진이다.

엑설런트 진(Xellent Gin), 40도

스위스, 빌리자우

디비사 디스틸러리(Diwisa Distillerie)

클래식 진

· ·

호밀로 만든 기주부터 선갈퀴아재비와 레몬버베나까지 스위스 원산의 토착 재료를 사용해 만든다. 따뜻한 건초 향과 함께 은은한 아니스와 초본질의 주니퍼 아로마를 느낄 수 있다. 크림 같은 질감과 훌륭한 균형미를 느낄 수 있는 진으로, 특정 향미의 개성보다는 여러 향미의 조화에 집중해보자. 그나마 꽃향기와 주니퍼 풍미가 선명한 편이지만 그마저 도드라지지 않는다. 리키(Rickey) 또는 핑크 레이디(Pink Lady) 칵테일로 마셔보자.

아래 스위스의 스투더는 약 140년 동안 진을 생산해왔다.

오스트리아

히블 데스틸러리 진 넘버 원(Hiebl Destillerie Gin No. 1), 40도

오스트리아, 라이

히블 데스틸러리(Hiebl Destillerie)

컨템포러리 진

· ·

뚜렷한 주니퍼의 솔 향이 산뜻하게 전해지고, 크림 같은 감귤 향이 후각을 강타한다. 그 아래 은은하게 깔린 아로마에서 고산지대 숲을 연상케 하는 테루아를 느낄 수 있다. 흙 향을 머금은 허브와 꽃향기가 풍성하다. 고수 향미 중심으로 강건하고 또렷한 풍미가 다채롭게 혀를 물들이고, 동시에 향기로운 꽃과 감귤의 쌉싸래함, 허브와 흙내음도 함께 나타난다. 마지막 여운에는 멘톨 향이 남는다.

히블 데스틸러리 진 넘버 투(Hiebl Destillerie Gin No. 2), 40도

컨템포러리 진

· ·

꽃을 머금은 산뜻한 고수 씨앗 향기를 맡을 수 있다. 라즈베리와 블루베리, 제비꽃 향과 함께 감귤과 소나무, 풍성한 나무 진액 아로마도 느낄 수 있다. 혀에 닿는 느낌도 비슷하게 꽃 향미가 중심이 되어 탤컴 파우더(Talcum powder)와 제비꽃, 라벤더와 산 목초지를 연상시킨다. 여운으로 북부 지방의 소나무 숲과 꽃 향, 상쾌한 겨울 공기 향기가 맴돈다.

모노폴로바(Monopolowa), 43.5도

오스트리아, 도이치 와그람

알트파터 게슬러 J.A.바체브스키(Altvater Gessler J.A.Baczewski, GmbH)

컨템포러리 진

· ·

곡물이 아닌 감자 주정을 증류해 만든 진으로 가격 대비 상품성이 뛰어나다. 묵직한 레몬 향과 이를 뒷받침하는 송진 향을 경험할 수 있다. 레몬 향에 이어 오렌지 껍질 아로마가 이어진다. 은은하게 맴도는 아니스 풍미 다음에 진득한 나무 진액 질감의 주니퍼 향미가 가볍게 혀에 닿는다. 라스트 워드 또는 코프스 리바이버 #2 칵테일에 잘 어울린다.

아래 히블 진 특유의 기다란 병목 디자인이 회사의 로고에 재치 있게 녹아 있다.

체코

오엠지 진(OMG Gin), 45도
체코, 보르슈이체 우 블라트니체, 주파넥(Žufánek)

컨템포러리 진

....

우리말로 ㅋㅋㅋ를 뜻하는 영어의 LOL 같은 인터넷 줄임말을 완전히 정복했는가. 이제는 진 이름에서도 이러한 말장난을 찾아볼 수 있다. OMG 진은 '오 나의 진'을 뜻하는 'Oh My Gin'의 약자로 16가지 식물 재료를 사용한다. 고수와 나무 계열의 향기를 맡을 수 있고 풍미도 뚜렷한 편이다. 감초와 제비꽃, 베리류 풍미를 느낄 수 있으며 여운이 길게 지속된다.

오엠에프지 진(OMFG Gin), 45도
컨템포러리 진

....

OMFG 진의 F는 '최상의'를 뜻하는 'Finest'의 첫 글자다. 기존의 OMG 진 제조법에 새로운 식물 재료를 하나 추가해 만들어진다. 카모마일과 유사한 아로마 성분을 지닌 다미아나(Damiana)라는 식물로, 일부 과학 논문에서는 이 식물의 최음 성분을 밝히는 실험 결과를 싣고 있다. 물론 인간이 아닌 쥐를 대상으로 진행되었다. 오엠에프지 진은 견과류 향과 함께 식물 뿌리와 소나무 향이 강조되어 나타난다. 혀에는 식물 재료의 달콤한 풍미가 뚜렷하게 전달되는데, 고수와 오리스 향미가 지배적이어서 다른 식물의 맛을 느끼기 어렵다. 끝맛으로는 주니퍼와 향신료의 드라이한 여운을 느낄 수 있다.

리히텐슈타인

텔서 리히텐슈타인 드라이 진(Telser Liechtenstein Dry Gin), 47도
리히텐슈타인, 트리젠
텔서 디스틸러리(Telser Distillery)

클래식 진

....

알프스에서 얻은 영감을 바탕으로 지역산 카모마일과 라벤더, 딱총나무꽃, 3종의 감귤을 첨가해 자신만의 스타일로 재해석한 진이다. 고수와 라임, 생강 아로마가 특징적이다. 따뜻하고도 두꺼운 질감과 상쾌한 두송실, 등화유(Neroli oil)[29] 향미를 느낄 수 있다. 향미 후반부에는 딱총나무꽃 풍미와 함께 신선한 꽃가루, 라벤더, 고수 풍미를 경험할 수 있다. 토닉과 어울린다.

29 쓴 오렌지나무꽃을 수증기로 증류해 얻는 방향유.

리투아니아

빌뉴스 진(Vilnius Gin), 45도
리투아니아, 로키슈키스, 오벨리아이 스피릿 디스틸러리(Obeliai Spirit Distillery)

클래식 진

....

레몬 껍질과 달콤한 오렌지 아로마가 중심이 되고, 신선한 잔디 향이 흐릿하게 주위를 감싼다. 첫맛은 상당히 드라이하면서도 직접적인 편으로, 실제 소나무 풍미가 혀에 닿기도 전에 주니퍼와 비슷한 수렴성이 전해진다. 풍미 중반부에는 감귤 향미와 함께 은은한 비누 향을 느낄 수 있다. 끝맛으로는 약간의 딜과 셀러리 풍미를 경험할 수 있고, 뜨거운 솔 향을 머금은 드라이한 여운이 오랫동안 남는다. 다른 음료에 잘 녹아들면서도 칵테일에 묵직한 한 방을 선사하는 진이다.

위 체코 주파넥 증류소에서 생산한 오엠지 진의 라벨에는 OMG가 어떤 단어의 약자인지 표기해놓았다.

러시아

베레스크 드라이 진 1898(Veresk Dry Gin 1898), 40도

러시아, 카신, 베레스크 카신스키 디스틸러리 (Veresk Kashinsky Distillery)

클래식 진

선명한 카더멈 향이 포문을 열고 싱긋한 주니 퍼 아로마가 뒷받침하며 이어진다. 혀로는 신 선하고 푸른 주니퍼 향미를 맨 먼저 맛볼 수 있 고, 중간에는 풍성한 나무 진액과 수액 풍미가 전해진다. 이어서 카더멈 향미가 다시 등장하며 미각의 중심을 차지한다. 마지막으로 레몬 껍질 향이 약간의 온기와 함께 놀랄 만큼 부드럽고, 균형 잡힌 여운을 선사한다. 다른 음료와 잘 섞 이는 진으로, 특유의 카더멈 향이 20th 센추리 또는 브롱크스 칵테일에 매력을 더한다.

슬로베니아

원 키 진(One Key Gin), 40도

슬로베니아, 즈고른지 야콥스키 돌 비오사트(Bio-Sad D.O.O)

컨템포러리 진

아찔할 정도로 매혹적인 디자인을 선보이는 진 이다. 우아한 자태로 술 진열장을 밝히지만 네 모난 병 디자인과 특이한 형태 의 입구는 다소 비실용적이다. 묵직한 감귤 향과 이를 받쳐주 는 생강과 주니퍼 아로마를 느 낄 수 있다. 혀에는 가벼운 감귤 과 레몬 껍질, 설탕에 조린 오렌 지와 감귤 향 캔디 풍미가 전해 진다. 전반적으로 단일 향미가 진 전체를 지배하는 가운데 알 싸한 주니퍼 향미가 살포시 여 운에 남는다. 진 토닉 또는 김렛 칵테일에 감귤 풍미를 더하고 싶을 때 좋다.

오른쪽 빙하를 표현한 것일까 아니면 산? 스투더 진(→P.134)은 병 밑바닥의 움푹 파인 딤플(Dimple) 디자인을 간단 하면서도 효과적으로 변형했다. 특히 눈을 연상시키는 금가루와 함께 어우 러진 모습이 매우 인상적이다.

Tasting Notes

아메리카

당신의 안목을 높여줄 진 시음기

미국

미국은 국가의 다양성만큼이나 다채로운 방식으로 진을 실험해왔다. 오랜 전통을 꾸준히 계승하며 진을 만들거나 새로운 것을 창조하기 위해 과감하게 관습을 던져버리기도 했다. 제아무리 독특한 입맛을 가졌다 할지라도 여러분의 취향을 만족시킬 진을 미국에서 찾을 수 있을 것이다. 20세기 대부분의 기간 동안 미국의 칵테일 제조 산업은 영국의 유명 진 브랜드가 장악했다. 하지만 정부가 금주법 시대의 잔재를 철폐하면서, 2000년대 중반 크래프트와 소규모 증류 산업이 유행하기 시작했다. 미국산 진 브랜드 숫자는 2006년까지만 해도 손에 꼽을 정도였으나, 2015년이 되자 수백 개에 달했으며, 그 숫자는 계속 늘어나고 있다. 지난 10년간 미국 진은 유례없이 폭발적 성장을 거듭하고 있으며, 덕분에 영국과 호주와 다른 나라에서도 크래프트 증류주 열풍이 싹트고 있다.

아래 비하이브 디스틸링에서 생산한 잭 래빗 진의 병목에 진의 생산지가 적혀 있다.

애버내시 진(Abernathy Gin), 43도

테네시주, 린빌
텐 사우스 디스틸러리(Tenn South Distillery)

컨템포러리 진

텐 사우스 디스틸러리에서는 9가지 식물 재료에 증기 투과 방식을 적용해 애버내시 진을 생산한다. 코에 닿는 경쾌한 아로마 속에는 다소 전통적인 감귤 향과 드라이하고 알싸한 고수 향이 녹아 있다. 입안에서는 따뜻한 온기와 수렴성을 느낄 수 있으며, 약간의 감귤 향미와 묵직한 고수 풍미가 혀에 닿는다. 스파이시하고 무미건조한 여운은 길지도 짧지도 않은 길이로 남는다. 진 토닉에 생기를 더하고 싶을 때도 좋지만, 개인적으로는 네그로니 칵테일과의 조합을 선호한다.

에이디케이 진(ADK Gin), 47도

뉴욕주, 유티카, 애디론댁 디스틸링 컴퍼니
(Adirondack Distilling Company)

컨템포러리 진

옥수수 주정과 지역산 빌베리(Bilberry)로 만든 진이다. 생소한 과일인가. 빌베리는 유럽에서 유래한 작고 짙은 빛깔의 열매로 블루베리와 밀접한 연관이 있지만, 꽤 다른 특성을 보인다. 에이디케이 진은 보이젠베리(Boysenberry)[30]와 카더멈을 비롯한 과일 아로마가 뚜렷한 진이다. 하지만 맛은 레몬밤과 허브 향, 고수와 레몬 제스트 향미가 선명하며 섬세한 주니퍼 풍미가 은은하게 뒷받침한다. 베리류와 레몬의 가벼운 향과 함께 약간은 잼 같은 질감의 여운을 느낄 수 있다. 주로 토닉을 섞어 마시는 매력적인 진이다.

---

30 블랙베리, 라즈베리, 로건베리를 교배한 나무딸기.

아리아 포틀랜드 드라이 진(Aria Portland Dry Gin), 45도

오리건주, 포틀랜드
불 런 디스틸링 컴퍼니(Bull Run Distilling Company)

클래식 진, 추천

엄청나게 신선한 주니퍼 아로마가 코를 즐겁게 하는 클래식 스타일 진이다. 마치 갓 딴 베리류 과일을 곱게 다져서 넣은 듯한 향기를 느낄 수 있다. 부드러우면서도 꽉 찬 바디감을 지닌 술로 주니퍼 향미가 가장 먼저 입을 적신다. 이어서 중간 풍미로는 오렌지와 카더멈, 카시아를 느낄 수 있고, 마지막 끝맛으로 후추 향과 함께 아삭한 주니퍼의 솔 향이 혀끝에 내려앉는다. 전통적인 진에서 느낄 수 있는 여운이 오래도록 남아서 칵테일과 훌륭한 궁합을 자랑한다. 레몬 제스트와 섞어 마시거나 환상적인 마티니로 즐겨보기를 바란다.

오스틴 리저브 진(Austin Reserve Gin), 50도

텍사스주, 오스틴
레볼루션 스피리츠(Revolution Spirits)

컨템포러리 진

정확히 알코올 농도 50도(100프루프)에 맞춘 진으로 다른 음료와 상당히 조화롭게 섞인다. 다음에 사우스사이드 또는 알래스카 칵테일을 마시게 된다면 꼭 이 진을 선택해보자. 매우 현대적인 개성을 지닌 진으로 로즈메리 아로마를 느낄 수 있다. 첫맛은 아삭한 주니퍼와 신선한 로즈메리 가지의 향미가 주도하고, 뒤이어 라벤더와 오리스 뿌리를 심은 평원의 한가운데서 꽃 향을 맛보는 듯한 경험을 할 수 있다. 시큼한 감귤 껍질 향이 긴 여운을 이끌고, 미각 뒤편에는 송진과 로즈메리 향이 어우러져 맴돈다.

백 리버 진(Back River Gin), 43도

메인주, 유니언
스위트그라스 팜 와이너리 앤 디스틸러리
(Sweetgrass Farm Winery and Distillery)

컨템포러리 진

근본적으로 런던에서 영감을 받았으나 자랑스러운 메인주의 유산을 기리듯 지역산 유기농 식물 재료를 첨가해 만들어진다. 그 중에서 가장 주목할 재료는 메인주에서 자라는 블루베리다. 주니퍼의 송진 향, 타라곤(Tarragon) 향과 함께 은은한 베리 아로마를 느낄 수 있다. 맛은 전반적으로 꽃과 과일 풍미가 주도하며 현대적인 개성이 뚜렷하다. 끝맛은 신선한 사과술을 향긋한 시나몬 스틱으로 저은 듯 감귤과 희미한 과일 풍미를 지닌다. 가장 현대적인 스타일의 진으로 손꼽히며 동시에 진 토닉에 가장 잘 어울리는 진 가운데 하나다.

백 리버 크랜베리 진(Back River Cranberry Gin), 40도

플레이버드 진

또렷한 크랜베리 향은 물론 시큼털털한 체리와 오렌지 껍질 향도 맡을 수 있다. 맛은 전반적으로 날카로운 편이며, 크랜베리가 선사하는 시큼털털한 향미를 다시금 또렷하게 느낄 수 있다. 이외에도 향신료와 감귤을 연상시키는 풍미가 주변을 감싼다. 주로 다른 음료와 혼합해 사용하므로 토닉이나 탄산수에 과일이나 허브 식물을 첨가해 마시면 좋다. 바질 스매시 또는 사우스사이드 칵테일로 이 진에 입문해보자.

바 힐 진(Barr Hill Gin), 45도

버몬트주, 하드윅, 칼레도니아 스피리츠

클래식 진, Top 10

간결하지만 아름답게 주니퍼베리의 개성을 표현한 진이다. 가공하지 않은 지역산 벌꿀을 병입 직전에 첨가해 탄생한다. 엄밀히 따져서 '올드 톰'이라는 이름을 붙일 수는 없지만, 당화 과정을 거쳤다는 면에서는 올드 톰 진과 유사한 성격을 띤다. 기주에서는 두텁고 진한 질감과 산뜻한 주니퍼 향미를 풍성하게 느낄 수 있다. 하지만 이 진의 가장 큰 묘미는 꿀에서 피어오르는 재스민과 튤립, 세이지브러시(Sagebrush) 등의 꽃 풍미다. 꿀이 머금은 특유의 풍미 덕분에 비스 니스(Bee's Knees) 칵테일과 맛도 이름도 잘 어울린다. 그 밖에도 마티니와의 궁합이 뛰어나다. 한마디로 정의하기는 어렵지만, 편하게 즐길 수 있는 진이다.

바 힐 리저브 톰 캣(Barr Hill Reserve Tom Cat), 43도

숙성 진, 추천

아른아른한 황금빛을 띤 진이다. 주니퍼와 꿀을 함유한 바 힐 진을 미국산 오크통에 숙성해 만든다. 주니퍼와 갓 자른 나무의 아로마를 균등하게 느낄 수 있다. 진에서 경험할 수 있는 가장 부드러운 풍미를 맛볼 수 있는데, 바닐라 커스터드와 피칸 프랄린(Pecan praline)[31] 풍미가 미각을 아름답게 수놓는다. 이어서 푸릇한 주니퍼 향미가 처음부터 끝까지 선명하게 결을 지킨다. 조밀한 질감의 여운은 아름다운 전체 풍미를 해치지 않은 채 입안에 남는다. 다른 음료와 섞어 마시지 말고 니트로 마시도록 하자.

---
31 아몬드·피칸 등을 설탕으로 졸여 굳힌 캔디.

블랙 버튼 시트러스 포워드 진(Black Button Citrus Forward Gin), 42도

뉴욕주, 로체스터
블랙 버튼 진 디스틸링(Black Button Gin Distilling)

컨템포러리 진

라벨에는 감귤 풍미를 입힌 진이라고 쓰여 있으나, 정중하게 동의할 수 없음을 밝힌다. 감귤 풍미를 입힌 플레이버드 진이라기보다 감귤 향이 중심이 된 컨템포러리 진에 가깝다. 상쾌한 만다린 향을 가볍게 느낄 수 있지만, 풍성한 곡물과 건조 향이 비로소 개성을 더한다. 주니퍼 특유의 소나무 향미가 가장 먼저 정점을 찍고 순식간에 배경처럼 가라앉는다. 신선한 오렌지 과즙, 레몬 제스트, 스피어민트 향미가 깔끔하고 청량한 맛을 완성한다. 토닉과 섞어 마셔보자.

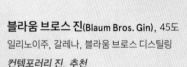

블라움 브로스 진(Blaum Bros. Gin), 45도

일리노이주, 갈레나, 블라움 브로스 디스틸링

컨템포러리 진, 추천

일리노이주 갈레나는 19세기 광물 러시 때 사람들이 몰려든 지역이다. 어떤 광물 때문일까? 가장 중요한 은 공급원 중 하나이자 도시의 이름과도 같은 방연석(Galena)에 함유된 황화납 때문일 것이다. 블라움 브라더스 증류소는 지역의 다양한 인적·물적 자원을 활용해 진을 생산한다. 이를테면 지역의 농부들과 경작물이 있다. 이 식물 재료를 각자 구분해 별도로 증류한 뒤 배합해 진을 만든다. 이렇게 탄생한 진은 후추 향과 드라이한 고수 아로마를 지닌다. 맛은 전반적으로 강건한 편으로, 산뜻한 펜넬과 설탕에 조린 오렌지, 소나무 가지 향미를 뽐낸다. 마지막 여운은 꽃 향과 스파이시한 풍미가 엷게 나타나며, 드라이하고 길게 이어진다. 네그로니 칵테일과의 조합이 환상적이다.

블랙 버튼 디스틸링

뉴욕주 로체스터에 위치한 블랙 버튼 증류소의 수석 증류기사 제이슨 배럿(Jason Barrett)은 많은 증류업자와 마찬가지로 홈브루잉 세계에 입문하면서 처음 알코올 생산 기술을 익히게 되었다. "대학 시절 홈브루잉에 미쳐 있었어요. 몇 년간 가장 큰 취미로 빠져 살았죠." 그가 본격적으로 증류 세계에 눈을 뜨게 된 것은 워싱턴 DC를 방문한 뒤였다. MBA 학위를 손에 든 그는 진 산업이 아직 성숙기에 진입하지 않았다고 판단했다. 따라서 자신만의 방법으로 사업을 개척하고 탄탄히 일궈갈 수 있겠다고 생각했다.

뉴욕주, 로체스터
레일로드 스트리트 85
블랙 버튼 디스틸링

www.blackbuttondistilling.com

대표 상품
블랙 버튼 시트러스 포워드 진, 42도

제이슨은 버번위스키를 가장 좋아했다고 솔직하게 인정한다. 그렇다고 해서 진이 버번위스키를 대체할 차선책은 아니었다. "진은 제가 두 번째로 좋아하는 증류주에요. 버번위스키만큼이나 진실한 장인정신을 담아낼 수 있고, 시장에 개성 있는 상품을 선보일 기회가 많죠."

블랙 버튼 디스틸링은 금주법 시대 이래 곡물 기주 생산부터 병입까지 전 과정을 처리하는 뉴욕주 로체스터 최초의 증류소다. 제이슨과 팀원들은 시트러스 포워드 진 말고도 화이트 위스키, 버번위스키, 보드카를 생산하며 가까운 미래에 보다 다양한 진 라인업을 확장할 계획이다.

블랙 버튼 디스틸링에서는 밀 베이스 보드카로 진 증류 작업을 시작한다. "바에서 진 토닉을 마시다 보면 항상 레몬이나 라임을 추가로

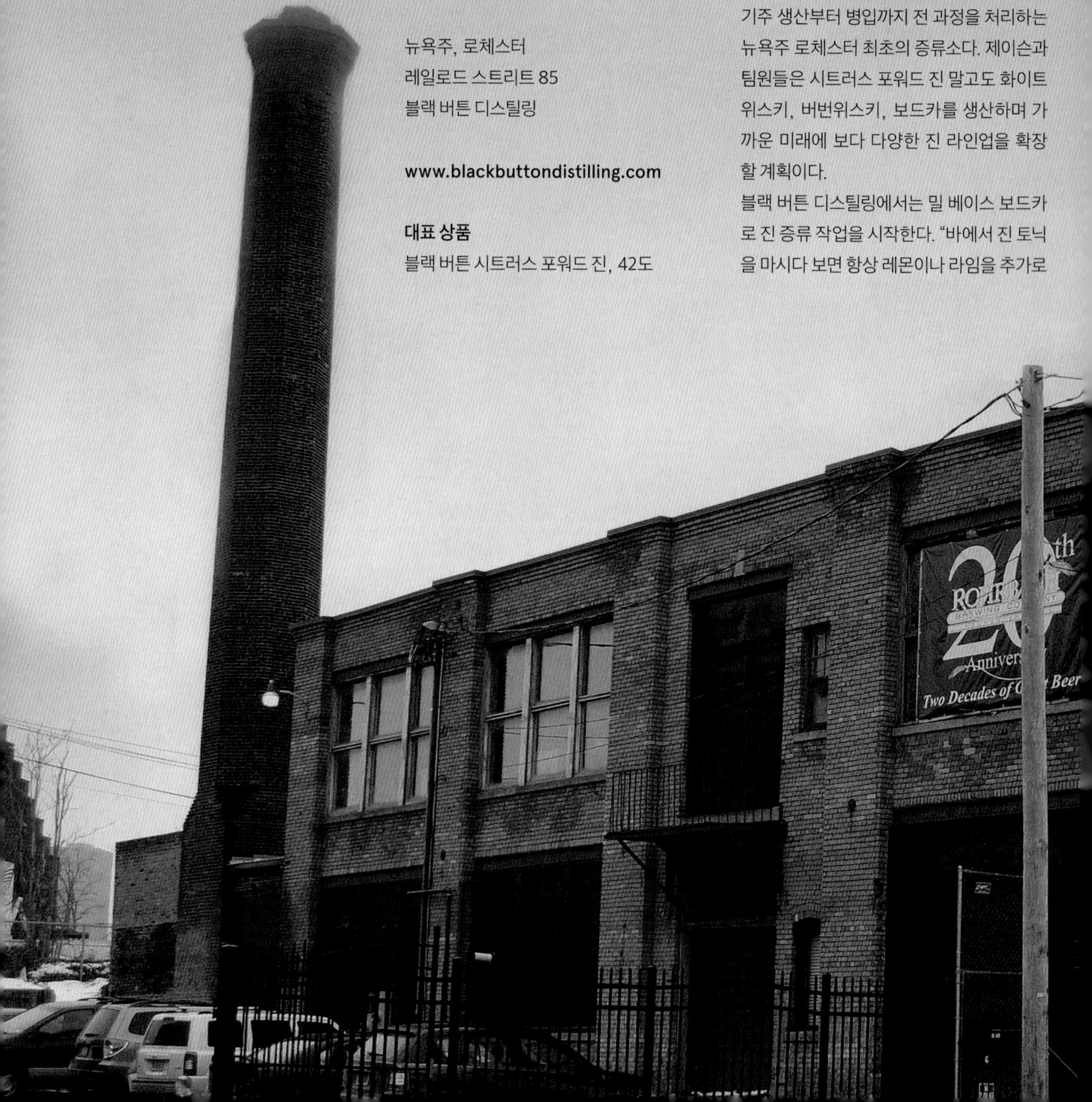

요청하게 되더라고요. 제가 오렌지 껍질의 풍미를 가장 좋아한다는 사실을 깨달은 거죠. 제 증류기와도 가장 잘 맞고요."

시트러스 포워드 진의 기본적인 영감은 개인 취향에서 비롯되었지만, 그 외 다른 식물 재료는 홈브루잉 경험과 전통적인 진의 식물 재료를 바탕으로 결정되었다. 주니퍼, 고수, 카더멈, 그레인 오브 파라다이스, 안젤리카, 펜넬, 시나몬, 2종의 감귤과 과일을 사용해 클래식한 개성을 뿜어낸다. 캐스케이드 홉(Cascade hop)도 첨가한다. "식물 재료를 거대한 티백에 담아 밤새 증류 가마에 담가놓습니다. 다음 날 아침에 이 티백을 꺼내서 진 박스에 넣어요. 기주를 재증류하는 곳이죠. 이렇게 재증류를 시작하면 에탄올 증기가 이 진 박스를 투과하게 됩니다."

제이슨은 단순히 자신의 입맛에 맞는 진을 생산하기보다는 진 산업의 잠재력에 주목한다. 그는 소비자가 진에서 새로운 경험을 느끼고 싶어 한다고 믿는다. 따라서 훌륭한 진이 나타나기만 한다면, 보드카로 돌아선 소비자의 마음이 돌아설 것이라 생각한다.

제이슨은 할아버지의 버튼 공장(여기서 증류소 이름이 유래되었다)에서 얻은 교훈을 바탕으로 데릭 칼슨(Derek Carlson) 부증류기사, 톰 스톡(Tom Stock) 생산 증류기사, 나머지 팀원들과 함께 뉴욕 북부에 증류 산업을 다시 꽃피우고자 노력한다. 무엇보다 블랙 버튼 증류소에서 자신의 꿈을 현실로 이뤄내고 싶은 사람들을 위해 관련 강좌를 운영한다.

마지막으로 제이슨은 자신의 진을 '얼음을 띄운 김렛 칵테일'로 마셔보라고 조언한다. 그리고 꼭 로즈사의 라임 주스 대신 '갓 짠 신선한 라임즙'을 넣으라고 말한다.

위　뉴욕 로체스터에 위치한 블랙 버튼 디스틸링은 현장에서 증류, 병입, 라벨 부착을 모두 진행하는 스몰 배치 진을 생산한다.

중앙　제이슨 배럿이 겨우 24살에 설립한 블랙 버튼 증류소는 정기적으로 방문객을 맞이한다.

블루코트 진(Bluecoat Gin), 47도

펜실베이니아주, 필라델피아

필라델피아 디스틸링(Philadelphia Distilling)

컨템포러리 진

한때는 실험적이고 대담하게 느껴졌던 진이 오늘날에는 초창기보다 다소 전통적으로 느껴진다. 만다린과 마이어 레몬 향이 생동감 넘치게 코를 자극하는 가운데 고수와 주니퍼 향이 은은하게 제자리를 지키다가 서서히 옅어진다. 맛은 그 어떤 진보다 감귤 풍미가 또렷하지만 산뜻한 주니퍼 향미가 여전히 날카롭게 존재감을 드러낸다. 안젤리카와 송진, 풍성한 감귤 향미를 머금은 여운이 진득한 질감으로 남는다. 베스퍼 칵테일로 마시거나 잼을 한 숟갈 듬뿍 더해 진앤 잼 칵테일로 즐겨보자.

보리얼 시더 진(Boreal Cedar Gin), 45도

미네소타주, 덜루스

비크레 디스틸러리(Vikre Distillery)

숙성 진

향나무를 침출해 만든 진으로, 북부 미네소타의 삼림지대를 연상케 하는 식물 재료와 풍미 재료를 사용했다. 카더멈·고수·시나몬 향기가 반가운 인사를 건네듯 향신료 향기가 선명한 진이다. 코로 느낄 수 있던 향신료 풍미 외에 은은한 나무 향미가 가장 먼저 혀에 닿는다. 뒤이어 주니퍼가 느껴지고, 블랙커런트로 추정되는 시큼털털한 베리류 풍미가 층층이 쌓이며 끝맛을 향해간다. 수렴성을 지닌 긴 여운 가운데 향나무 풍미가 또렷하게 돋보인다. 전반적으로 따뜻한 성질과 약간 스파이시한 향미를 지닌 진으로 당신의 몸을 확실히 데워줄 것이다.

보리얼 스프루스 진(Boreal Spruce Gin), 45도

클래식 진

이름은 스프루스 진이지만, 가장 먼저 코에 닿는 아로마는 가문비나무가 아닌 로즈메리다. 입안에는 마치 상록수 숲이 펼쳐진 듯 로즈메리와 주니퍼의 소나무 향미, 세이지의 장뇌 향, 축축한 가문비나무 꽃봉오리 풍미가 강렬히 퍼진다. 여운은 상록수 향미가 다소 묵직하게 남는 편으로, 뜨겁거나 날카로운 성질보다는 파릇함이 전해진다. 주니퍼가 지닌 소나무 같은 성질이 독특하고 조화롭게 표현된 진이다. 페구 클럽 또는 문라이트(Moonlight) 칵테일로 마셔보자.

블루 라인 진(Blue Line Gin), 40도

뉴욕주, 레이크 플래시드(Lake Placid)

클래식 진

'블루 라인'은 뉴욕 북부 애디론댁 공원의 경계선을 지칭하는 말이다. 블루 라인 진도 이 공원의 광활한 야생성에 영감을 받아 탄생했다. 차분한 아로마에는 희미하게 소나무와 후추 향이 녹아 있는데, 이 소나무 향은 단지 비유적인 표현이 아니다. 실제로 애디론댁 백송의 싹을 첨가해 진을 만든다. 후추 향미와 함께 고수와 카더멈, 소나무와 주니퍼 풍미가 입에 퍼진다. 마지막 여운으로는 풍성한 주니퍼 풍미와 함께 카더멈, 카시아 향미가 입안을 오래도록 따뜻하게 데운다.

보리얼 주니퍼 진(Boreal Juniper Gin), 45도

클래식 진

전통적인 색깔을 강조한 진으로 당연히 주니퍼 아로마를 느낄 수 있고, 그 외에 화이트 카더멈 향을 경험할 수 있다. 싹틔운 보리로 만든 주정을 사용해 비크레 증류소 특유의 따뜻함을 머금고 있으며, 장뇌와 은은한 초본질의 주니퍼 향미를 맛볼 수 있다. 실제로 소나무 풍미가 혀에 닿지 않으면서도 산뜻한 솔 향이 머리에 연상된다. 마지막으로 정원에서 재배한 루바브로 만든 파이 향과 파이용 향신료 풍미가 가볍게 끝맛에 남는다. 은은한 타라곤을 비롯한 허브 향미가 긴 여운을 선사한다. 아무것도 섞지 않고 그 자체로 즐겨도 훌륭하지만, 미국 진 가운데 마티니와 가장 잘 어울린다는 사실을 유념하자.

보타니카 스피리투스 진(Botanica Spiritus Gin), 45도

캘리포니아주, 리치먼드

팔콘 스피리츠 디스틸러리(Falcon Spirits Distillery)

컨템포러리 진

증기 투과 방식을 이용해 아로마 성분을 추출하는 스몰 배치 진이다. 병입에 적합한 도수로 알코올을 희석하기 위해 페르시아 오이를 침출한 물을 사용한다. 그 결과 풍성한 채소와 오이 향을 선명하게 맡을 수 있다. 레몬과 파르마 바이올렛 향도 느낄 수 있으며 뒤이어 정제된 주니퍼와 크리스마스 화환, 고수 향미가 마지막을 장식한다. 여운에는 제비꽃과 안젤리카 향미가 비교적 길게 이어진다.

버번 배럴 진(Bourbon Barrel Gin), 44도
오하이오주, 콜럼버스
워터셰드 디스틸러리(Watershed Distillery)
숙성 진

버번위스키를 숙성한 배럴에 자사의 포 필 진을 숙성해 탄생시켰으며, 그 결과 황록빛을 띤다. 후각적으로는 가벼운 감귤 향과 마른 카시아류의 아로마를 느낄 수 있고, 미각적으로는 가장 먼저 시나몬 향미가 나타나고 이어서 두송실과 말린 감귤 제스트 풍미를 맛볼 수 있다. 풍성한 카시아 향미와 함께 후추 향을 머금은 끝맛은 어두운 인상을 준다. 흐릿한 느낌의 여운에는 베이킹 향신료 풍미가 적당한 길이로 이어진다. 올드 패션드 또는 네그로니 칵테일로 즐겨보자. 개인적으로는 토디 칵테일로 마실 때 가장 큰 매력을 느낄 수 있었다.

빅 진(Big Gin), 47도
워싱턴주, 시애틀, 캡티브 스피리츠(Captive Spirits)
클래식 진, 추천

이름에 걸맞게 풍부한 풍미와 바디감을 지닌 진이다. 하지만 '빅'은 증류업자 벤 캡데빌(Ben Capdevielle) 아버지의 별명이기도 하다. 주니퍼와 후추, 따뜻한 향신료 아로마가 코를 강타하고 풍부한 풍미가 과하지 않게 입안을 가득 채운다. 약간의 달콤함이 주니퍼의 산뜻한 허브 향과 송진 향을 부각시킨다. 오렌지와 후추에서 나타나는 향신료 풍미가 그레인 오브 파라다이스, 페퍼베리와 어우러져 선명하게 전해진다. 엄청난 매력을 가진 진으로 마티니 또는 클로버 클럽 칵테일로 마셔보자. 무조건 만족할 것이다. 같은 회사에서 만든 버번 배럴드 빅 진(Bourbon Barreled Big Gin)도 추천한다.

불핀치 83 진(Bulfinch 83 Gin), 41.5도
워싱턴주, 애버딘
위시카 리버 디스틸러리(Wishkah River Distillery)
컨템포러리 진, 추천

주니퍼의 싱긋한 향이 감귤 제스트와 레몬유의 아로마를 더욱 풍성하게 만든다. 첫맛은 은은하게 시작하지만, 점진적으로 고조됨을 느낄 수 있다. 가장 먼저 감귤 제스트 향미가 퍼지고 카더멈과 주니퍼 향미에 펜넬 향이 더해져 나타나다가 마지막 흑후추 향미를 향해 이어진다. 마지막 여운은 따뜻한 레몬과 카더멈 풍미가 중간 길이로 남는다. 균형미가 뛰어난 진으로, 네그로니 칵테일이나 토닉시럽과 섞어 사용해도 자신의 풍미를 충분히 보여준다.

버머 앤 래저러스(Bummer and Lazarus), 46도
캘리포니아주, 샌프란시스코
라프 디스틸리에(Raff Distillerie)
컨템포러리 진

캘리포니아산 포도로 만든 기주를 쓰는데, 진에 쓰이기 전에는 브랜디로 활용되었다. 레몬 사탕과 베리류, 달콤한 허브 향을 느낄 수 있다. 신비롭고 매혹적인 진으로 감귤 향과 꽃 향을 균등하게 경험할 수 있다. 풍미는 레몬, 약간의 주니퍼, 달콤한 시나몬, 콩코드 포도(Concord grape), 파르마 바이올렛, 세빌 오렌지 껍질 등 다양하다. 전반적으로 드라이하고 따뜻한 여운은 길게 남는 편이다. 토닉에 소량의 레몬과 라임을 곁들여 마셔보자.

캔디 매너 진(Candy Manor Gin), 40도
델라웨어주, 스마나
페인티드 스테이브 디스틸링(Painted Stave Distilling)
컨템포러리 진

미국에는 금주법 시대부터 전해오는 뿌리 깊은 속설들이 있다. 캔디 매너 진 역시 당시의 사탕 가게 이름을 따서 지었는데, 그 가게는 윤락업소이기도 했다. 진실을 확인하고 싶다면 '캔디 스페셜'을 주문해보면 된다. 과연 어떤 일이 벌어질까? 이 진은 꽃과 라벤더, 오리스와 약간의 고수 향을 비롯한 산뜻한 아로마를 지닌다. 향기가 진하고 꽃 향이 뚜렷한 진이다. 혀에 전해지는 풍미도 비슷하게 산뜻한 꽃 향과 오리스, 인동덩굴과 라벤더 향미가 펼쳐진다. 끝맛으로는 가벼운 감귤 향에 크림 같은 질감과 묵직한 오리스 풍미를 경험할 수 있다. 전체적으로 꽃 향미가 넘쳐나는 현대적 스타일의 진으로 수려한 맛을 자랑한다. 특히 토닉과 곁들이거나 문라이트 칵테일로 마실 때 매력이 배가된다.

카디널 진(Cardinal Gin), 42도
노스캐롤라이나주, 킹스 마운틴
서던 아티산 스피리츠(Southern Artisan Spirits)
컨템포러리 진

블루리지산맥 산기슭에서 만드는 카디널 진은 유기농 식물 재료만 사용한다. 카모마일과 오렌지꽃, 스피어민트와 약간의 펜넬 씨앗 아로마를 느낄 수 있다. 전체적인 향미는 허브 향이 선명한 현대적 스타일이지만, 은은한 감초와 초본질 주니퍼의 송진 향미를 중간에 느낄 수 있고, 마지막으로 갓 수확한 신선한 스피어민트의 향도 묵직하게 맛볼 수 있다. 당신의 진토닉을 아름답게 수놓고 싶거나 특유의 박하 향으로 서던 칵테일(Southern Cocktail)을 빛내고 싶을 때 써보자.

비크레 디스틸러리

에밀리 비크레(Emily Vikre)와 조엘 비크레 (Joel Vikre)는 각각 글로벌 헬스 산업과 학계에 몸을 담고 있었다. 그러던 중 갑자기 '이제는 뭔가를 만들어야 할 때가 되었다'라고 생각했다. "말도 안 되지만, 도시의 힙스터가 예술혼이 넘치는 장인이 되고 그런 거 있잖아요. 그렇게 되고 싶었어요"라고 에밀리는 회상한다. 둘은 스코틀랜드를 여행하던 스웨덴 사람들의 이야기에서 영감을 받았다. 스코틀랜드에서는 증류업자들이 물이나 곡물, 토탄(Peat)[32]에 자부심을 느끼고 자랑한다고 들었다. 이 모든 것이 스웨덴에서도 흔한 재료여서 그들은 집으로 돌아와 위스키를 만들기 시작했다.

미네소타주, 덜루스
레이크 애비뉴 사우스 525 #102
우편번호 55802
비크레 디스틸러리

www.vikredistillery.com

대표 상품
보리얼 스프루스 진, 45도
보리얼 시더 진, 45도
보리얼 주니퍼 진, 45도

역사적으로 스웨덴 이민자들은 모국과 자연환경이 매우 비슷한 북부 미네소타에 정착했다고 전해진다. 에밀리는 일리가 있는 사실이라며 "미네소타의 물은 세계 최고예요. 훌륭한 농작물도 자라죠. 심지어 북부 미네소타에는 토탄지도 있어요. 그런데 왜 아무도 미네소타에서 위스키를 생산하지 않을까요?"라고 말한다. 증류주를 활용해 북부 미네소타의 테루아를 표현해보자는 계획은 이렇게 시작되었다.

"증류소 아이디어는 위스키에서 시작되었지만, 제가 즐겨 마시고 칵테일로도 좋아하는 술은 진이었어요"라고 에밀리는 말했다. 그들은 증류를 연구하기 위해 돌아간 장소의 독특한 느낌과 분위기에서 영감을 받았다. 이를 비크레 진 라인업을 기획할 때 반영하기로 했다. "전통적인 진의 풍미와 특히 상록수를 비롯한 지역만의 풍미를 배합해 창의적인 진을 만들 생각에 들떴어요." 엄격하게 지역산 식물 재료만 고집한 것은 아니었지만 그들이 발산하고 싶었던 느낌은 확실히 지역 고유의 풍미였다.

비크레 증류소에서 생산하는 3종의 보리얼 진은 각각 북부 지방의 다른 매력을 조명한다. "주니퍼는 뭐랄까 길들인 재료 같은 느낌이 들어요." 그래서 루바브를 첨가해 특유의 개성을 더한다. 지역산 주니퍼의 수급이 충분하지 않아서 지역산 주니퍼와 수입산 주니퍼를 모두 사용한다. 가문비나무는 비교적 직설적으로 개성을 드러내는 재료로, 북부 소나무 숲의 향기를 연상시킨다. "소나무 숲의 협곡 한가운데 서 있는 듯한 느낌을 주고 싶었어요. 몇 줄기의 빛만이 얼룩얼룩 그림자를 만드는 어두운 숲속이요." 향나무는 나무 향과 야간 캠핑의 이미지를 떠올리게 하는 재료다. 에밀리는 향나무 향을 경험한 친구가 이를 '절주의 강 위로 솔솔 불어오는 산들바람'으로 완벽하게 묘사했다고 전했다.

모든 진은 순도 100%의 맥아 보리로 만든 맥주를 증류해 기주로 활용하며, 인근 양조장의 친구들과 제휴해 생산한다. 총 4번에 걸쳐 기주를 증류하며 마지막 단계에 진 바구니를 넣어 증기 투과하고 증류액을 응축한다. 이 과정은 945L 규모의 단식 증류기에서 진행된다.

그들이 진을 선택한 이유는 예술적인 측면과 실용적인 측면 모두다. 위스키는 기본적으로 생산 기간이 길다. "그래서 업자들은 단기간 만에 만들 만한 것을 찾죠. 숙성 기간이 매우 짧은 화이트 위스키를 만들거나 보드카, 화이트 럼, 그 외에 숙성이 필요 없는 증류주를 만들어요. 하지만 많은 사람이 그중에서 진을 선택합니다. 실용적인 이유 외에 진의 놀라운 복합미와 역사, 다양한 실험 가능성 때문에도 진을 선택합니다." 진 증류 산업이 매력적인 이유는 장인정신에 관한 관심이 증가하고 지역 경제에 도움이 되며, 장인들에 대한 존경심도 높아지고 있기 때문이다. 그리고 이 산업은 앞으로 계속 성장할 것이다.

비크레 증류소에서는 스칸디나비아로부터의 영감을 충실히 반영해 숙성 아쿠아비트와 비숙성 아쿠아비트도 생산하며, 인내심을 요하는 위스키도 생산한다. 아직까지 시장에서 가장 주목받는 증류주는 단연 진이며, 이는 단숨에 우연히 이룬 성과가 아니다. 비크레 증류소의 진은 독특한 매력과 신선한 이미지로 미국 진업계에 새로운 바람을 일으킬 뿐 아니라 각각의 상품에서 서로 다른 북부 지방의 식물 재료를 경험하게 해준다.

---

32 화본과식물 또는 수목질의 유체가 퇴적해 변화를 받아서 분해·변질된 것.

147쪽 비크레 증류소에서는 미네소타 지역산 곡물을 사용해 기주를 증류한다.

배럴 레스티드 카디널 진(Barrel Rested Cardinal Gin), 42도

노스캐롤라이나주, 킹스 마운틴

서던 아티산 스피리츠

숙성 진
....

오크와 스피어민트 잎의 아로마가 조화롭게 어우러지며 훌륭한 균형미를 보인다. 오리지널 카디널 진에서는 선명했던 꽃 향이 다소 흐려졌으며, 카모마일 향만이 처음부터 중간까지 자리를 지킨다. 반면 오크와 나무 향은 진하게 나타나고, 약간의 바닐라 향미도 함께 느낄 수 있다. 마지막으로 이 오크 향기 가운데 스피어민트 풍미가 피어오르며 최종 여운까지 점점 고조된다. 온더록스 또는 알렉산드리아 칵테일에 잘 어울린다.

커세어 게네베르(Corsair Genever), 44도

테네시주, 내슈빌 / 켄터키주, 볼링 그린

커세어 디스틸러리(Corsair Distillery)

홀란드 스타일
....

진한 발아 곡물 향이 인상적인 진이다. 건초와 잔디 향을 느낄 수 있고, 생기 넘치는 생강 향이 가장자리에 맴돈다. 생강쿠키가 뇌리에 스칠 것이다. 혀에는 효모 또는 빵과 유사한 곡물 풍미가 가장 먼저 닿는다. 잇따라 레몬 껍질과 카더멈, 생강과 약간의 주니퍼 향미가 뒤따른다. 따뜻하면서도 매력적인 진으로, 일반적으로 홀란드 진을 쓰는 모든 칵테일에 잘 어울린다.

카운터 진(Counter Gin), 40도

워싱턴주, 시애틀

배치 206 디스틸러리(Batch 206 Distillery)

컨템포러리 진
....

배치 206 보드카에 알바니아산 주니퍼와 지역산 오이, 라벤더를 침출·증류해 생산한다. 꽃 향과 허브 향을 구분해 경험할 수 있다. 오렌지, 라벤더 향과 함께 타라곤, 로즈메리 향도 느낄 수 있다. 입안에는 주니퍼 향미와 함께 탄탄한 오렌지 풍미가 강렬히 퍼진다. 오이와 레몬버베나 향은 그 가장자리를 에워싼다. 여운은 드라이하고 싱긋한 향미로 남는데, 선명한 허브 풍미가 일말의 끈적임도 없이 산뜻한 질감으로 이어진다. 훌륭한 균형미가 일품인 진으로, 토닉과 섞어 마시거나 간단하게 주스와 섞어 마셔도 좋다. 세련되고 고급스러운 진이지만 가벼운 진 음료에도 두루 어울린다.

카퍼스 진(Coppers Gin), 42.5도

버몬트주, 퀘치

버몬트 스피리츠(Vermont Spirits)

컨템포러리 진
....

손으로 직접 수확한 지역산 야생 주니퍼와 전통 진 식물 재료를 몇 가지 사용해 버몬트 북부 지방의 개성을 느낄 수 있다. 전반적으로 부드러운 향신료 아로마를 뿜는다. 대표적으로 고수와 카더멈은 물론 약간의 안젤리카 향도 전해진다. 맛은 묵직하면서도 특성이 다양한데, 섬세한 향신료 풍미에서 상쾌한 오렌지 껍질 향으로 변하는 과정을 경험할 수 있다. 황설탕 향미가 배경처럼 깔려 있으며, 희미한 셀러리와 소나무 풍미가 적당한 길이로 여운에 남는다. 상쾌하고 매혹적인 진으로 마티니보다는 알래스카 칵테일로 마셔보자.

커세어 스팀펑크(Corsair Steampunk), 45도

플레이버드 진
....

스팀펑크 진은 당신이 여태까지 마셔왔던 그 어떤 진과도 다를 것이다. 이 진은 훈연 향을 입힌 독특한 진이고, 앞으로 경험할 어떤 진보다 현대적인 개성을 가진 진이다. 훈연한 곡물을 사용해 강렬한 바비큐 풍미를 경험할 수 있는 동시에 홉이 선사하는 부드럽지만 씁쓸한 여운을 맛볼 수 있다. 하지만 이 진을 어떻게 마시느냐에 따라 그 매력은 크게 달라진다. 이 진에 입문하는 사람이라면 레드 스내퍼(Red Snapper) 또는 네그로니 칵테일로 마셔보기를 바란다.

카운터 올드 톰 진(Counter Old Tom Gin), 40도

올드 톰 진
....

그 자체로도 훌륭한 일반 카운터 진을 헝가리산 오크로 만든 샤르도네 와인 배럴에 6개월간 숙성하면 카운터 올드 톰 진이 탄생한다. 옅은 위스키 색상을 띠며, 로즈메리를 비롯한 허브 아로마가 인상적인 진이다. 배럴 숙성의 영향으로 일반 카운터 진과는 매우 다른 매력이 펼쳐진다. 이를테면 시나몬과 오렌지 초콜릿 풍미를 맛볼 수 있다. 드라이한 코코아 향미에 이어 역시 드라이하지만, 상당히 부드러운 여운이 오래도록 지속된다. 온더록스로 마셔보자. 너무 달지 않으면서 부드러운 카운터 올드 톰 진의 매력에 빠질 수 있다.

크래비 기니(Crabby Ginny), 42도

워싱턴주, 후즈포트

하드웨어 디스틸러리(Hardware Distillery Co.)

컨템포러리 진

특별히 게 요리와 즐길 수 있도록 만들어진 진이다. 이 밖에도 배로 만든 기주를 사용한다는 점이 독특하다. 하지만 아로마는 예상을 크게 벗어나지 않는다. 수정처럼 투명한 배 브랜디의 향기를 느낄 수 있다. 혀에는 칼바도스(Calvados)[33]와 배 풍미가 가장 먼저 느껴진다. 이어서 박하 향을 머금은 초본질의 주니퍼와 건초 향미가 전해진다. 마지막 여운에는 약간의 짠맛과 흙냄새, 버섯과 감칠맛을 경험할 수 있다. 독특하면서도 매혹적인 진으로 약간의 비터스를 첨가해 핑크 진 또는 마티니로 마셔보기를 바란다.

---

[33] 프랑스 바스노르망디주에서 생산한 사과 원료의 브랜디.

댄싱 독(Dancing Dog), 40도

오리건주, 포레스트 그로브

플러드 폭스 덴 디스틸러리(Flood Fox Den Distillery)

컨템포러리 진

개인적으로 가장 좋아하는 라벨 디자인을 지닌 진 가운데 하나이다. 진 자체로서는 상쾌한 주니퍼 톱 노트와 은은한 시나몬, 라벤더의 배경 노트가 인상적이다. 댄싱 독을 한 모금 머금으면 풍성한 꽃 풍미를 더욱 자세히 느낄 수 있다. 역시나 가장 뚜렷한 향미는 라벤더이며, 오리스와 부드러운 레몬 껍질 향도 전해진다. 이어서 여운에 이르기까지 고수와 카더멈 향미가 뒤따른다. 중간 길이의 따뜻한 여운 속에서 약간의 얼얼함도 느낄 수 있다.

데스 도어 진(Death's Door Gin), 47도

위스콘신주, 미들턴

데스 도어 디스틸러리(Death's Door Distillery)

클래식 진, 추천

주니퍼·고수·펜넬의 풍미를 제대로 경험할 수 있는 진이다. 진에 처음 입문해 입맛을 연마하고 싶은 사람에게 추천한다. 게다가 칵테일과의 궁합도 좋으니 금상첨화다. 톱 노트에는 늘 푸른 주니퍼 향이 날카롭게 코를 자극하고 계속해서 소나무 향이 흐릿하게 이어지지만, 전체 향을 해칠 정도는 아니다. 중간 풍미에는 이색적이고 산뜻한 고수 향을 느낄 수 있는데, 간혹 카더멈 또는 바닐라로 오해하기도 한다. 마지막 여운은 펜넬 씨앗을 씹은 뒤 숨을 쉬는 것처럼 상쾌하고 따뜻하게 남는다.

크레이터 레이크 핸드크래프티드 이스테이트 진(2013)(Crater Lake Handcrafted Estate Gin(2013)), 42.5도

오리건주, 벤드, 벤디스틸러리(Bendistillery)

클래식 진, 숙성 진, 추천

손으로 직접 수확한 시에라 주니퍼(*Juniperus occidentalis*)를 사용해 만든 진으로, 어떤 시즌에 만든 상품이든 그 시기가 지닌 매력의 정수를 뽑아낸다. 2013년산 제품은 라임 바질과 레몬밤, 주니퍼 아로마를 지닌 진을 단기간 오크 숙성해 탄생한다. 가장 또렷한 향은 유년기를 떠올리게 하는 섬세한 레몬밤이다. 질감은 믿기 어려울 만큼 매끄럽고, 부드러운 주니퍼 향미는 은은한 배경 향 덕분에 더욱 파릇한 초본질의 특성을 보인다. 여운은 깨끗하고 크림 같으며 약간의 호두 브리틀(Brittle)[34], 바닐라크림, 솔방울 풍미를 지닌다. 사랑에 빠질 수밖에 없는 진이다.

---

[34] 호두나 땅콩 등을 넣어 굳힌 사탕.

다즐링 진(Darjeeling Gin), 44도

캘리포니아주, 오번, 캘리포니아 디스틸드 스피리츠(California Distilled Spirits)

컨템포러리 진

금주법 시대 이후 최초의 합법적인 증류소는 캘리포니아주 새크라멘토 위쪽의 플레이서 카운티에 세워졌다. 이곳에서는 서쪽 저 너머 인도에서 영감을 받아 자신들의 대표 진을 만들어낸다. 이름에서 알 수 있듯 다즐링차의 풍미를 입힌 진으로, 볶은 찻잎과 고수 아로마가 향기롭게 퍼진다. 매끄러운 질감과 함께 파릇한 주니퍼와 감귤 껍질, 민트 향미가 산뜻하게 혀에 닿는다. 상쾌한 멘톨 향은 긴 여운으로 이어지며, 흙 향과 따뜻함을 남긴다. 토닉과 궁합이 가장 좋다.

덴버 드라이 진(Denver Dry Gin), 40도

콜로라도주, 덴버

마일 하이 스피리츠(Mile High Spirits)

클래식 진, 추천

때로는 가장 겸허한 소망이 가장 비범한 창조물을 만들어내기도 한다. 전통적인 식물 배합을 사용해 겉만 번지르르한 것이 아닌 적절한 도수의 진이 탄생했다. 세계 굴지의 유명 진 브랜드를 재현한 미국 증류 진이라 할 수 있다. 주니퍼가 이끄는 산뜻한 아로마와 은은한 고수, 라임 향을 느낄 수 있다. 흙내 나는 향신료를 딱 맞게 사용해 조화로운 풍미가 입안에 퍼지고 깨끗한 여운이 남는다. 어떤 칵테일에든 잘 어울리는 환상적인 진으로 세계 최고의 진 반열에 거의 근접했다고 평가할 수 있다.

캡티브 스피리츠 디스틸링

3대째 증류업자로 일하는 벤 캡데빌은 캡티브 스피리츠를 이끌고 있다. 그는 아버지를 통해서 진 생산에 흠뻑 빠지게 되었다. "아버지는 증류의 기본을 가르쳐주셨고, 저는 그 매력에 반하게 되었어요. 증류가 저를 선택한 것 같아요." 캡티브 스피리츠는 증류의 요충지라 할 수 있는 태평양 북서부 연안의 워싱턴주 시애틀에 위치하며, 자신만의 입지를 다져가며 관심을 끌기 시작했다. 그리고 최고의 진을 만들겠다는 유일한 목표 아래 단기간 내 시장의 주목을 받았다.

워싱턴주, 시애틀
NW 52nd 스트리트 1518
우편번호 98107
캡티브 스피리츠 디스틸링

www.captivespiritsdistilling.com

대표 상품
버번 배럴드 빅 진, 47도
빅 진, 47도

"왜 진이냐고요? 저희가 진을 마시기 때문이죠. 캡티브 스피리츠에서는 오직 진만 생산합니다. 단시간 만에 만들 수 있기 때문이죠. 그리고 세계 최정상급의 진에 저희를 상징하는 라벨을 붙여 출시합니다." 이 진에 붙은 '빅'이라는 이름은 진의 특성만큼이나 간결하고 뚜렷하다. 벤은 "가장 중요한 것은 식물 재료의 품질과 균형이에요."라고 말한다.

이름에 걸맞은 진을 만드는 일은 좀처럼 쉬운 일이 아니다. 빅 진이라는 이름 때문에 사람들이 많은 것을 기대하니까 말이다. 가장 먼저 벤은 스스로 '흰 백지'라고 표현한 옥수수 주정을 선택한다. 그리고 대량의 주니퍼(빅 진의 상징)와 고수, 안젤리카, 그레인 오브 파라다이스, 카시아, 카더멈, 오리스, 쓴 오렌지 껍질, 태즈메이니아 페퍼베리(Pepperberry)를 첨가한다. '선명한 주니퍼 첫 풍미와 중간 향미의 복합성, 마지막의 알싸한 여운'을 만들기 위해 한 치의 오차도 없이 정확한 양을 사용한다. 이렇게 잘 섞인 진은 그 자체로 훌륭한 매력을 지닌다.

캡티브 스피리츠에서는 스테인리스 스틸과 구리 재질의 378L짜리 방돔(Vendome) 단식 증류기에 직접 열을 가해서 진을 만든다. 과연 이 증류기에는 어떤 이름을 붙였을까? "우리가 가장 좋아했던 할머니들의 이름을 따서 필리스와 진이라고 지었어요."

이 증류소에서는 빅 진을 버번위스키 배럴에서 숙성한 진도 생산한다. 기존의 빅 진을 상징하는 뚜렷한 성질은 유지하면서 크림 같은 질감, 약간의 오크 향과 함께 기존 빅 진의 알싸한 주니퍼 향미를 보완하는 캐러멜과 바닐라 풍미를 더했다.

"진을 사랑하는 고령층이 떠난 뒤에도 칵테일 문화가 계속 번창하므로 진은 충분한 기회가 있다고 생각합니다." 빅 진 같은 상품들은 진의 개념을 발전시키고 확대할 것이며, 진의 성장을 이끌 것이다. 진 시장에 새 물결이 이는 가운데, 빅 진은 그 최전선을 지킨다. 벤은 '자신을 기분 좋게 만드는 칵테일'이라면 어떤 칵테일에든 빅 진을 활용한다고 말한다. 라모스 진 피즈부터 마티니까지 그 종류는 다양하다. 빅 진이 "베르무트와 비터스 등 좋은 재료와 잘 섞인다"라고 말한다. 따라서 여러분도 기호에 따라 마음껏 빅 진을 즐겨보자. 빅 진은 진 르네상스의 큰 축으로 자리잡았다. 현재 캡티브 스피리츠는 빅 진과 버번 배럴드 빅 진, 2종만 생산한다. 하지만 2종의 진의 명성이 아주 높아 둘만으로도 충분해 보인다.

Jean

MANUFACTURED BY
Vendome
COPPER & BRASS WORKS
LOUISVILLE, KY

위 캡티브 스피리츠 증류소의 라벨작업 현장.

중앙 캡티브 스피리츠의 증류기 이름은 창립자가 가장
좋아했던 할머니의 이름을 따서 붙였다. 이 증류기에는
'진(Jean)' 할머니의 이름이 붙여졌다.

도로시 파커(Dorothy Parker), 44도
뉴욕주, 뉴욕
뉴욕 디스틸링 컴퍼니(New York Distilling Company)

컨템포러리 진, Top 10

도로시 파커는 컨템포러리 진의 대표적인 성공 사례다. 매우 산뜻한 주니퍼 아로마가 히비스커스, 엘더베리[35], 시나몬 향과 어우러져 향긋한 꽃차 같은 향기를 내뿜는다. 혀에는 풍성한 주니퍼 향미와 함께 엘더베리, 감귤, 히비스커스 풍미가 적당하게 퍼지고, 엷은 시나몬 향의 크랜베리 소스와 감귤 껍질 설탕조림을 연상시킨다. 진을 삼키고 난 뒤에는 눈부신 라벤더, 엘더베리, 주니퍼 향미가 기분 좋은 여운으로 오래도록 남는다. 최고의 진 가운데 하나이며, 에비에이션 칵테일과 환상적인 궁합을 보인다.

―――――
35 자줏빛 검은색 열매를 가진 딸기류 식물.

퓨 배럴 진(Few Barrel Gin), 46.5도
숙성 진

화이트 위스키 베이스의 진을 숙성하면 어떤 일이 일어날까? 그저 주니퍼 향이 가미된 평범한 숙성 위스키에 그치지 않을까? 물론 그럴 수 있다. 하지만 퓨 배럴 진에 사용된 식물 재료는 군더더기 없이 완벽한 차이를 만들어낸다. 오렌지 껍질 향과 함께 크림처럼 부드러운 바닐라 향을 머금은 감초의 아로마가 인상적이다. 배럴 숙성 덕분에 다채로운 개성을 느낄 수 있는데, 특히 끝맛은 바이에른 크림(Bavarian cream)[36]의 엄청난 질감과 함께 주니퍼, 펜넬 씨앗은 물론 심지어 바나나까지 느껴진다. 여운은 바나나 크림파이와 흑후추 향미를 연상시키며 오래도록 남는다. 계속 궁금해지는 진으로, 니트로 마시거나 알렉산드리아 칵테일로 마셔보자.

―――――
36 거품을 낸 크림에 과일 퓌레와 달걀, 초콜릿, 젤라틴을 넣어 만든 디저트.

포 필 진(Four Peel Gin), 44도
오하이오주, 콜럼버스, 워터셰드 디스틸러리

컨템포러리 진, 추천

이름부터 4가지 종류의 감귤류 껍질을 강조한다. 구체적으로는 레몬과 라임, 자몽과 오렌지를 사용했다. 생기 넘치는 감귤 아로마가 후각을 자극하는데, 개인적으로는 주로 탠저린과 키 라임(Key lime)[37] 향기를 또렷하게 구별할 수 있었다. 다양한 감귤 제스트가 훌륭하게 배합된 사랑스러운 진이다. 약간의 박하 향을 머금은 초본질의 주니퍼와 산뜻한 감귤, 카더멈과 고수의 향신료 풍미가 놀라운 균형미를 선보인다. 여운은 약간의 후추 향과 함께 오래도록 남는 편이다. 아름다운 조화를 보여주는 포 필 진을 진 리키(Gin Rickey) 칵테일에 활용해보자. 특별한 경험을 할 수 있을 것이다.

―――――
37 열대 지방에서 널리 재배하는 라임의 한 종류.

퓨 아메리칸 진(Few American Gin), 40도
일리노이주, 에번스턴, 퓨 스피리츠(Few Spirits)

컨템포러리 진

화이트 위스키를 기주로 사용했다는 사실이 처음에는 낯설게 느껴질 것이다. 하지만 많은 게 네베르 또는 홀란드 진처럼 기주가 풍미의 중대한 역할을 한다. 이름 그대로 상당히 희소한 개성을 드러낸다. 전체적인 아로마는 레몬 제스트와 크림 같은 바닐라, 아니스이며 풍미는 놀랄 만큼 부드럽다. 초본질의 주니퍼와 체리 잼, 바닐라, 크림 향미가 먼저 나타나고 고수와 안젤리카 풍미가 뒤늦게 혀를 적신다. 비슷한 스타일로 만든 다른 진처럼 곡물의 풍미가 진한 편은 아니며, 홀란드 피즈 칵테일과 잘 어울린다.

플라이슈만스 엑스트라 드라이 진
(Fleischmann's Extra Dry Gin), 40도
켄터키주, 루이빌, 플라이슈만 디스틸링 컴퍼니

클래식 진

1870년부터 생산된 미국 최초의 진이자 최초의 드라이 진이다. 150여 년간 브랜드 소유권은 수차례 바뀌었지만, 제조법은 변하지 않았다. 주니퍼와 흐릿한 고수 향을 가장 먼저 느낄 수 있고 셀러리와 소나무 향이 뒤이어 낮게 깔린다. 입에 닿는 첫 풍미는 개성이 약하지만, 중간부터는 주니퍼의 묵직함과 신선하게 갈아낸 고수 씨앗 향미가 전해진다. 레몬 향미가 상큼함을 살포시 더하고, 상쾌한 여운이 중간 길이로 남는다. 클래식 진이지만 다른 음료와 섞지 않고 마실 때 최상의 맛을 경험할 수 있다.

지니어스 진(Genius Gin), 45도
텍사스주, 오스틴
지니어스 디스틸러(Genius Distiller)

컨템포러리 진

식물 재료를 반은 뜨겁게, 반은 차갑게 처리해 만든 진이다. 즉, 식물 재료 반은 기주에 침출한 뒤 증류 전에 제거하고 나머지 반은 진 바구니에 넣어 증기 투과 과정을 거친다. 이렇게 탄생한 진은 맥아 향기와 함께 카더멈, 감귤 껍질 향을 뿜는다. 혀에는 라임과 주니퍼, 카더멈 풍미가 따뜻하고 크림처럼 부드럽게 닿는다. 진하고 혀에 달라붙는 듯한 질감을 지녔으며 풍성한 여운이 오래 지속된다. 진토닉으로 마셔보기를 바란다. 예상치 못하게 피어오르는 감귤 향을 경험할 수 있다.

지니어스 진 네이비 스트렝스(Genius Gin Navy Strength), 57도

텍사스주, 오스틴, 지니어스 디스틸러

컨템포러리 진, 네이비 스트렝스 진

일반 지니어스 진의 모든 매력을 강한 알코올 도수로 맛볼 수 있다. 이 진이 가진 산뜻한 풍미는 까다로운 칵테일에 매력을 더한다. 이를테면 지니어스 진 네이비 스트렝스의 따뜻한 향신료 풍미는 네그로니 칵테일의 첫인상을 장식한다. 브롱크스 칵테일에서는 맥아 향기, 향신료, 오렌지 껍질 풍미가 깊이를 더하고, 싱가포르 슬링에는 이국적인 향신료 풍미를 입힌다.

글로리어스 진(Glorious Gin), 45도

뉴욕주, 뉴욕

브뢰컬런 디스틸러리(Breuckelen Distillery)

컨템포러리 진

진 르네상스 시기 브루클린에 가게를 설립한 최초의 진 증류소다. 지역산 밀로 만든 기주와 생강, 로즈메리, 2종의 감귤을 사용했다. 예나 지금이나 독특한 개성을 선보이는데, 주니퍼와 허브 향이 주된 아로마를 형성하며 코를 즐겁게 하고 로즈메리와 생강 향미가 상대적으로 부드러운 주니퍼 풍미를 보완하며 혀를 감싼다. 마지막으로 자몽과 생강이 한데 어우러져 따뜻하고 긴 여운을 남긴다. 톰 콜린스 칵테일로 마셔보기를 바란다. 전통적인 칵테일의 유쾌한 변화를 경험할 수 있다.

그린 햇 지나비트 폴/윈터(Green Hat Ginavit Fall/Winter), 45.2도

워싱턴 DC, 뉴 컬럼비아 디스틸러스

숙성 진, 컨템포러리 진, 추천

간략히 요약하면 지나비트는 주니퍼의 특성이 강한 진과 캐러웨이의 특성이 강한 아쿠아비트의 합성어다. 캐러웨이와 레몬, 주니퍼와 베이킹 향신료 아로마를 느낄 수 있다. 첫 모금에 오렌지와 카더멈, 향신료 풍미를 듬뿍 맛볼 수 있고 이어서 중간 풍미로는 기본 그린 햇 진을 연상시키는 꽃 향미를 경험할 수 있다. 중반 이후 캐러웨이 향이 서서히 고개를 들고, 이와 함께 펜넬과 전나무는 물론 지나비트 진을 숙성한 사과 브랜디 오크통의 달콤함도 아주 미세하게 나타난다. 훌륭한 균형감으로 기억에 남을 진이다.

길비스 진(Gilbey's Gin), 40도

켄터키주, 프랭크퍼트

W&A 길비/빔 산토리(W&A Gilbey Ltd/Beam Suntory)

클래식 진

그렇다. 원래 런던에서 증류하던 진이지만, 40도 버전은 빔 산토리 증류소의 감독하에 미국에서 증류된다. 따라서 엄밀히 따지면 이제는 기존 길비스(1857년 설립) 관리 아래 생산되는 아메리칸 진이라고 볼 수 있다. 진의 기원에 대한 논의는 뒤로하고 풍미를 살펴보자. 길비스 진에서는 주니퍼와 감귤의 묵직한 아로마를 느낄 수 있다. 주니퍼의 선명한 솔 향이 선사하는 상쾌한 풍미와 함께 수렴성을 지닌 여운이 짧게 남는다. 다른 음료와 섞어 마시는 것을 추천한다.

그린 햇 진(Green Hat Gin), 41.6도

워싱턴 DC

뉴 컬럼비아 디스틸러스(New Columbia Distillers)

컨템포러리 진, 추천

전통적이면서도 독창적인 진이다. 완벽히 전통적인 진을 기대한다면 논란의 여지가 있겠지만, 전통과 현대 감각의 결합으로 한계를 초월하려는 시도를 좋아하는 사람이라면 반길 만한 상품이다. 코에는 신선한 오렌지와 펜넬 씨앗, 진한 고수 아로마가 폭발한다. 입안은 선명한 카시아와 그 아래 깔린 은은한 고수, 셀러리, 카더멈 풍미로 다채롭게 물든다. 흙내음과 허브 향, 약간은 이국적이지만 친숙한 풍미를 경험할 수 있다.

그린 햇 진 네이비 스트렝스(Green Hat Gin Navy Strength), 57도

컨템포러리 진, 네이비 스트렝스 진, 추천

57도까지 알코올 함량을 높인 그린 햇 진 네이비 스트렝스는 칵테일 마니아가 기다려온 활기 넘치는 현대식 진이다. 싱가포르 슬링으로 만들어도 에비에이션 칵테일로 만들어도 똑같이 아름다운 풍미를 자랑할 뿐 아니라 어떠한 음료와 혼합해도 훌륭한 조합을 보인다. 대표적인 아로마는 주니퍼, 설탕에 조린 레몬, 약간의 셀러리 향이다. 맛은 강렬한 편으로 활기 넘치는 주니퍼와 함께 후추 열매, 그레인 오브 파라다이스의 강하고 알싸한 후추 향미를 느낄 수 있다. 마지막 여운은 산뜻하지만 뜨겁게 매우 오랫동안 지속된다.

그린 햇 진 스프링/서머(Green Hat Gin Spring/Summer), 45.6도

워싱턴 DC, 뉴 컬럼비아 디스틸러스

컨템포러리 진

벚꽃만큼 봄날의 워싱턴 DC를 잘 표현하는 것이 있을까? 매년 수백만 명이 봄 축제를 즐기러 미국의 수도를 방문한다. 이 진도 주니퍼와 함께 체리 잼을 연상시키는 향기로 우리의 코를 즐겁게 한다. 오렌지 캔디, 체리 바닐라 잼, 허브 드 프로방스의 풍미는 훌륭한 균형미를 자랑하고 마지막 여운에는 알싸한 후추 향을 보인다. 여름에 마시기 완벽한 진으로 진 리키, 진 브램블, 진 피즈는 물론 최고의 진 토닉까지 모든 칵테일에 두루 어울리는 사랑스러운 술이다.

그린훅 진스미스 비치 플럼 진 리큐어 (Greenhook Ginsmiths Beach Plum Gin Liqueur), 30도

리큐어

비치 플럼은 슬로베리의 미국 버전이다. 캐나다 해안 남쪽부터 메릴랜드주까지 강한 바람에 노출된 모래언덕에서 야생으로 자란다. 맛은 상당히 달콤하지만, 이 열매를 통째로 먹는 경우는 드물다. 옛날부터 와인 재료로 활용된 비치 플럼은 이제 진에도 쓰인다. 구체적으로 그린훅 진스미스 증류소에서 자신들의 상징인 일반 감압증류 진을 활용해 만든다. 검붉은빛을 띤 이 진은 레몬 라임과 카모마일, 생강과 끓인 라즈베리 아로마를 지니며, 자두와 체리의 진한 맛을 자랑한다. 온더록스로 마셔보기를 바란다.

그레일링 모던 드라이 진(Greyling Modern Dry Gin), 41도

위스콘신주, 매디슨

투 버즈 아티산 스피리츠(Two Birds Artisan Spirits)

컨템포러리 진

오대호 생태계를 상징하며, 다채로운 색깔을 지닌 회색숭어를 따라 이름 붙여진 진이다. 지역산 붉은 겨울 밀을 구리 가마에 증류하고, 지역산 식물 재료를 증기 추출해 생산한다. 신선하고 섬세한 주니퍼의 소나무 향과 은은한 라벤더 아로마를 느낄 수 있다. 풍미에서는 균형 잡힌 복합미를 느낄 수 있으며 가장 먼저 주니퍼 향미를 맛볼 수 있다. 이어서 고수와 은은한 라벤더, 잼 향미를 느낄 수 있고, 상쾌하고 드라이한 여운이 오랫동안 남는다. 김렛 또는 마티니로 마셔보자.

그린훅 진스미스 진(Greenhook Ginsmiths Gin), 47도

뉴욕주, 브루클린

그린훅 진스미스(Greenhook Ginsmiths)

컨템포러리 진, 추천

재료가 지닌 휘발성 아로마 성분을 보다 효과적으로 보존하기 위해 증류 온도를 낮추는 감압증류 방식을 사용한다. 그 결과 눈에 띄게 생동감 넘치는 아로마를 뿜어낸다. 가장 먼저 느낄 수 있는 풍미는 카모마일과 시나몬이며 잇따라 주니퍼의 소나무 방향유 성분과 생강 풍미가 이어진다. 마지막 끝맛으로는 베리류와 날카로운 고수 향미를 느낄 수 있고 상쾌한 여운이 길게 남는다. 이국적이면서도 전형적이지 않은 진으로, 우리 할아버지 세대 때와 달리 생기 있는 마티니의 재료가 된다.

그린훅 진스미스 올드 톰 진(Greenhook Ginsmiths Old Tom Gin), 50.05도

리큐어, 추천

단식 증류, 당화, 숙성 과정을 통해 아름다운 밀짚색을 뽑아낸다. 상쾌한 주니퍼와 카시아, 월넛 아로마가 매력적인 진이다. 진하고 기름진 베이스 스피릿의 품질이 빼어나고 전체적으로 선명한 향신료 풍미를 경험할 수 있다. 생강과 육두구, 아몬드와 시나몬 향미가 모두 유쾌하게 나타나며, 약간의 감귤 향도 끝맛에 남는다. 마지막 여운에는 신선한 삼나무 토막과 라벤더 풍미를 느낄 수 있다. 단맛이 약한 편으로 마르티네즈 또는 턱시도 칵테일에 잘 어울린다.

할시온 진(Halcyon Gin), 46도

워싱턴주, 에버렛, 블루워터 오가닉 디스틸링 (BlueWater Organic Distilling)

클래식 진, 추천, Top 10

주니퍼와 고수, 여러 종류의 감귤 향이 선사하는 화사하고 고전적인 진 아로마를 경험할 수 있다. 주니퍼의 소나무 향과 파릇한 향미는 따뜻하고 전통적인 풍미를 느끼게 해주며, 이어서 진한 고수 향이 스파이시한 감귤 노트에 미끄러지듯 합쳐진다. 끝맛은 베이킹 향신료와 약간의 오렌지 제스트 향미가 장식한다. 마지막으로 선명한 주니퍼 향미가 따뜻하고 긴 여운으로 남는다. 고든스 또는 탱커레이 같은 굴지의 브랜드와 어깨를 나란히 하는 클래식 진이다. 마티니나 토닉워터는 물론 그 어떤 칵테일에도 잘 어울릴 알코올 함량을 지닌다.

햇 트릭 보태니컬 진(Hat Trick Botanical Gin), 44도

사우스캐롤라이나주, 찰스턴, 하이 와이어 디스틸링 컴퍼니(High Wire Distilling Company)

컨템포러리 진, 추천

전통적인 진의 느낌이 가미된 아름답고 현대적인 아로마를 선보인다. 대표적으로 풍성한 고수 향과 카더멈, 감귤 향기를 느낄 수 있다. 주니퍼의 소나무 향미와 약간의 레몬, 산뜻하고 선명한 스피어민트 풍미는 진하고 견고한 바디감을 형성한다. 주니퍼와 로즈메리 향이 가벼운 안젤리카 향미와 어우러져 피어나는 가운데 송진 향이 주는 여운이 따뜻하고 길게 이어진다. 토닉과 마티니, 네그리니와 톰 콜린스와 모두 잘 어울린다. 약간의 허브 향이 개성을 더하는 컨템포러리 진으로, 범용성이 뛰어나고 존재감이 확실하다.

임페리얼 배럴 에이지드 진(진스키)(Imperial Barrel Aged Gin(Ginskey)), 47도

콜로라도주, 볼더
라운드하우스 스피리츠(Roundhouse Spirits)

숙성 진

이제는 진스키(Ginskey)로 불리는 황갈빛의 임페리얼 배럴 에이지드 진은 최소 10개월 이상의 오크 숙성을 거쳐 탄생한다. 그 향기는 캐러멜과 오렌지 껍질 설탕조림을 떠올리게 하는 달콤한 아로마다. 혀에는 카모마일, 제비꽃, 정향, 육두구, 올스파이스, 시나몬 풍미가 깨끗하고 선명하게 전해진다. 마지막 여운에는 오크 숙성의 영향으로 따뜻한 페이스트리 향미가 남는다. 가장 쉽게 접할 수 있는 숙성 진으로, 네그로니 또는 바루나 칵테일과 잘 어울린다.

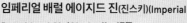

코발 드라이 진(Koval Dry Gin), 47도

일리노이주, 시카고
코발 디스틸러리(Koval Distillery)

컨템포러리 진, 추천

여름날의 정원이 그려지는 섬세한 아로마를 가진 진이다. 주니퍼의 허브 향과 미세한 박하 향은 물론 라벤더와 나뭇잎이 선사하는 무지갯빛 노래도 경험할 수 있다. 혀끝에는 레몬 향미가 살포시 닿고 주니퍼와 카더멈 풍미가 숨을 죽인 채 혀의 가장자리를 맴돈다. 알싸하고 따뜻한 후추 향은 풍성하게 입안을 메운다. 여운의 길이는 적절한 편이며 후추와 단풍나무 껍질, 베이킹 향신료 풍미를 느낄 수 있다. 블러디 메리 칵테일이나 전통적인 드라이 마티니에 써보자.

헷지 트리머 진(Hedge Trimmer Gin), 42도

워싱턴주, 시애틀, 선 리커(Sun Liquor)

클래식 진

클래식 진의 전형적인 모습을 띠는 와중에 이색적인 재료를 하나 뚜렷하게 느낄 수 있다. 이 진의 아름다움을 더하는 지역산 캐넌볼(Cannonball) 수박 껍질이다. 전체적인 아로마는 감귤 향이 주를 이루며 대표적으로 레몬과 약간의 향신료, 은은하고 산뜻한 히비스커스 향기를 경험할 수 있다. 싱긋한 숲 향을 머금은 주니퍼 향미는 입안을 촉촉하게 적신다. 이에 더해 안젤리카와 고수의 향신료 풍미가 적절한 균형을 이룬다. 무거운 칵테일에서는 개성이 묻히는 경향이 있으며 토닉워터 또는 탄산수와 섞었을 때 최상의 매력을 보여준다.

잭 래빗 진(Jack Rabbit Gin), 45도

유타주, 솔트레이크시티
비하이브 디스틸링(Beehive Distilling)

컨템포러리 진

비하이브 디스틸링은 유타주 최초의 현대식 증류소다. 이 증류소의 대표 진인 잭 래빗 진은 사막에서 영감을 얻어 다소 전통적인 식물 재료에 장미와 세이지를 첨가해 만들어진다. 상당히 선명한 이 진의 아로마는 장미수와 고수 향은 물론 약간의 박하 향도 담고 있다. 첫 모금에는 주니퍼와 레몬 껍질 풍미를 가장 먼저 느낄 수 있고 이어서 장미 향이 다시 나타난다. 마지막 여운은 바질과 세이지 향미가 장식한다. 청량감이 뛰어난 현대식 진으로 토닉워터와 얼음만 넣고 마실 때 최고의 매력을 느낄 수 있으며 김렛 칵테일과도 잘 어울린다.

록하우스 뉴욕 스타일 파인 진(Lockhouse New York Style Fine Gin), 41.5도

뉴욕, 버펄로
록하우스 디스틸러리(Lockhouse Distillery)

컨템포러리 진

뉴욕 버펄로에서 만들어진 진으로, 내가 버펄로 지역을 대표한다는 듯한 자부심을 느낄 수 있다. 강렬한 세이지 아로마를 맡을 수 있고 이를 둘러싼 복합적인 풍미가 입안을 수놓는다. 신선한 오렌지 향미에 이어 세이지와 가문비나무, 주니퍼의 또렷한 솔 향이 혀를 즐겁게 한다. 레몬과 함께 고수, 약간의 아니스 향미가 뒷받침되어 따뜻하고 깔끔한 여운을 남긴다. 토닉과도 잘 맞지만, 에비에이션 또는 라스트 워드 등의 칵테일과 특히 잘 어울린다.

블루워터 디스틸링

"증류는 제가 좋아하면서도 잘할 수 있는 몇 안 되는 일 가운데 하나입니다."라고 워싱턴주 에버렛에 위치한 블루워터의 증류업자 존 런딘(John Lundin)은 말한다. 존은 진에서 영감을 얻어 이 길에 들어서게 되었다. "처음에는 진 증류 기법에 매료되어 각종 장비와 기술을 탐구하게 되었어요." 머지않아 그는 사업가적인 감각까지 발휘해 블루워터 디스틸링을 널리 알리게 되었다. 그는 유기농 보드카와 진을 생산하는데, 이는 '사회적 책임을 기반으로 증류주를 생산하고, 독창적인 맛과 지속가능성을 지닌 상품을 만든다'라는 그의 이상을 반영한 결과물이다.

워싱턴주, 에버렛
크래프츠맨 웨이 1205 #116
우편번호 98201
블루워터 디스틸링

www.bluewaterdistilling.com

대표 상품
할시온 진, 46도

중앙 아름답고 전통적인 단식 증류기로 할시온 스몰 배치 진을 생산한다. 탱커레이 또는 고든스처럼 매우 클래식한 스타일의 진이다.

아래 블루워터 디스틸링의 공동 창립자인 존 런딘은 할시온 진에 오렌지 비터스를 넣고 오렌지 껍질로 장식하면 완벽한 마티니를 경험할 수 있다고 추천한다.

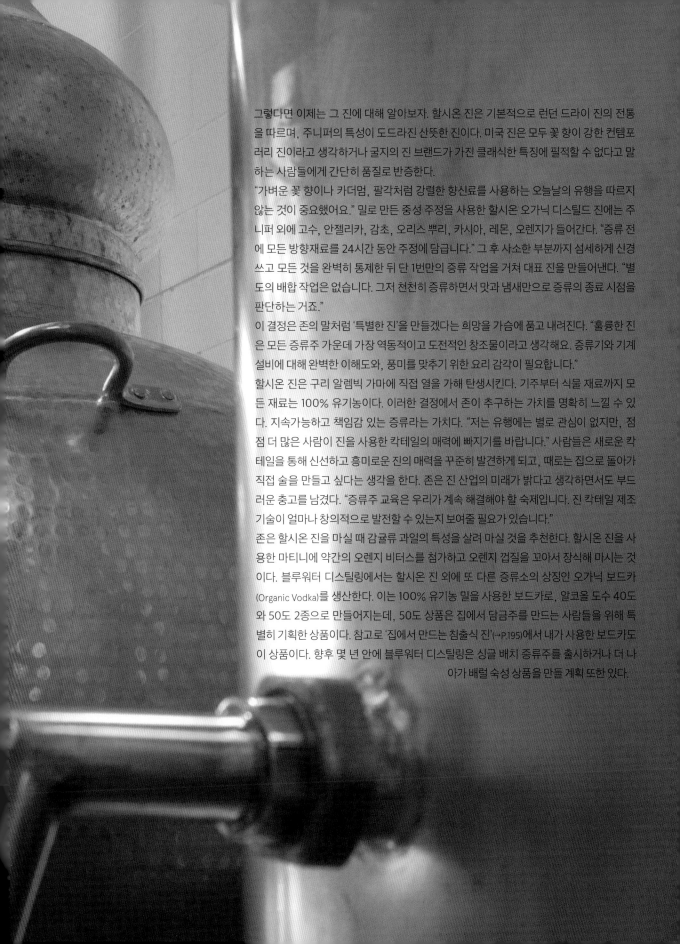

그렇다면 이제는 그 진에 대해 알아보자. 할시온 진은 기본적으로 런던 드라이 진의 전통을 따르며, 주니퍼의 특성이 도드라진 산뜻한 진이다. 미국 진은 모두 꽃 향이 강한 컨템포러리 진이라고 생각하거나 굴지의 진 브랜드가 가진 클래식한 특징에 필적할 수 없다고 말하는 사람들에게 간단히 품질로 반증한다.

"가벼운 꽃 향이나 카더멈, 팔각처럼 강렬한 향신료를 사용하는 오늘날의 유행을 따르지 않는 것이 중요했어요." 밀로 만든 중성 주정을 사용한 할시온 오가닉 디스틸드 진에는 주니퍼 외에 고수, 안젤리카, 감초, 오리스 뿌리, 카시아, 레몬, 오렌지가 들어간다. "증류 전에 모든 방향재료를 24시간 동안 주정에 담급니다." 그 후 사소한 부분까지 섬세하게 신경 쓰고 모든 것을 완벽히 통제한 뒤 단 1번만의 증류 작업을 거쳐 대표 진을 만들어낸다. "별도의 배합 작업은 없습니다. 그저 천천히 증류하면서 맛과 냄새만으로 증류의 종료 시점을 판단하는 거죠."

이 결정은 존의 말처럼 '특별한 진'을 만들겠다는 희망을 가슴에 품고 내려진다. "훌륭한 진은 모든 증류주 가운데 가장 역동적이고 도전적인 창조물이라고 생각해요. 증류기와 기계 설비에 대해 완벽한 이해도와, 풍미를 맞추기 위한 요리 감각이 필요합니다."

할시온 진은 구리 알렘빅 가마에 직접 열을 가해 탄생시킨다. 기주부터 식물 재료까지 모든 재료는 100% 유기농이다. 이러한 결정에서 존이 추구하는 가치를 명확히 느낄 수 있다. 지속가능하고 책임감 있는 증류라는 가치다. "저는 유행에는 별로 관심이 없지만, 점점 더 많은 사람이 진을 사용한 칵테일의 매력에 빠지기를 바랍니다." 사람들은 새로운 칵테일을 통해 신선하고 흥미로운 진의 매력을 꾸준히 발견하게 되고, 때로는 집으로 돌아가 직접 술을 만들고 싶다는 생각을 한다. 존은 진 산업의 미래가 밝다고 생각하면서도 부드러운 충고를 남겼다. "증류주 교육은 우리가 계속 해결해야 할 숙제입니다. 진 칵테일 제조 기술이 얼마나 창의적으로 발전할 수 있는지 보여줄 필요가 있습니다."

존은 할시온 진을 마실 때 감귤류 과일의 특성을 살려 마실 것을 추천한다. 할시온 진을 사용한 마티니에 약간의 오렌지 비터스를 첨가하고 오렌지 껍질을 꼬아서 장식해 마시는 것이다. 블루워터 디스틸링에서는 할시온 진 외에 또 다른 증류소의 상징인 오가닉 보드카(Organic Vodka)를 생산한다. 이는 100% 유기농 밀을 사용한 보드카로, 알코올 도수 40도와 50도 2종으로 만들어지는데, 50도 상품은 집에서 담금주를 만드는 사람들을 위해 특별히 기획한 상품이다. 참고로 '집에서 만드는 침출식 진'(→P.195)에서 내가 사용한 보드카도 이 상품이다. 향후 몇 년 안에 블루워터 디스틸링은 싱글 배치 증류주를 출시하거나 더 나아가 배럴 숙성 상품을 만들 계획 또한 있다.

메리렉스 게네베르 스타일 진(Merrylegs Genever Style Gin), 40도

오리건주, 벤드

오리건 스피릿 디스틸러스(Oregon Spirit Distillers)

홀란드 스타일

전통적인 게네베르의 영향을 많이 받은 진으로 향긋한 곡물 아로마가 진하게 나타난다. 선명한 맥아 향기를 가장 먼저 경험할 수 있으며, 가장자리에 은은하게 퍼지는 감초 향만 뺀다면 화이트 위스키 아로마와 매우 흡사하다. 마치 아니스 쿠키를 마시는 듯한 느낌을 받을 수 있다. 가장 먼저 가벼운 장미 꽃 향미가 혀를 적시고, 감귤과 고수의 스파이시한 풍미가 이어진다. 여운에는 수렴성이 강한 감초 향미가 오래도록 남는다. 임프루브드 홀란드 진 칵테일로 마셔보기를 추천한다.

모호크 런던 드라이 진(Mohawk London Dry Gin), 40도

켄터키주, 바즈타운

헤븐 힐 디스틸러리스(Heaven Hill Distilleries)

클래식 진

주니퍼와 에탄올 향이 후각을 적시고, 매끄러운 레몬의 은은한 구연산 풍미가 날카롭게 미각을 자극하는 진이다. 중간부터 느낄 수 있는 주니퍼 향미는 비교적 밋밋하고 단조로운 편이다. 레몬의 시큼한 향미와 알코올, 뜨거운 열기가 짧막하게 여운에 남는다. 다소 심심한 풍미를 지닌 거친 품질의 진이다.

뉴 암스테르담 진(New Amsterdam Gin), 40도

캘리포니아주, 머데스토

뉴 암스테르담 스피리츠 컴퍼니

컨템포러리 진

미국 내 널리 유통되는 진으로, 주니퍼가 아닌 다른 식물 재료가 진의 풍미를 대표할 수 있다는 대담한 철학을 바탕으로 탄생했다. 가장 먼저 느껴지는 은은한 감귤 향 때문에 진이라기보다 감귤 풍미를 입힌 보드카에 가깝다는 생각이 든다. 혀에도 감귤 향미가 가장 중심적으로 전달된다. 주니퍼 향미가 존재감을 드러내지만 이내 흐릿하게 사라진다. 마지막에 느낄 수 있는 크림 같은 여운은 진보다는 오렌지 셔벗을 연상시킨다. 주니퍼가 함유되어서 엄밀히 따지면 진은 맞지만, 진 애호가 사이에서는 의견이 분분하다.

패소진(배치14)(PathoGin(Batch 14)), 48도

펜실베이니아주, 먼홀

스테이 튠드 디스틸러리(Stay Tuned Distillery)

컨템포러리 진

100% 보리로 만든 기주를 사용하고 비냉각 여과 기법을 도입한 진이다. 펜실베이니아주의 지역색을 담아낸 크래프트 진으로 계절의 다양성을 표현한다. 그중에서도 배치 14는 동일한 기주와 식물 배합을 사용했음에도 특유의 개성을 가지고 있어 존재감이 뚜렷하다. 박하와 감초 향기를 느낄 수 있으며, 초본질의 주니퍼 향미가 강건하게 중간 풍미를 장식한다. 특히 긴 여운 속에서 아니스 향과 함께 곡물의 따뜻한 성질을 경험할 수 있다. 이 진의 아름다운 풍미를 네그로니 칵테일 또는 온더록스로 즐겨보자.

페리스 톳(Perry's Tot), 44도

뉴욕주, 뉴욕, 뉴욕 디스틸링 컴퍼니

컨템포러리 진, 네이비 스트렝스 진

이 진은 브루클린에 위치한 뉴욕 해군 공창의 사령관 매튜 페리(Matthew C. Perry) 준장의 이름을 따라 이름 지어졌다. 뉴욕 북부의 야생화에서 채취한 꿀을 사용해 부드러움을 더했으며 선명한 꽃 향이 인상적이다. 주니퍼의 풍미가 항해를 이끄는 가운데 자몽 향기가 피어오르고 알싸한 고수 향이 마지막 돛을 내린다. 이 얼마나 멋진 여정인가! 라스트 워드 칵테일과 빼어난 궁합을 보인다.

핀크니 벤드 진(Pinckney Bend Gin), 46.5도

미주리주, 뉴 헤이븐

핀크니 벤드 디스틸러리(Pinckney Bend Distillery)

컨템포러리 진

각각의 식물 재료를 섬세하게 개별 가공해 진을 생산한다. 일부는 침용과 증류를 거쳐 가공하고, 일부는 증류탑에 매달아 증기 투과해 풍미를 추출한다. 우아한 주니퍼 향기가 코를 즐겁게 하지만, 무엇보다 3종의 감귤을 배합한 아로마가 가장 선명하게 나타난다. 오렌지와 레몬 향기가 또렷한 가운데 상쾌한 주니퍼 향미가 뒤이어 나타나고, 은은한 감초와 안젤리카 풍미가 끝맛까지 이어진다. 깔끔하고 따뜻하며 오래도록 남는 여운은 컨템포러리 진과 클래식 진을 연결하는 가교 역할을 한다.

프레리 오가닉 진(Prairie Organic Gin), 40도

미네소타주, 프린스턴

에드 필립스 앤 선스(Ed Phillips&Sons)

컨템포러리 진

은은한 꽃 향과 향기로운 아로마를 경험할 수 있는 진이다. 카더멈, 스피어민트 향기와 함께 초본질 주니퍼 향도 가볍게 느낄 수 있다. 입에 닿는 질감은 부드러운 편으로 주니퍼의 소나무 향미가 또렷하고 선명하게 전달된다. 잇따라 카더멈과 백후추 풍미가 나타나고 고수 향미까지 이어진다. 마지막 여운에는 후추와 허브 향이 과하지 않게 따뜻하고 오랫동안 남는다. 유기농 재료를 사용한 핸드 크래프트 진으로 절제미와 현대적인 매력을 느낄 수 있다.

세인트 조지 보태니보어 진(St. George Botanivore Gin), 45도

캘리포니아주, 앨러미다

세인트 조지 스피리츠(St George Spirits)

컨템포러리 진

매혹적인 허브와 꽃 향으로 우리의 코를 자극하면서도 주니퍼의 상징적인 솔 향까지 가진 진이다. 다소 고전적인 주니퍼와 감귤의 상쾌한 향미가 풍미의 포문을 열지만, 이어서 가문비나무 가지, 카더멈, 고수 풍미로 발전한다. 끝맛에서도 복합미를 느낄 수 있는데 빻은 후추와 신선한 펜넬 향미가 오랫동안 부드럽게 미각에 맴돈다. 톰 콜린스 칵테일에 잘 어울리지만, 허브 향이 물씬 풍기는 마티니에 특히 어울린다.

세인트 조지 테루아 진(St. George Terroir Gin), 45도

클래식 진, Top 10

진한 주니퍼 향기와 함께 소나무, 가문비나무, 솔방울, 송진, 갓 딴 소나무 꽃봉오리 등 소나무 숲의 아로마를 머금었으며 삼나무 숲 향기를 맛볼 수 있는 진으로 유명하다. 풍성한 더글러스전나무 향미가 혀를 즐겁게 하고 황야의 풍미가 층층이 쌓인다. 월계수 잎과 기름진 세이지 나뭇잎, 날카로운 주니퍼 향기가 한데 어우러져 나타난다. 자신만의 독보적인 개성과 풍미를 지닌 진이라 할 수 있다. 시중에는 특정 지역의 테루아를 맛볼 수 있다고 표방하는 진이 많지만, 이 진만큼 확실하게 테루아를 담고 있는 진은 드물다. 토닉과의 궁합이 환상적이고 개성 넘치는 마티니로 즐길 수 있으며, 네그로니 칵테일에도 독특한 매력을 더한다. 그 어떤 선택을 하든 후회하지 않을 것이다.

알 진(R Gin), 42도

워싱턴주, 후즈포트, 하드웨어 디스틸러리

컨템포러리 진

굴과 곁들여 마시도록 특별히 기획된 계절 한정 상품이다. 뜻밖에도 진 자체에서 굴과의 연관성을 찾을 수 있다. 이 진의 주정은 보리로 만들어지는데, 그 보리는 굴 훈제기에서 훈연을 거친 뒤 활용한다. 전체적으로 어두운 아로마를 지닌 편으로 곡물과 버섯 향, 잘 익은 체리 향을 가볍게 느낄 수 있다. 첫맛은 묵직한 곡물 풍미가 강하게 혀를 장악하고 주니퍼의 진한 소나무 향미가 이어진다. 마지막으로 훈연 향과 함께 안젤리카, 생강 향미가 드라이하고 긴 여운을 형성한다. 네그로니 칵테일로 마셔보기를 바란다.

세인트 조지 드라이 라이 진(St. George Dry Rye Gin), 45도

홀란드 스타일, 추천

최상급 홀란드 스타일 진으로, 단식 증류를 거친 호밀 풍미가 독특한 개성과 존재감을 형성한다. 다채로운 풍미를 선명하게 맛볼 수 있는 진이다. 가장 먼저 활기차고 파릇한 주니퍼 향미가 포문을 열고, 캐러웨이 향미와 감초의 멘톨 풍미가 이어지며, 빻은 흑후추 향이 여운에 남는다. 따뜻하고 질감이 부드러운 이 진은 평소에 호밀 진을 그다지 좋아하지 않는 사람도 단숨에 사로잡을 매혹적인 상품이다. 니트로 마시는 것을 가장 추천하며, 그래도 섞어 마시고 싶다면 네그로니 칵테일을 추천한다.

시그램스 엑스트라 드라이 진(Seagram's Extra Dry Gin), 40도

인디애나주, 로렌스버그

인디애나 디스틸러리, 페르노 리카드(Pernod Ricard)

클래식 진

2010년대 초 상품을 재설계하면서 '배럴 숙성을 통해 부드러움을 더하는' 방식에서 벗어났으나 상징적인 엷은 밀짚빛은 여전히 고수한다. 전반적인 아로마로는 은은한 감귤 향과 주니퍼를 느낄 수 있고 풍성하게 피어나는 고수와 안젤리카 향도 경험할 수 있다. 주니퍼 풍미가 뚜렷하게 진의 첫맛을 주도하지만, 설탕에 조린 감귤 껍질과 카더멈, 시나몬 스틱 향미가 뒤를 잇고, 길고 상쾌한 여운이 어우러지며 전체 풍미를 마무리한다. 어떤 칵테일에든 잘 어울린다.

시그램스 애플 트위스티드 진(Seagram's Apple Twisted Gin), 35도

인디애나주, 로렌스버그

인디애나 디스틸러리, 페르노 리카드

플레이버드 진

시그램스 트위스티드 시리즈 가운데 진 토닉을 제외한 칵테일의 재료로 활용하기 가장 어려운 진이 아닐까 싶다. 어떤 음료에 섞든 또렷한 청사과 사탕 향을 경험할 수 있다. 딱총나무꽃 풍미가 특징인 스프링 오차드(Spring Orchard) 리큐어와 섞으면 참신하고 흥미로운 칵테일이 된다.

시그램스 피치 트위스티드 진(Seagram's Peach Twisted Gin), 35도

플레이버드 진

전반적으로 달콤함이 느껴지는 진이다. 그 달콤한 맛에 정통한 사람이라면 복숭아가 지닌 약간의 떫은 단맛을 감별할 수 있을 것이다. 더불어 그 주변을 감싸는 주니퍼와 감귤 풍미도 맛볼 수 있다. 레모네이드와 같은 비율로 섞어서 해변가의 파티에서 마셔보기를 바란다. 시그램스 피치 트위스티드 진은 과거 주류 밀매점에서 판매하던 술처럼 불쾌한 맛을 교묘히 감춘 진이 아니다. 오히려 개성을 있는 그대로 드러낸 상품이다. 당신이 기대하는 모습을 그대로 경험할 수 있는 진이며, 그 특성이 당신과 잘 맞는다면 더할 나위 없이 훌륭한 진이다.

시애틀 진(Seattle Gin), 40도

워싱턴주, 배션

시애틀 디스틸링 컴퍼니(Seattle Distilling Company)

컨템포러리 진, 추천

태평양 북서안 최고의 재료들을 혼합해 탄생한 진이다. 붉은 겨울 밀로 만든 기주에 쉽게 구할 수 있는, 하지만 진에는 잘 사용하지 않는 헤이즐넛을 첨가해 만들어진다. 스파이시한 꽃 향과 이를 에워싼 주니퍼의 박하 향기를 경험할 수 있다. 첫 풍미는 구운 견과류와 로즈메리, 시나몬 풍미가 부드러운 재질감으로 입안을 적신다. 뒤이어 주니퍼 향미와 함께 스피어민트의 멘톨 향이 중간 풍미를 다채롭게 수놓는다. 따뜻하고 긴 여운 속에는 곡물과 라벤더 향미가 녹아 있다. 네그로니 칵테일과 잘 어울리는 아름다운 진이다.

시그램스 라임 트위스티드 진(Seagram's Lime Twisted Gin), 35도

플레이버드 진

라임을 비롯한 감귤 풍미를 입힌 플레이버드 진은 한때 매우 흔하게 볼 수 있었다. 그 가운데서도 고든스나 비피터는 가장 잘 알려진 브랜드였다. 시그램스 라임 트위스티드 진은 진 토닉 같은 칵테일에 쓸 수 있도록 만들어진 것으로, 이 진을 사용하면 라임 조각을 별도로 첨가할 필요가 없다. 은은한 주니퍼 향과 이에 대비되는 달콤한 라임 아로마가 인상적이다. 전체적인 맛은 라임이 주도하며 라임 파이, 라임맛 젤라틴, 라임 설탕조림 풍미를 맛볼 수 있다.

시그램스 파인애플 트위스티드 진

(Seagram's Pineapple Twisted Gin), 35도

플레이버드 진

트위스티드 진 시리즈는 해변가에 놀러 갈 때 가볍게 챙기거나 파티에 들고 가서 간편하게 주스와 섞어 마시기 좋다. 이 진의 파인애플 향 때문에 주니퍼 아로마를 코로 경험하기는 힘들지만, 혀에는 어느 정도의 주니퍼와 향신료 풍미가 전달된다.

솔베이그 진(Solveig Gin), 43.5도

미네소타주, 할록

파 노스 스피리츠(Far North Spirits)

컨템포러리 진

호밀로 만든 진은 마치 한 폭의 잊힌 예술작품과 같다. 솔베이그 진은 한때 널리 사랑받던 잊힌 예술품에 허브와 감귤의 산뜻함을 더해 옛 인기를 재건한다. 코에는 송진과 레몬 제스트, 자몽 방향유 아로마를 선사하고 혀에는 신선한 자몽과 풍성한 소나무 가지 풍미를 전달한다. 정원에서 갓 수확한, 신선하고 화사한 타임 향미로 미각을 마무리 짓는다. 마지막에는 은은한 호밀 풍미가 산뜻하고 오래도록 여운에 남는다. 진 토닉과 특히 잘 어울리는 진이다.

사우스 리버 (레드) 진(South River (Red) Gin), 40도

델라웨어주, 스머나

페인티드 스테이브 디스틸링

숙성 진

아방가르드 컬렉션의 화이트 진과 대비되는 상품이다. 레드와인 배럴에 5개월간 숙성해 일반 진에서는 보기 드문 특유의 진분홍색을 띤다. 약간의 티 오일 향과 진정 크림 아로마를 느낄 수 있다. 혀에는 간결한 주니퍼 풍미와 함께 레몬과 오렌지, 허브차와 미세한 진판델 와인 향미가 남는다. 진에서는 경험하기 어려운 요소인 숙성과 레드와인 풍미가 결합된 상품이다. 베르무트를 비롯한 와인 혼성주와 혼합해 칵테일로 즐긴다.

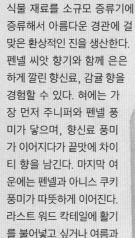

스피릿 하운드 진(Spirit Hound Gin), 42도

콜로라도주, 라이언스

스피릿 하운드 디스틸러스(Spirit Hound Distillers)

컨템포러리 진

로키산맥 산기슭에 위치한 스피릿 하운드 디스틸러스는 직접 수확한 지역산 식물 재료를 소규모 증류기에 증류해서 아름다운 경관에 걸맞은 환상적인 진을 생산한다. 펜넬 씨앗 향기와 함께 은은하게 깔린 향신료, 감귤 향을 경험할 수 있다. 혀에는 가장 먼저 주니퍼와 펜넬 풍미가 닿으며, 향신료 풍미가 이어지다가 끝맛에 차이티 향을 남긴다. 마지막 여운에는 펜넬과 아니스 쿠키 풍미가 따뜻하게 이어진다. 라스트 워드 칵테일에 활기를 불어넣고 싶거나 여름과 잘 어울리는 진 토닉이 필요할 때 선택해보자.

스파이 홉 디스틸드 진(Spy Hop Distilled Gin), 42도

워싱턴주, 프라이데이 하버, 산 후안 아일랜드 디스틸러리(San Juan Island Distillery)

컨템포러리 진

지역색을 표현하기 위해 산 후안 아일랜드에서 직접 수확한 블랙베리·장미·라벤더 등의 식물 재료를 사용한다. 카더멈 아로마가 향기롭게 코에 울려 퍼지고 혀에는 또렷한 향신료 풍미와 이를 에워싼 고수, 카더멈, 주니퍼의 송진 향미가 맴돈다. 신선한 아니스 향미가 중간 길이보다 약간 짧게 남는다. 따뜻하게 흙 향이 느껴지는 진으로, 큐 토닉처럼 드라이하고 간결한 토닉워터와 환상의 궁합을 보인다.

사우스 리버 (화이트) 진(South River (White) Gin), 40도

숙성 진

페인티드 스테이브 증류소의 아방가르드 컬렉션 가운데 하나로, 런던 드라이 스타일 이전의 진을 부활시키고자 만든 상품이다. 화이트와인 배럴에서 5개월간 숙성해 엷은 오렌지빛이 감도는 아이보리색을 띤다. 크게 허브 향과 주니퍼의 송진 향이 아로마의 두 축을 담당한다. 은은하고 부드러운 세이지와 월계수 향미가 풍미의 포문을 열고, 뒤이어 진한 주니퍼 향미가 본무대를 장식한다. 주니퍼가 이끄는 여운은 적당한 길이로 따뜻하게 남는다.

스프루스 진(Spruce Gin), 45도

오리건주, 포틀랜드

로그 디스틸러리(Rogue Distillery)

컨템포러리 진

크래프트 맥주로 유서 깊은 로그 디스틸러리에서 생산한 진이다. 가문비나무를 사용해 주니퍼가 가진 소나무 향미를 극대화했다. 묵직한 오이 향과 젖은 나뭇잎 아로마를 경험할 수 있다. 상쾌한 소나무 풍미가 가장 먼저 혀를 자극하지만, 순식간에 신선한 오이와 은은한 오렌지, 생강 향미 속으로 사라진다. 마지막 여운은 짧지만 뜨겁게 남는다.

선셋 힐스 버지니아 진(Sunset Hills Virginia Gin), 40도

버지니아주, 프레더릭스버그, 에이 스미스 바우먼 디스틸러리(A. Smith Bowman Distillery)

클래식 진

전체적으로 부드럽고 은은한 아로마 가운데 주니퍼 향을 가장 선명하게 느낄 수 있다. 이와 함께 감귤 껍질과 펜넬 향기도 가장자리를 맴돈다. 진하고 두툼한 재질감에 비해 정제된 풍미를 지닌다. 주니퍼의 기름진 질감과 함께 미세한 감귤 향이 초반부를 장식한다. 탄탄한 여운에는 희미한 솔 향이 남는다. 다른 음료와 섞었을 때 존재감이 흐려질 수 있다. 따라서 괜찮은 진 토닉을 경험하고 싶다면 진의 양을 2배로 늘리기를 추천한다. 비로소 자신의 색깔을 드러낼 것이다.

토포 피드몬트 진(Topo Piedmont Gin), 46도

노스캐롤라이나주, 채플 힐

톱 오브 더 힐 디스틸러리(Top of the Hill Distillery)

컨템포러리 진, 추천

노스캐롤라이나산 밀로 만든 기주를 사용한 유기농 진이다. 강건하고 균형 잡힌 풍미를 지녔으며 다양한 칵테일과 환상적으로 잘 어울린다. 첫 아로마로 잘 익은 베리류 과일과 크림 같은 바닐라, 레몬 커스터드와 소나무 향을 느낄 수 있다. 혀에는 페이스트리의 바삭한 풍미와 고소한 버터 향, 벨벳처럼 부드러운 잔디 향미와 카더멈, 산뜻한 민트, 주니퍼 풍미가 남는다. 마지막으로는 매끄럽고 따뜻한 여운을 경험할 수 있다. 토닉워터 또는 마티니와 훌륭한 궁합을 보인다.

휠러스 웨스턴 드라이 진(Wheeler's Western Dry Gin), 40도

뉴멕시코주, 산타페이

산타페이 스피리츠(Santa Fe Spirits)

컨템포러리 진

비가 내린 미국 서부 사막에서 운전했던 경험을 떠올려보자. 무엇이 떠오르는가. 나는 세이지 향을 머금은 신선한 공기가 마음에 남는다. 휠러스 진은 세이지 이상을 담고 있다. 진을 따르는 순간 생기 넘치는 아로마가 피어오르며 혀에는 셀러리와 당근 향미가 각각의 개성을 드러낸다. 뒤이어 상쾌하고 드라이한 주니퍼와 은은한 레몬 제스트 향미가 이어진다. 세이지 풍미를 머금은 여운은 매끄럽고 길게 남는다. 마티니를 신선한 방식으로 즐기고 싶거나 토닉 시럽에 곁들일 진이 필요할 때 선택해보자.

위글스 지네버(Wigle's Ginever), 42도

펜실베이니아주, 피츠버그

위글 위스키(Wigle Whiskey)

홀란드 스타일, 추천

19세기 피츠버그의 다양한 문화에서 영감을 얻어 동시대 진 레시피에 기초해서 전통적인 네덜란드 증류주를 재해석한 진이다. 호밀·밀·보리 맥아로 만든 주정을 사용했는데, 진의 향만 맡아도 기주에 얼마나 공을 들였는지 느낄 수 있다. 혀끝에는 가장 먼저 주니퍼 향미가 닿으며 카더멈과 바닐라, 놀랄 만큼 신선한 라벤더 향미가 중간 풍미를 빛낸다. 여운에는 약간의 후추 향과 이를 받쳐주는 풀, 곡물 풍미가 남는다.

워털루 앤티크 배럴 리저브 진(Waterloo Antique Barrel Reserve Gin), 47도

텍사스주, 오스틴

트리티 오크 디스틸링 컴퍼니(Treaty Oak Distilling Company)

숙성 진, 추천

배럴 숙성 진 중 가장 짙은 빛깔을 띤다. 거의 콜라와 흡사할 정도다. 황설탕을 볶은 캐러멜 향과 피칸파이 아로마를 경험할 수 있다. 첫맛으로는 은은한 로즈메리와 자몽, 심지어 인동덩굴 향미까지 느껴지며 뒤이어 또렷한 올스파이스, 정향, 삼나무 풍미가 이어진다. 여운은 드라이한 나무 향미와 함께 피칸과 당밀의 고소한 풍미가 남는다. 알렉산드리아 칵테일과 최고의 궁합을 자랑하는 거친 숙성 진이다.

휠 하우스 아메리칸 드라이 진(Wheel House American Dry Gin), 45도

캘리포니아주, 란초 코르도바

골드 리버 디스틸러리(Gold River Distillery)

컨템포러리 진

백밀과 붉은 겨울 밀로 만든 기주로 소량 생산한다. 톱 노트에는 풍성한 곡물 향이 따뜻하게 퍼지고 감초와 라벤더, 채소와 잘 익은 딸기 향이 배경 노트에 남는다. 선명한 향신료를 느낄 수 있는 첫 풍미에 이어 풍성한 주니퍼 향미가 이어지고 생강과 육두구, 약간의 떫은 감초 향미가 끝맛에 남는다. 진하고 따뜻한 여운은 중간 길이보다 약간 짧게 이어진다. 부드럽고 균형미가 돋보이는 진으로 토닉과 잘 어울린다.

위글스 배럴-레스티드 지네버(Wigle's Barrel-Rested Ginever), 47도

숙성 진, 추천

위글스 지네버가 위스키 애호가를 위한 상품이었다면, 이 배럴 숙성 버전은 완전히 또 다른 작품이다. 은은한 사과나무, 바닐라, 소나무가 선사하는 부드러운 크림 아로마가 후각을 즐겁게 하고 놀라운 복합미가 미각을 찬란히 적신다. 가문비나무와 솔방울, 갓 수확한 솔잎과 주니퍼 향미를 맛볼 수 있다. 이어서 바닐라와 시나몬, 커스터드와 신선한 곡물 향미가 끝맛에 남는다. 여운은 따뜻하게 중간 길이로 이어진다. 전통적인 진을 현대적인 감각으로 환상적으로 풀어낸 아름다운 진이다. 네그로니 칵테일로 마시거나 아무것도 섞지 않고 마시기를 추천한다.

와이어 웍스 아메리칸 진(Wire Works American Gin), 45도

매사추세츠주, 보스턴

그랜텐 디스틸링(Grandten Distilling)

클래식 진

금귤(Kumquat)은 뉴잉글랜드 지방의 대표적인 감귤류 과일로 추위에 강하다. 일반적으로 진에는 잘 활용하지 않지만, 와이어 웍스 진에서는 멋진 개성을 보여준다. 이 진은 산뜻한 주니퍼 풍미를 코와 입으로 경험할 수 있다. 레몬 제스트와 안젤리카 향미는 상록수 주니퍼의 생기발랄한 풍미를 적절히 뒷받침한다. 뒤이어 달콤한 감귤 향미가 불쑥 나타나고 주니퍼가 주도하는 여운이 길게 이어진다. 45%의 알코올 함량을 지닌 이 진은 네그로니 또는 베스퍼 칵테일과 잘 어울린다.

오른쪽 솔베이그 진은 은은한 병 디자인과 이에 대비되는 깊은 풍미를 가진 진이다.

위글 위스키

대부분의 좋은 아이디어가 그렇듯 위글 증류소를 만들어보자는 계획도 가벼운 술자리에서 탄생했다. "당시에는 아주 괜찮은 계획이라는 생각이 들었어요." 위글의 공동창업자이자 신제품 개발 책임자인 메러디스 그렐리(Meredith Grelli)가 말했다. "금주법 시대 이전의 피츠버그 위스키가 무의식 속에 자리 잡고 있었어요. 몇몇 와이너리를 견학한 뒤 고향인 피츠버그에서 가족이 운영하는 증류소를 만들어보자고 의견을 모았어요." 메러디스와 공동창업자 알렉스 그렐리(Alex Grelli)는 캐나다 온타리오주 나이아가라온더레이크시의 와이너리에서 영감을 얻어 피츠버그에 위스키를 부활시킬 준비를 했다.

미국, 펜실베이니아주, 피츠버그
스몰먼 스트리트 2401
우편번호 15222
위글 위스키

www.wiglewhiskey.com

대표 상품
위글스 배럴-레스티드 지네버, 47도
위글스 지네버, 42도

펜실베이니아주 피츠버그에 위치한 위글 위스키 증류소(우리는 진을 다룰 것이니 위스키 증류소라는 이름에 너무 신경 쓰지 않아도 된다)는 개업 이래 지역산 유기농 재료를 고집하며 곡물 선택부터 병입까지 진 생산의 전 과정을 직접 진행한다. 위글 증류소의 진에 곡물의 특성이 유독 정밀하게 나타나는 이유는 피츠버그의 역사에서 찾을 수 있다.

피츠버그는 증류 열풍이 불기 전부터 다양한 매력을 지닌 도시였다. 위글의 신제품 개발자인 로렌 브록(Lauren Brock)은 3가지 전통이 피츠버그에서 만나 진에 영향을 준 과정을 이렇게 설명한다. "스코틀랜드인은 곡물로 증류주를 만드는 전문가였고, 독일인은 누구보다 호밀 재배 기술이 뛰어났으며, 네덜란드인은 본국에서부터 증류주를 생산해왔어요. 대표적으로 호밀과 밀, 보리로 만든 게네베르가 있었죠." 이 곡물들이 위글 증류소의 위스키나 '네덜란드에서 피츠버그로 전파된' 홀란드 스타일 지네버 진의 원재료로 사용된 것은 우연의 일치가 아닐 것이다. "게네베르 스타일 진은 오랫동안 펜실베이니아를 대표하는 술이었지만, 이제는 모두 사라져버렸어요"라고 메러디스는 말한다. 위글 증류소의 직원들은 고대의 증류 지식 한 스푼, 피츠버그의 색깔 한 스푼을 더해 일반적인 컨템포러리 진과 차별화된 진을 만들고자 노력한다.

위글스 지네버에는 고품질 곡물 외에 훌륭한 식물 재료를 사용해 따뜻한 곡물의 개성에 깊이를 더한다. "알렉스와 함께 진을 개발하던 해에 식물학에 깊이 열중했어요." 메러디스가 최선의 재료를 찾기 위해 수많은 팅크제[38]를 실험한 일을 떠올리며 말했다. "주니퍼, 위스키와 놀라운 궁합을 보이는 블랙 카더멈의 풍미에 반해버렸어요." 이외에 위글스 지네버에는 놀라운 아로마를 지닌 라벤더, 호밀과 다른 식물 재료의 풍미를 충실히 뒷받침하는 쿠베브도 쓰인다.

진 생산 공정은 처음부터 끝까지 증류소 현장에서 진행된다. 유기농 곡물을 증류소에서 제분하고 맞춤 제작한 구리 가마에서 증류한다. 진의 기본이 되는 주정은 3차례의 증류를 거쳐서 '식물의 특성이 가장 잘 나타나는 부드러운 상태'가 된다. 이 기주에 진 바구니에 담은 식물 재료를 첨가한다. 이렇게 탄생한 진 가운데 일부는 위스키 배럴에 별도 숙성해 위스키와 진의 장점을 고루 갖춘 상품으로 만들어진다.

진의 미래는 흥미진진한 갈림길에 놓여 있다. 로렌은 "소비자는 단순히 식물 배합이 아닌 증류액 자체에 관심을 갖기 시작할 거예요."라고 말한다. 메러디스는 "미래에는 진의 지역화 추세가 이어질 거라 생각해요. 진 시장에는 흥미로운 교류가 계속되고 있지만, 여전히 지역을 상징하는 개념은 부족하거든요." 위글 증류소에서는 진이 가진 다양한 매력을 표현하기 위해 노력하고 있다. 이 밖에도 유기농 위스키, 비터스, 럼, 꿀 증류주 등을 생산한다.

---

38 동식물에서 얻은 화학물질을 에탄올과 정제수와 혼합해 만든 액제.

165쪽 위　펜실베이니아주 피츠버그에 위치한 위글 위스키 증류소는 견학 프로그램을 운영한다.
165쪽 아래　위글 위스키 증류소는 저녁 시음회뿐 아니라 라벨링 파티까지 다양한 이벤트를 개최한다.

캐나다

캐나다는 아직까지 대표적인 진 생산지와 거리가 멀다. 하지만 곧 그렇게 될 것이다. 서부 해안부터 동부 마리타임 지역까지 캐나다 전역에서는 스몰 배치 진을 생산한다. 프린스에드워드아일랜드주나 유콘 준주 같은 생경한 지역에서는 감자로 만든 기주를 사용해 진에 지역색을 더하고, 브리티시컬럼비아주에서는 지역에서 재배한 유기농 식물 재료를 사용한 진을 폭발적으로 생산하고 있다. 캐나다 진은 2008년 빅토리아 진이 출시된 이래 꽃을 피우고, 명성을 쌓아가고 있다. 지금은 최소 30여 개의 캐나다 진이 생산되며, 이는 계속 증가하는 추세다. 새롭게 생겨나는 진이 아주 많아서 모든 상품을 다룰 수는 없지만, 프린스에드워드아일랜드주부터 브리티시컬럼비아주 상품까지 캐나다 진의 전반적인 개성을 느껴보기를 바란다.

아래 롱 테이블은 소규모 생산의 가치를 중시해 이를 라벨에 표현한다.

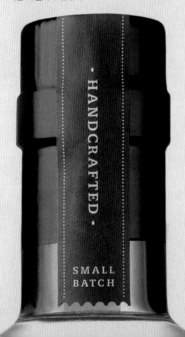

앰퍼샌드 디스틸링 진(Ampersand Distilling Co. Gin), 43.8도
브리티시컬럼비아주, 던컨
앰퍼샌드 디스틸링(Ampersand Distilling Co.)
컨템포러리 진

밴쿠버에서 잠깐 배를 타고 살리시해를 가로지르면 앰퍼샌드 디스틸링 컴퍼니를 만날 수 있다. 유기농 농장에 기반을 둔 증류소로, 지역산 유기농 밀로 만든 주정과 유기농 식물 재료로 진을 생산한다. 이 진은 주니퍼와 자몽 제스트, 고수 향이 풍부한 진으로 클래식 진과 컨템포러리 진의 경계선에 위치한다. 향신료와 감귤 풍미를 맛볼 수 있는데, 초본질의 주니퍼와 함께 장미와 제비꽃 등 꽃 향미가 다채롭게 입안을 물들인다. 여운은 달콤하면서도 드라이하게 남는다. 에비에이션 칵테일로 마셔보자.

아우라진(AuraGin), 40도
유콘 준주, 화이트호스
유콘 샤인 디스틸러리(Yukon Shine Distillery)
컨템포러리 진

유콘 샤인 증류소에서는 추운 캐나다 북부 지방 원산의 토종 감자를 유콘에서 직접 공수해 보리, 호밀과 배합한 후 진한 기주를 만든다. 이렇게 탄생한 진은 산뜻한 아로마를 내뿜는데 이는 유콘 토종 과일이 아닌 자몽과 라임 향이다. 혀에는 카더멈, 후추, 그레인 오브 파라다이스, 카시아 등 전통적인 식물 재료가 선사하는 진한 풍미가 전해진다. 주니퍼의 송진 향미가 이 모든 풍미를 은은하게 뒷받침한다. 매끄럽고 탄탄한 질감을 느낄 수 있는 진으로 네그로니 칵테일에 잘 어울린다.

닥터스 오더스 진(Doctor's Orders Gin), 40도
브리티시컬럼비아주, 나라마타
레전드 디스틸링(Legend Distilling)
컨템포러리 진

레전드 디스틸링에서는 야생 두송실을 사용해 브리티시컬럼비아주의 특산품만이 표현할 수 있는 테루아를 담아낸다. 풍성한 과일, 꽃 아로마와 더불어 전통적인 진의 개성이 부드럽고 나직하게 깔려 있다. 고수와 주니퍼의 전통적인 풍미에서 시작해 라벤더, 유칼립투스, 블랙베리 향미로 끝맺음한다. 진하고 드라이한 여운 속에 후추 향과 은은하게 흩어지는 향신료 아로마를 경험할 수 있다. 토닉, 감귤류 과일을 첨가해 훌륭한 톰 콜린스 칵테일로 즐겨보자.

엔데버 진(Endeavour Gin), 45도
브리티시컬럼비아주 밴쿠버
더 리버티 디스틸러리(The Liberty Distillery)
컨템포러리 진

더 리버티 디스틸러리에서는 지역산 밀로 만든 주정을 3차례 증류해 진의 기주로 활용한다. 이 기주에 12가지 식물 재료를 더하고 구리 가마에서 증류하면 이 증류소의 대표 상품인 엔데버 진이 탄생한다. 진을 따르자마자 피어오르는 꽃 아로마와 함께 주니퍼, 감초, 은은한 인동덩굴 향을 경험할 수 있다. 후추 향미가 선사하는 진한 질감을 가장 먼저 맛볼 수 있으며, 중간 풍미에는 붉은 자몽의 산뜻함과 주니퍼, 감귤류의 싱긋한 생기를 느낄 수 있다. 길고 드라이한 여운 속에 약간의 고수 향과 감초의 달콤함이 녹아 있다.

갬빗 진(Gambit Gin), 40도

서스캐처원주, 사스카툰

럭키 배스터드 디스틸러스(Lucky Bastard Distillers)

컨템포러리 진

사스카툰에 왔다면 사스카툰을 사용해야 하지 않겠는가. 도시의 이름과 동일한 지역 특산물인 사스카툰베리를 사용해 컨템포러리 진의 경계를 넓힌다. 이렇게 탄생한 갬빗 진은 레몬, 카모마일차, 아니스 등 복합적인 아로마를 지닌다. 레몬과 고수의 산뜻한 향미가 혀를 적시고 셀러리의 알싸한 향이 상쾌하게 여운을 장식한다. 탄탄한 재질감의 컨템포러리 진으로, 진 피즈 칵테일 또는 꽃 향을 머금은 리큐어와 잘 어울린다.

아이스버그 진(Iceberg Gin), 40도

뉴펀들랜드주, 세인트존스

록 스피리츠(Rock Spirits)

클래식 진

진을 희석할 최고의 빙하를 찾아 북극을 향해하는 고독한 남자의 낭만적인 이야기가 깃든 진이다. 장미수와 주니퍼 아로마가 선명하지만, 다소 은은하게 코에 닿는다. 전통적인 맛을 지닌 진으로, 주니퍼 향미가 가장 먼저 중앙에 나타난다. 뒤이어 감귤, 고수, 안젤리카 향미가 이어지고 이를 더욱 선명하게 해주는 자몽과 오렌지 향이 여운에 남는다.

롱 테이블 런던 드라이 진(Long Table London Dry Gin), 45도

브리티시컬럼비아주, 밴쿠버

롱 테이블 디스틸러리(Long Table Distillery)

클래식 진, 추천

300L 규모의 구리 증류기에서 빚은 핸드크래프트 진으로, '지역의 개성'과 '지속가능한 상품'이라는 가치를 담는다. 많은 식물 재료를 직접 손으로 수확하고 심지어 야생에서 공수한다. 소나무와 감귤의 신선하고 전통적인 아로마를 느낄 수 있다. 세련된 맛을 자랑하는 진으로, 주니퍼의 소나무 향미가 선명하고 산뜻하게 혀에 닿으며 레몬 제스트와 약간의 펜넬 풍미도 맛볼 수 있다. 길고 드라이한 여운 속에는 후추와 주니퍼 향이 녹아 있다. 전통적인 드라이 마티니에 특히 잘 어울린다.

롱 테이블 버번 배럴드 진(Long Table Bourbon Barreled Gin), 45도

숙성 진

산뜻한 자몽과 감귤 제스트의 환상적인 아로마가 코를 즐겁게 하는 진이다. 배경 노트에 피어오르는 나무 향에서 캐러멜, 버터, 시나몬 슈가가 선명하게 연상된다. 묵직한 풍미에도 불구하고 놀랄 만큼 가벼운 생기를 느낄 수 있다. 초반 풍미에는 레몬 제스트를 경험할 수 있고 이어서 오크, 버터 향이 가득한 페이스트리, 바닐라크림을 맛볼 수 있다. 마지막 여운에는 풍성한 박하 향과 이를 더욱 왕성하게 만드는 후추의 알싸한 온기가 함께 남는다. 네그로니 칵테일로 마셔도 맛있고, 온더록스로 즐겨도 좋다.

롱 테이블 큐컴버 진(Long Table Cucumber Gin), 45도

플레이버드 진

롱 테이블 런던 드라이 진의 전통적인 식물 재료에 브리티시컬럼비아주에서 재배한 토종 오이를 첨가해 만든다. 말 그대로 신선한 오이 향과 파삭하고 상쾌한 아로마가 일품이며, 그 곁을 주니퍼와 레몬 향이 흐릿하게 장식한다. 미각적으로도 오이 풍미를 가장 먼저 맛볼 수 있지만 상쾌한 주니퍼, 감귤류 과일, 베이킹 향신료 풍미가 점진적으로 나타난다. 드라이한 마지막 여운에는 부드러운 후추 향이 감돈다. 토닉워터와 훌륭한 궁합을 자랑하는 제법 괜찮은 진이다.

오큰 진(Oaken Gin), 45도

브리티시컬럼비아주, 빅토리아

빅토리아 스피리츠(Victoria Spirits)

숙성 진, 추천

짙은 미역취(Goldenrod)[39]의 중후한 빛깔을 뽐내는 진이다. 오리스와 고수의 은은한 향이 훌륭한 아로마를 형성하고 꽃과 흙 향기가 베이스 노트를 장식한다. 미각적으로는 가장 먼저 레몬 제스트 풍미가 혀를 자극하고 이어서 주니퍼 향미가 목소리를 높인다. 하지만 이는 오래가지 못한 채 달콤한 베이킹 향신료 메들리에 자리를 내어준다. 대표적으로 시나몬, 아니스, 가벼운 꽃 향미가 있다. 숙성 진 특유의 개성이 명확하지만 과하지 않게 느껴진다. 알렉산드리아 또는 올드 패션드 칵테일로 추천한다.

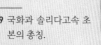

---

39 국화과 솔리다고속 초본의 총칭.

오카나간 진(Okanagan Gin), 40도

브리티시컬럼비아주, 킬로나

오카나간 스피리츠(Okanagan Spirits)

컨템포러리 진

오카나간 스피리츠는 베테랑 크래프트 증류소로, 거의 10년간 캐나다 서부의 신흥 증류소 사이에 크래프트 증류 바람을 불러일으키고 있다. 오카나간 진은 과일 베이스의 진으로, 풍부한 리큐어와 오드비(Eau de vie)[40] 생산 경험을 바탕으로 탄생한다. 은은한 꽃 아로마 가운데 약간의 장미와 고수 향, 주니퍼의 소나무 향기를 경험할 수 있다. 매끄러운 질감의 진은 허에 고수와 장미 풍미를 전달하고, 잇따라 가벼운 펜넬 풍미를 남긴다. 여운은 드라이하고 길게 남는다. 진 토닉과 잘 어울리는 상당히 현대적인 진이다.

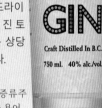

———
40 과일 브랜디와 증류주를 일컫는 프랑스 용어.

파이거 헨리쿠스 진(Piger Henricus Gin), 43도

퀘벡주, 카무라스카

더 서벌시브 디스틸러스 마이크로디스틸러리

컨템포러리 진

라벨을 보기 전까지는 상상도 못 했을 것이다. 아뿔싸! 파스닙(Parsnip)[41] 향이 코를 자극한다. 파스닙이 없었다면 지극히 전통적이었을 진에 파스닙이 상당한 개성을 더한다. 파삭한 채소 향이 첫 풍미를 열고 초본질의 주니퍼가 잇따르며 부드럽게 타오르는 고수와 카더멈 향이 마지막 여운을 장식한다. 코프스 리바이버 #2 또는 라스트 워드 칵테일에 미묘하지만, 획기적인 변화를 주고 싶을 때 사용해 보자.

———
41 설탕당근 이라고도 일컫는 미나리과 식물.

프린스 에드워드 아티산 디스틸드 진 (Prince Edward Artisan Distilled Gin), 40도

프린스에드워드아일랜드주, 허만빌

프린스 에드워드 디스틸러리(Prince Edward Distillery)

컨템포러리 진

처음 잔에 따르자마자 박하와 스피어민트의 멘톨 향이 코를 자극한다. 뒤이어 은은한 레몬밤과 가벼운 향신료 향기가 살포시 깔린다. 미각적으로는 가장 먼저 주니퍼의 상록수 향미를 풍성하게 맛볼 수 있다. 뒤이어 유칼립투스와 멘톨 향을 머금은 박하 풍미가 강렬하게 존재감을 드러낸다. 여운에도 비슷한 향미가 이어지지만, 그 가운데 미세한 레몬과 고수 풍미가 녹아 있다. 사우스사이드 칵테일이나 진한 감귤 향의 토닉에 유쾌한 변화를 주고 싶을 때 좋다.

슈람 오가닉 진(배치 14)(Schramm Organic Gin(Batch 14)), 44도

브리티시컬럼비아주, 펨버턴

펨버턴 디스틸러리(Pemberton Distillery)

컨템포러리 진

병 라벨에 선명히 기록된 8가지 유기농 허브 재료와 지역에서 증류한 감자 주정으로 만들어진 진이다. 아마도 호불호가 가장 뚜렷한 진 가운데 하나일 것이다. 톱 노트의 로즈메리 향과 이어지는 향신료, 감귤 향은 산뜻하고 환상적인 아로마를 형성한다. 로즈메리 향은 계속해서 시나몬, 안젤리카, 주니퍼와 어우러지며 가벼운 향미를 자아낸다. 마지막으로 홉 풍미가 선명하게 피어오르며 수렴성이 느껴지는 여운을 오래도록 남긴다. 취향에 따라 만족도가 갈리는 진이다.

터치 우드 오크드 갬빗 진(Touch Wood Oaked Gambit Gin), 40도

서스캐처원주, 사스카툰

럭키 배스터드 디스틸러스

숙성 진

갬빗 드라이 진을 미국산 오크 배럴에 숙성해 만든 진이다. 그 결과 누런 밀 빛깔을 띤다. 오크와 신선한 나무토막 아로마를 느낄 수 있고, 미드 노트에는 흐릿한 복숭아 향도 퍼진다. 산뜻한 레몬 향미가 최초로 허를 자극하고 카모마일과 함께 아니스와 펜넬 씨앗 풍미가 재빠르게 이어진다. 은은한 육두구와 정향 풍미가 뒤따르며 상쾌하지만 다소 드라이한 여운을 남긴다. 그 자체로 훌륭하고 부드러운 진이므로 니트로 마시는 것을 추천한다.

운가바 진(Ungava Gin), 43.1도

퀘벡주, 카운스빌

도멘 피나클 마이크로디스틸러리(Domaine Pinnacle Microdistillery)

컨템포러리 진

형광 노랑이 가장 먼저 눈을 사로잡지만, 캐나다 북극 지방을 연상시키는 6가지 식물 재료를 사용해 차별화를 꾀한 진이다. 가벼운 꽃 아로마와 은은한 차 향기를 맡을 수 있다. 질감은 매끄럽지만, 맛에서 이색적인 경험을 하기는 어렵다. 초반 풍미는 고수와 알싸한 감귤 풍미가 주도한다. 다소 고전적인 레몬 향미가 개운하게 중간 풍미를 장식하고, 부드럽지만 단조로운 꽃 향미만이 여운에 남는다. 그나마 클라우드베리 정도가 미세하게 느껴진달까? 토닉 또는 진 알렉산더 칵테일에 잘 어울린다.

빅토리아 진(배치 119)(Victoria Gin(Batch 119)), 45도

브리티시컬럼비아주, 빅토리아

빅토리아 스피리츠

컨템포러리 진, 추천

· ·

2008년에 출시해 캐나다 크래프트 진의 기수 역할을 하고 있다. 독일산 단식 구리 증류기에서 스몰 배치로 생산하며, 야생에서 채취한 유기농 식물 재료를 사용한다. 오렌지·감귤·고수 향과 함께 비에 흠뻑 젖은 상록수 숲의 상쾌한 소나무 향을 경험할 수 있다. 부드러운 풍미는 천천히 입안에 퍼져 나가는데, 숨죽인 주니퍼 향미 속에서 장미와 베리 향이 절정에 달한다. 감귤 향이 여운을 이끌고 그 속에 아니스와 베이킹 향신료 풍미가 은은하게 녹아 있다.

월플라워 진(Wallflower Gin), 44도

브리티시컬럼비아주, 밴쿠버

오드 소사이어티 스피리츠(Odd Society Spirits)

컨템포러리 진

· ·

오드 소사이어티 스피리츠는 100% 지역산 원재료를 사용하고, 곡물 선정부터 병입까지 전 과정을 현장에서 진행해 일명 '브리티시컬럼비아 스타일' 증류주를 기획 생산한다. 이렇게 만든 진은 장미와 딱총나무꽃을 비롯한 풍성한 꽃 아로마를 지닌다. 맛에서도 진한 꽃 풍미를 느낄 수 있는데, 대표적으로 데이지와 가드니아 향미가 쌉싸름한 오렌지 껍질 향과 뒤섞여 나타난다. 시큼한 향신료 풍미는 드라이한 여운으로 이어지며 가벼운 장미꽃 향으로 마무리된다.

월플라워 오큰 진(Wallflower Oaken Gin), 44도

숙성 진

· ·

오드 소사이어티 스피리츠의 월플라워 진과 마찬가지로 다양한 여름꽃 아로마를 경험할 수 있다. 다만 월플라워 진과 달리 쌉싸래한 오렌지와 레몬 제스트 향이 베이스 노트에서 피어올라 훌륭한 균형미를 선사하고, 숙성 진 치고는 매우 가벼운 향을 만들어낸다. 미각적으로는 오크 풍미와 산뜻한 오렌지 설탕조림, 만개한 장미 향미를 맛볼 수 있다. 마지막 여운에는 박하와 라벤더, 바이올렛의 달콤함이 연달아 이어진다. 진의 이름이기도 한 코스탈 월플라워는 겨잣과에 속하는 해변 야생화다.

오른쪽 빅토리아 스피리츠의 진 라벨에는 젊은 영국 여왕의 초상화가 선명하게 표시되어 있어 증류소 이름의 유래를 짐작할 수 있다.

유콘 샤인 디스틸러리

캐나다의 낭만은 북방 지역 특유의 장엄한 광경에서 찾을 수 있다. 적어도 나는 그렇다. 북극광과 긴 겨울, 매서운 추위와 눈, 몇 시간을 빼고는 끝없이 햇살이 내리쬐는 기나긴 여름날, 광활한 타이가 침엽수림의 야성미까지. 카를로 크라우지그(Karlo Krauzig)는 이 모든 것에서 영감을 얻어 유콘 샤인 디스틸러리를 설립했고, 그곳에서 자칭 '원맨쇼'를 펼치고 있다. 카를로의 고향인 유콘 준주, 화이트호스에 위치한 유콘 샤인 증류소에서는 유콘 윈터 보드카(Yukon Winter Vodka)와 아우라진을 생산한다.

캐나다, 유콘 준주, 화이트호스
유콘 샤인 디스틸러리

www.yukonshine.com

대표 상품
아우라진(AuraGin), 40도

카를로는 최근 법이 개정된 덕분에 증류소를 개업할 수 있었다. "꼭 대성할 것 같은 일에 초창기부터 뛰어들 수 있는 엄청난 행운을 거머쥔 셈이죠." 카를로는 자신이 좋아하는 보드카와 진을 선택했다. 위도 60도는 전통적으로 곡물을 생산하기 위한 최선의 조건은 아니다. 그러나 유콘 샤인 증류소는 짧은 경작 기간마저 당차게 받아들인다. 기주의 원재료인 감자와 곡물, 진에 첨가하는 식물 재료는 가능한 현지에서 조달한다.

감자와 유콘을 이야기할 때 유콘 골드(Yukon Gold)를 빼놓아서는 안 된다. 유콘 골드는 캐나다에서 개발된 감자 품종으로, 캐나다 전역에서 가장 널리 재배되는 감자 가운데 하나. 어쩌면 아우라진 레시피에 유콘 감자 주정이 들어간다는 것은 당연하지 않을까? 하지만 감자 주정만 사용하는 것은 아니다. '매끄러운 벨벳 같은 질감의 증류주'를 만들기 위해 캐나다산 호밀 씨앗과 보리 맥아로 만든 증류액을 배합해 사용한다.

"대부분 진에는 주니퍼의 개성이 강하게 드러납니다. 하지만 아우라진은 주니퍼가 모든 풍미를 지배하는 진이 아닌, 하나의 풍미로써 개성을 더하는 진으로 만들고 싶었어요." 아우라진은 3종의 감귤류 과일을 주정에 직접 첨가하고, 주니퍼를 포함한 12가지 식물 재료를 증기 투과해 만들어진다. "그 결과 선명한 감귤 풍미와 함께 전체 풍미를 압도하지 않는 선에서 주니퍼를 느낄 수 있었어요."라고 카를로는 말한다. 최종 식물 재료를 추려내는 일은 쉽지 않았다. "2주간 골머리를 앓았어요." 완벽한 맛을 찾기 위해 진에 사용되는 전통적인 식물 재료를 모조리 실험하고 수없이 맛보았다. "실험하던 도중 마지막으로 과일을 직접 주정에 담가보자고 생각했어요. 응축기에서 나오는 증류주를 맛보는 순간 온몸에 소름이 돋았죠."

소비자는 자신들이 무엇을 마시고, 어떻게 만들어지는지 점점 더 궁금해한다. 아우라진은 그 흐름의 한 축을 담당한다. "사람들은 자신이 여태까지 경험하지 못한 것을 요구합니다." 카를로는 컨템포러리 진이 증가하는 추세가 주류 문화에 긍정적인 영향을 미친다고 평가한다. 전통적으로 쓰지 않던 참신한 식물 재료를 사용함으로써 보다 섬세한 맛의 세계가 펼쳐질 수 있으며, 더 나아가 "형편없는 플레이버드 보드카를 대체하기를 희망한다"라고 말한다.

아우라진은 훌륭한 복합미와 흥미로운 개성을 바탕으로 니트로 마시기에 최적화된 진이다. 따라서 카를로는 니트나 온더록스로 마시는 것을 추천하지만, "물론 AGT(아우라진 앤 토닉)도 빼놓을 수 없다"라고 말한다.

증류법의 개정 덕분에 우리는 유콘의 전통적인 모습을 진 세계에서도 경험할 수 있게 되었다. 이렇게 탄생한 진은 북부 지역만의 낭만과 개성을 담아낸다. 추운 곳에 있다가 돌아와 따뜻한 것을 몸에 품고 잔뜩 웅크린 느낌이랄까? 아우라진은 어둠 속의 한 줄기 빛이라 할 수 있다.

171쪽 유콘 샤인 디스틸러리에서는 총 5차례의 증류를 거쳐 아우라진을 생산한다.

카리브해 지역, 중앙아메리카, 남아메리카

대표적인 진 생산지인 미국과 캐나다 외에 아메리카 대륙의 다양한 국가가 진을 증류한다. 그 진에는 진한 지역색이 녹아 있다. 카리브해와 중앙아메리카, 남아메리카는 세계 최대의 사탕수수와 용설란 재배지 중 하나다. 따라서 지역산 식물 재료를 십분 활용해 진을 생산한다. 이처럼 진은 한 폭의 백지와도 같아서 얼마나 유연하게 재료를 사용하는지에 따라 기존의 고정관념을 산산이 깨뜨리기도 한다.

멕시코

나인 보태니컬 메스칼(9 Botanicals Mezcal),
45도
멕시코, 오악사카
피에르데 알마스(Pierde Almas)
컨템포러리 진, 추천

용설란으로 만든 기주와, 주니퍼를 비롯한 9가지 식물 재료를 사용했기 때문에 메스칼인 동시에 진이기도 하다. 나무 훈연 향, 감귤 향과 함께 불에 그을린 솔잎 아로마도 은은하게 느낄 수 있다. 메스칼 풍미가 가장 먼저 혀를 감싸는 가운데 배경 노트에 쌓이는 주니퍼 향미도 감지할 수 있다. 마지막 여운에는 불에 그을린 옥수수 껍질과 루비레드 자몽 향이 남는다. 일반적인 진과는 색다른 느낌이지만 엄연히 진이 맞으며 단지 용설란을 기주로 썼을 뿐이다. 니트로 마실 때 가장 맛있다.

아르헨티나

프린시페 데 로스 아포스톨레스 마테 진
(Principe De Los Apostoles Mate Gin), 40도
아르헨티나, 멘도사
솔 데 로스 안데스(Sol De Los Andes)
클래식 진

안데스산맥의 영향 아래 아르헨티나 특유의 지역산 식물 재료를 사용한다. 대표적인 예로 예르바 마테(Yerba mate)가 있다. 전체 아로마 프로필은 자몽 껍질과 박하 향이 각각 반씩 담당한다. 혀에 닿는 첫 풍미는 연하고 은은한 편으로 레몬 껍질 향미가 민트, 부추 향과 어우러져 나타난다. 뒤이어 주니퍼 향미가 또렷하게 이어진다. 여운에는 화한 박하 향이 오래도록 남는다. 선명한 개성을 가진 진으로 네그로니 칵테일에 추천한다.

아래 피에르데 알마스 증류소는 생산 연도마다 증류업자의 서명과 병번호를 기입해 출고한다.

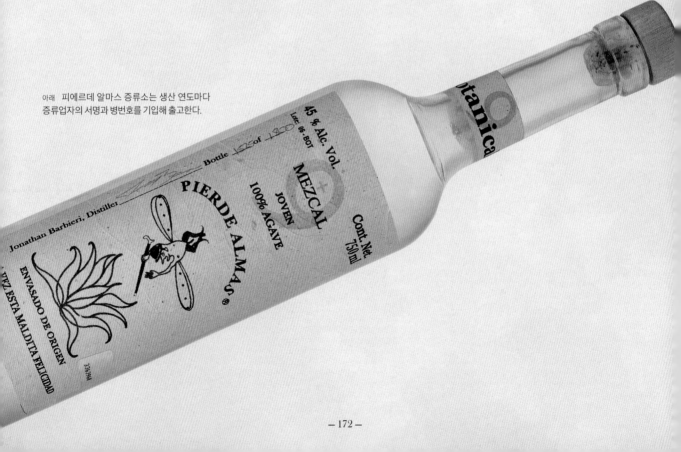

콜롬비아

딕타도르 프리미엄 콜롬비안 에이지드 진 트레저(Dictador Premium Colombian Aged Gin Treasure), 43도
콜롬비아, 카르타헤나
데스틸레리아 콜롬비아나(Destileria Colombiana)
숙성 진

숙성 럼을 생산하는 딕타도르의 경험을 바탕으로 탄생한 진이다. 딕타도르 럼을 숙성한 배럴을 재활용해서 부드럽고 묵직한 노란빛을 구현한다. 경쾌한 레몬버베나 향과 박하 향을 맡을 수 있으며, 신선한 레몬유의 짜릿하고 선명한 감귤 향미를 맛볼 수 있다. 니트로 마실 때 최고의 매력을 느낄 수 있다.

딕타도르 프리미엄 콜롬비안 에이지드 진 오르토독시(Dictador Premium Colombian Aged Gin Ortodoxy), 43도
숙성 진

유명한 럼 증류소에서 생산한 진은 어떤 모습일까? 딕타도르 진은 딕타도르 럼과 크게 2가지 공통점이 있다. 즉, 기주를 만들 때 사탕수수를 사용하고 숙성 과정을 거친다. 이렇게 탄생한 오르토독시는 딕타도르에서 만든 클래식한 스타일의 진이다. 주니퍼와 오리스, 고수 아로마 아래 은은한 안젤리카 향이 깔린다. 레몬의 크림 같은 질감과 블루베리파이, 미묘한 주니퍼 향미로 상당한 달콤함을 맛볼 수 있다. 마지막 여운은 희미한 오크와 박하 향으로 깔끔하게 마무리된다.

자메이카

올드 톰 진(Old Tom Gin), 40도
자메이카, 킹스턴
제이 레이 앤 네퓨(J Wray and Nephew Ltd)
클래식 진

실제로 올드 톰 스타일로 만든 진이 아니라 단순히 이름만 그렇게 붙여진 상품이다. 자메이카에서는 토닉 또는 콜라와 잘 어울리는 진이 높은 인기를 누린다. 이 진은 은은한 건초 향과 감귤 아로마를 머금은 상품이다. 사탕수수 주정을 사용해 럼과 비슷한 풍미를 지니며 달달한 레몬 향미도 맛볼 수 있다. 조밀한 질감과 함께 높은 산도의 톡 쏘는 듯한 여운을 지닌다. 진 자체로는 다소 거친 느낌이 있으므로 칵테일용으로 가장 잘 어울린다.

오른쪽 프린시페 데 로스 아포스톨레스 마테 진에 사용된 예르바 마테는 아르헨티나를 비롯한 남아메리카 음식 문화에서 빼놓을 수 없는 중요한 식재료다.

Tasting Notes

그 밖의
지역

당신의 안목을 높여줄 진 시음기

호주

미국에서 최초로 크래프트 진 열풍이 시작되었다면 영국이 그 배턴을 물려받았고, 지금은 호주가 선구자 역할을 하고 있다. 호주 대륙 전역에 수많은 신규 증류소가 생겨나고 있으며 이들은 자국에서만 볼 수 있는 독특한 재료를 진에 활용한다. 사용하는 재료 중에는 오직 호주에서만 알려진 식물도 많다. 예를 들어볼까? 웨스트 윈즈 진에는 부시 토마토가 사용되고, 스톤 파인 진(Stone Pine Gin)에는 핑거라임이 들어간다. 그렇다면 릴리 필리(Lily Pilly)[42]는 어떤 진에서 맛볼 수 있을까? 보태닉 오스트랄리스 진이다. 그 외에도 태즈메이니아 페퍼베리, 와틀시드(Wattleseed)[43], 유칼립투스, 민(Meen)[44] 등의 다양한 토착 식물 재료가 쓰인다. 호주의 진 증류업자들은 훌륭한 맛과 독특한 호주색을 가진 진을 생산하기 위해 다양한 종류의 지역 특산 식물을 사용하고 있으며, 그 범위는 점차 확장되고 있다.

42 도금양과의 상록 교목과 그 열매. 시큼털털한 크랜베리와 비슷한 풍미를 지닌다.
43 호주 원산 아카시아의 씨앗.
44 혈근초라고도 하며 알싸하고 스파이시한 풍미를 지닌다.

아래 마운틴 엉클 디스틸러리(Mt. Uncle Distillery)에서 생산한 진의 병목에 한눈에도 원산지를 파악할 수 있는 라벨이 붙어 있다.

포 필러스 배럴 에이지드 진(Four Pillars Barrel Aged Gin), 43.8도

호주, 워런다이트 사우스
포 필러스 디스틸러리(Four Pillars Distillery)

숙성 진

일반 포 필러스 진을 프랑스산 오크 배럴에 솔레라 방식으로 숙성해 만든 옅은 황금빛 진이다. 고수·레몬버베나·레몬밤을 비롯한 달콤한 감귤 아로마를 느낄 수 있다. 이 감귤 향미는 풍미 전반을 지배하며 나무 향, 주니퍼의 송진 향미, 은은한 오크 풍미를 돋보이게 만든다. 뒤이어 시나몬, 카시아 등의 향기가 이어지면서 베르무트와 유사한 아로마를 연상시킨다.

포 필러스 건파우더 프루프 진(Four Pillars Gunpowder Proof Gin), 58.8도

컨템포러리 진

선명한 꽃 향과 향신료 아로마에 이어 흥미로운 파프리카 향이 가볍게 깔리는 현대적 진이다. 달콤한 향신료 아로마가 선사하는 매력적인 균형미가 후각에 전달된다. 높은 알코올 도수를 누그러뜨리는 적절한 식물 배합 덕분에 아무것도 섞지 않고 그 자체로 즐길 수 있다. 산뜻한 감귤과 고수, 바닐라, 생강쿠키 향신료, 생기 있는 소나무 향미에서 시작해 푸릇한 이파리, 멘톨 향미로 마무리된다.

포 필러스 레어 드라이 진(Four Pillars Rare Dry Gin), 41.8도

컨템포러리 진

이 진의 근간은 증류기와 물, 식물 재료와 사랑이라는 4개의 축이 담당한다. 이 진을 처음 입에 머금는 순간 얼마나 깊은 사랑과 섬세한 관심이 담겼는지 경험하게 될 것이다. 톱 노트에 맥아와 부드러운 바닐라, 펜넬 향을 느낄 수 있다. 고수와 유칼립투스의 은은한 멘톨 아로마도 뒤따른다. 첫 풍미로는 선명한 코코아를 맛볼 수 있으며 중간에는 아니스와 펜넬 향미가 이어진다. 전체적으로 현대적인 풍미를 지니면서도 쨍한 향신료 향미가 터지는 진이다. 마지막으로 따뜻한 열기가 입안에 피어오르며 마지막 여운을 장식한다.

보태닉 오스트랄리스 진(Botanic Australis Gin), 40도

호주, 워커민, 마운틴 엉클 디스틸러리

컨템포러리 진

마치 호주 토종 식물도감을 읽는 듯 다양한 식물 재료가 병의 옆면에 적혀 있다. 3종의 유칼립투스, 분야 너트(Bunya nut)[45], 리버 민트, 핑크 라임까지. 이 밖에도 수많은 재료가 쓰인다. 전체적인 아로마는 민트 코디얼과 비슷하게 페퍼민트, 유칼립투스 향을 지닌다. 미각적으로는 가문비나무와 주니퍼 향미가 처음으로 나타나고 이어서 땅콩버터와 달달한 향신료 풍미가 이를 뒷받침한다. 멘톨 향으로 가득한 여운이 오래도록 남는데 최소한 북반구에서 만든 진에서는 이런 여운을 못 느껴봤다는 생각이 들 정도로 독특한 경험을 선사한다.

45 호주 퀸즐랜드 동남쪽에 자생하는 밤과 비슷한 맛의 견과류.

그레이트 서던 드라이 진(Great Southern Dry Gin), 40도

호주, 로빈슨, 그레이트 서던 디스틸링

클래식 진

그레이트 서던 디스틸링은 호주의 다른 진 증류소와 마찬가지로 혈근초(Bloodroot)를 비롯한 호주 특산 식물 재료를 사용한다. 이 재료들과 일부 전통 식물 재료를 포도 주정에 첨가한 진이 그레이트 서던 드라이 진이다. 전반적인 아로마는 레몬, 카더멈 향이 주도하며 은은한 솔 향도 느낄 수 있다. 입 안에는 여러 향신료의 복합적인 향미가 가장 먼저 나타나고 싱긋한 주니퍼 향미가 은은하게 이어진다. 마지막 여운에는 연한 쿠베브 향미가 가득 들어찬다. 스파이시한 전통 호주의 맛을 경험하고 싶다면 몽키 글랜드(Monkey Gland) 칵테일로 마셔보자.

지니퍼 골든 진(Ginnifer Golden Gin), 49도

호주, 로빈슨, 그레이트 서던 디스틸링

숙성 진, 추천

프랑스산 오크 배럴에 숙성한 진으로 엷게 어른거리는 황금빛을 띤다. 술잔에 따르는 순간 은은한 오렌지, 레몬 아로마가 부드럽게 피어오르고 서서히 시나몬 향이 이어진다. 진하고 진득한 바닐라 커스터드 풍미가 웅장하게 입안을 메우면 아니스와 후추 향미도 고개를 든다. 여운은 버터처럼 부드럽게 중간 길이로 남는데 따뜻한 향신료 풍미가 적지도 과하지도 않게 서서히 퍼져 나가는 느낌을 받을 수 있다. 알렉산드리아 또는 헬자 칵테일로 추천한다.

더 리타이어링 진(The Retiring Gin), 40도

호주, 태즈메이니아, 윌못

컨템포러리 진

버트 셔그가 은퇴 전 마지막 열정과 장인정신을 담아 만든 스몰 배치 태즈메이니아 증류주다. 덱스트로스(Dextrose)[46]를 증류한 주정에 식물 재료를 4그룹으로 분류해 증기 투과한 뒤 각각의 증류액을 배합해 만든다. 히비스커스와 레몬 설탕조림 아로마가 동일한 비율로 후각을 자극하고 꽃 향미가 입안을 채운다. 감귤 설탕조림 풍미가 여전히 미각에 남는 가운데 라즈베리 레몬케이크와 주니퍼, 알싸한 베이킹 향신료 향미가 여운으로 이어진다.

---

46 녹말을 산 또는 효소로 분해해 얻는 D-글루코오스 결정의 상업상 용어로 결정 포도당이라고도 한다.

웨스트 윈즈 커틀러스(West Winds Cutlass), 50도

호주, 기지개넙

기지 디스틸러리스(Gidgie Distilleries)

컨템포러리 진

호주 토착 식물인 부시 토마토를 사용한 진으로, 40%의 알코올 함량을 지닌 웨스트 윈즈 세이버(West Winds Sabre) 진의 자매품이다. 상큼한 레몬 껍질과 스파이시한 고수, 다크 초콜릿 아로마가 선명하고 활기차게 코에 닿는다. 이와는 상반된 고전적인 향미가 혀를 적시기 시작하는데 구체적으로 주니퍼와 감귤, 은은한 온기를 품은 향신료 풍미가 있다. 감귤 향은 이내 셔벗 향미로 바뀌고 밀크 초콜릿 향이 다시 피어오른다. 마지막으로 드라이한 주니퍼의 송진 향이 입안을 따뜻하게 가득 메운다.

뉴질랜드

라이트하우스 진(Lighthouse Gin), 42도

뉴질랜드, 그레이타운, 그레이타운 파인 디스틸리츠(Greytown Fine Distillates Ltd)

컨템포러리 진

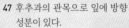

뉴질랜드 최북단 섬의 최남단 지역에서 영감을 받아 탄생한 진이다. 뉴질랜드에 한정된 식물 재료를 사용하는데, 대표적으로는 지역산 오렌지와 카와카와(Kawakawa)[47], 옌 벤 레몬(Yen ben lemon)[48]이 있다. 부드러운 감귤과 신선한 허브 육수 아로마를 1 : 2 비율로 느낄 수 있다. 또렷한 허브 향미가 첫맛을 기록하지만, 가문비나무와 주니퍼 풍미에 밀려 배경 향미로 남는다. 계속해서 미세한 오리스와 빵 풍미가 이어지며 깔끔한 중간 길이의 여운을 형성한다.

---

47 후추과의 관목으로 잎에 방향 성분이 있다.
48 레몬의 한 품종으로 메이어 레몬보다 색이 연하고, 시큼털털한 맛을 지닌다.

바이오네 퍼시픽 진(Vaiõne Pacific Gin), 40.2도

뉴질랜드, 오클랜드, 바이오네(Vaiõne)

컨템포러리 진

오렌지와 레몬의 생기 가득한 아로마가 인상적이다. 그 주위를 주니퍼와 카시아, 안젤리카 향이 에워싼다. 레몬과 바닐라, 아몬드와 주니퍼의 송진 향미가 클래식한 첫 풍미를 형성하고 감귤 향미가 중간 풍미를 장식한다. 오렌지와 라임 향미가 이어지며 선명하고 산뜻한 감귤 중심의 여운이 오래도록 남는다. 톰 콜린스, 김렛, 진 피즈 등 감귤 향미를 살리고 싶은 어떤 칵테일에든 좋다.

포 필러스

포 필러스 증류소는 호주 멜버른 외곽의 야라 리버 밸리에 위치한다. 이 지역은 특유의 시원한 기후 덕분에 포도 재배에 유리한 환경을 갖추고 있으며 와인 산업 역시 번창했다. 특히 이 지역의 고품질 샤르도네 와인이 널리 알려져 있다. 포 필러스의 공동창업자 스투 그레고어(Stu Gregor)와 캐머런 매켄지(Cameron MacKenzie)가 와인 업계 출신이란 사실도 놀라운 일이 아니었다. 평생 진을 즐겨와서일까? 그들은 본업에 충실하던 가운데 진을 만들어 보자는 계획을 세우게 되었다.

호주, 빅토리아, 야라 밸리
워런다이트 사우스
델라니스 로드 21-23
우편번호 3134
포 필러스 디스틸러리

www.fourpillarsgin.com.au

대표 상품

포 필러스 건파우더 프루프 진, 58.8도
포 필러스 레어 드라이 진, 41.8도
포 필러스 배럴 에이지드 진, 43.8도

"와인 업계에서 일하던 저희에게 진 생산은 당연한 수순이었어요. 진은 아로마와 재질감을 가지고 있고, 숙련된 감각과 균형미에 대한 이해가 필요한 술이죠."

포 필러스 디스틸러리를 공식 설립해 운영하기 전까지 그들은 몇 년간 부업 삼아 진을 만들었다. 캐머런은 현대적인 스타일의 호주 진을 생산하는 작업을 이렇게 표현했다. "호주 하면 웜뱃과 캥거루를 떠올리는 뻔한 일에 그쳐서는 안 됐어요. 현대 호주에는 다양한 문화가 융합되어 있거든요." 그는 80여 가지에 달하는 식물 재료와 씨름한 끝에 전통적인 식물 재료 중에는 무엇을 사용하고 이와 잘 어울리는 토착 식물로는 어떤 것을 선택할지 결정했다. 그렇게 선택한 정통 식물 재료로 카더멈, 고수, 라벤더, 시나몬, 팔각, 안젤리카, 오렌지가 있다. 호주의 전통 풍습에 따라 레몬 머틀(Lemon myrtle)도 활용한다. 레몬 머틀이란 호주 열대우림에 자생하는 상록수로, 그 잎은 예부터 호주 원주민의 음식이나 약용으로 쓰였다. 그 밖에 태즈메이니아 페퍼는 후추과 식물이 아니지만, 그 열매는 캐머런의 표현을 빌리면 "부드러운 백후추와 비슷한 성격을 띤다."

머지않아 동업자 맷 존스(Matt Jones)가 합류했고 2013년 12월, 증류소를 열고 자신들의 진을 시장에 내놓았다. 테스트 단계에서 사용하던 과학 실험실 수준의 증류기에서 윌마(캐머런의 엄마 이름)라고 이름 붙인 칼(CARL)사의 450L 단식 증류기로 규모를 키웠다. 2015년에는 증류기 2대를 추가하며 시설 장비를 확충했다. 이때 추가한 증류기에는 주디스(스투의 엄마 이름)와 아일린(맷의 엄마 이름)이라는 이름을 붙였다.

그들은 진 시장과 호주 증류 산업의 미래가 밝다고 이야기한다. 통계에 따르면 호주에서 유통되는 진의 95%는 수입 상품이다. 성장의 기회가 무궁무진한 것이다. "호주에는 세계에서 가장 독특한 식물 재료와 엄청나게 맑은 물이 있어요. 전반적으로 진의 미래가 밝다고 볼 수 있는 대목이죠." 캐머런은 진 르네상스로 많은 이가 영감을 받았다며 "깜짝 놀랄 만한 새로운 스타일의 진과 엄청난 재능의 크래프트 진 생산업자가 쏟아진다"라고 말한다. 많은 증류업자가 호주의 방대한 전통 요리 문화에 문을 두드리고 있다. 우리가 유독 호주의 진에 주목하는 이유도 이 때문이다. 포 필러스 증류소는 배럴에서 숙성한 레어 드라이 진과 엄청난 도수의 네이비 스트렝스 버전인 건파우더 프루프 진을 생산한다. 이 밖에 그들이 생산하는 독특한 상품들이 진 애호가들의 많은 사랑을 받는다. 한 회분(배치)의 진을 증류한 뒤 그 과정에서 쪄진 유기농 오렌지를 꺼내서 브렉퍼스트 네그로니(Breakfast Negroni)란 이름의 마멀레이드를 만든다. 토스트에 식전주를 발라 먹는 느낌이랄까? 도전적이고 참신한 호주의 모습이 아닌가 싶다.

오른쪽&179쪽　포 필러스 증류소 역시 다른 증류소와 마찬가지로 증류기에 이름을 붙이는 전통을 따른다. 하지만 한 단계 더 나아가 각각의 진이 어떤 증류기에서 만들어졌는지까지 표기한다.

바이오네

뉴질랜드는 증류주 생산을 배우고자 하는 사람들에게 상당히 매력적인 나라다. 유일하게 음용을 위한 개인의 증류주 제조를 법적으로 허가하기 때문이다. 하지만 아직도 수많은 나라에서는 밀주를 담그는 전통이 남아 있다. 어떤 이들은 불법을 알면서도 모르는 체하고 어떤 이들은 정부의 감시를 피해 자신들의 운을 시험하기도 한다.

뉴질랜드, 오클랜드
엘러슬리 1542
우편번호 11562
바이오네

www.vaione.com

대표 상품
바이오네 퍼시픽 진, 40.2도

하지만 뉴질랜드는 그들과 다르다. 2000년대 초 존 섹스턴(John Sexton)은 차고에 소형 증류소를 만들며 여가 시간을 보냈다. 진을 사랑했던 그는 취향에 딱 맞는 진을 개발하기 시작했다. "저는 오랫동안 아버지의 보조로서 증류 작업을 속속들이 배웠어요." 존의 아들 앤서니 섹스턴(Anthony Sexton)이 말한다. 럼을 즐겨 마셨던 그는 아버지의 진 시음을 도맡으며 순식간에 진을 체득했다. 앤서니는 2008년이 전환점이었다고 말한다. 그해 앤서니와 아버지는 자신들의 진과 보드카로 최우수 증류업자에 선정되었을 뿐 아니라 내셔널 스틸마스터 챔피언에 올랐다. "이때부터 뜻이 확실해지면서 사업계획을 구상했어요." 2012년 부자는 사비를 들여 차고에 머물던 바이오네를 뉴질랜드와 전 세계의 진 애호가에게 선보였다.

바이오네 증류소는 뉴질랜드 최대 산업 중 하나인 낙농업 자원을 활용해 진의 근간을 다져 나갔다. 낙농설비를 직접 손으로 개조한 증류장비를 사용했으며, 유장을 증류한 기주를 사용했다. 유장을 선택한 이유는 단순히 쉽게 구할 수 있어서만은 아니라고 앤서니는 말한다. "유장으로 만든 기주는 가장 깨끗하고 순수한 맛을 지니고 있어요. 정확히 우리가 원하는 성질이죠. 진에서 식물 재료가 온전히 돋보일 수 있거든요."

바이오네를 한 모금 마시면 누가 봐도 감귤이 주연을 맡고 있음을 느낄 수 있다. 하지만 이 진은 총 12가지 식물 재료가 혼합되어 비로소 탄생한다. 그 재료는 주니퍼, 고수, 카더멈, 카시아, 쿠베브, 감초, 비터 아몬드(Bitter almond)[49], 안젤리카, 오리스, 라임, 오렌지다. "제조 과정을 거듭하다 보니 점차 미각이 발전했고, 이에 따라 수많은 실험을 반복했어요. 4년이 넘는 시행착오 끝에 최종 풍미가 탄생했습니다." 이렇게 탄생한 풍미는 '태평양이라는 테마'에 '영국의 감각'이 더해졌다고 요약할 수 있다. 남태평양의 푸른 바다를 닮은 개성을 드러내지만, 그 속에 전통적인 영국 진의 색깔이 녹아 있다고 할까?

창립 때부터 증류업자로 일한 존 섹스턴은 2014년에 세상을 떠났으며, 지금은 앤서니가 부친의 꿈을 현실화하기 위해 노력하고 있다. 그는 진의 미래가 밝다고 평가한다. "뉴질랜드 진 산업은 걸음마 단계에 불과하지만, 크래프트 진에 관심이 증가하고 품질이 향상되는 것을 발견할 수 있어요. 아직 뉴질랜드 시장에서는 진의 존재감이 미약하지만, 향후 10년 안에는 점유율이 늘어날 거라고 생각합니다." 다만 충고의 말을 덧붙였다. "진의 시장 잠재력을 극대화하고자 한다면 증류업자들이 그만큼 상세하게 자신의 진을 표현해야 한다고 생각해요." 앤서니는 가까운 시일 내에 바이오네 진 라인업을 확장하고자 부단히 노력한다. 현재는 '슈웹스 토닉워터와 바이오네 진을 2:1로 섞어 스템(Stem)[50]이 없는 와인잔에 마시는 것'을 가장 추천한다.

---

49 일반 아몬드의 한 종류로 매우 쓰고 독성이 강한 사이안화수소산이 들어 있어 날로 먹지 않고 주로 기름을 사용한다.
50 와인잔의 가늘고 기다란 손잡이 부분.

왼쪽 앤서니 섹스턴이 자랑스럽게 상 받은 진을 들고 있다.

아시아&
아프리카

마지막으로 소개할 아시아와 아프리카는 세계에서 진을 가장 많이 소비하는 대륙 중 하나다. 하지만 이 지역에서 생산하는 다수의 진은 품질이 떨어지거나 해외에서 구하기 어렵다는 한계가 있다. 전 세계적으로 진 르네상스가 펼쳐지는 가운데, 다음 국가들이 그 주역이 될 수 있을지 살펴보자.

아래   과거 영국 해군이 수시로 드나들던 나라에는 으레 증류소가 세워지곤 했다. 만달레이 증류소 역시 무려 100년 이상의 역사를 자랑한다.

미얀마

파이니스트 드라이 진(Finest Dry Gin), 41도
미얀마, 양곤
만달레이 디스틸러리(Mandalay Distillery)
클래식 진

전반적으로 은은한 럼 아로마가 느껴지는 진으로 달콤한 풀 향, 약간의 오렌지 향기도 경험할 수 있다. 입에 닿는 재질감은 다소 묽고 얇은 편이며, 건초와 향신료의 풍미로 시작해 레몬과 오렌지 사탕 향미로 이어진다. 농축된 에탄올 향미가 함유된 중간 길이의 여운이 전체적인 균형감을 다소 무너뜨린다. 저렴한 가격대의 믹싱용 진으로 활용한다.

미얀마 드라이 진(Myanmar Dry Gin), 40도
미얀마, 양곤
피스 미얀마 그룹(Peace Myanmar Group)
컨템포러리 진

강렬하게 퍼지는 라임의 달달한 향을 비롯해서 마치 사탕이 연상될 정도의 달짝지근한 향이 특징이다. 가장 먼저 인위적으로 만든 오렌지와 레몬의 감귤류 풍미가 진하게 혀를 자극하고, 뒤이어 상당히 은은한 솔 향이 차분하게 이어진다. 하지만 진에서 흔히 경험할 수 있는 불쾌한 산도는 느껴지지 않는다. 여운은 다소 밋밋하고 깊이가 부족한 상태로 오래도록 남는다. 달달한 인공 감귤 향미 때문에 호불호가 갈리는 진이다. 칵테일에 섞는 용도로 사용하자.

필리핀

지네브라 산 미구엘(Ginebra San Miguel), 40도
필리핀
지네브라 산 미구엘(Ginebra San Miguel Inc.)
클래식 진

지네브라 산 미구엘은 세계에서 가장 많이 팔리는 진이다. 유일하게 자신의 브랜드 이름을 딴 농구팀까지 있다. 국제주류시장연구소 조사에 따르면, 필리핀 사람들은 1인당 연간 약 1.5L 진을 소비한다. 이 진은 사탕수수로 만든 기주를 증류해 탄생한다. 거친 주니퍼 향과 약간의 소금, 아세톤 향을 느낄 수 있다. 맛은 전반적으로 달콤한 밀짚과 주니퍼 향미가 주도한다. 찰나의 순간에 여운이 사라지며, 화학물질 같은 끝맛을 남긴다.

우간다

와라기 진(Waragi Gin), 40도
우간다, 캄팔라
우간다 브루어리스(Uganda Breweries Ltd)
클래식 진

와라기는 우리말로 '전쟁용 진'을 뜻한다. 이 용어 자체는 지역산 밀주를 뜻하는 말로도 종종 쓰이지만, 와라기 진은 합법적인 절차를 거쳐 증류한 진이다. 해외에도 수출되어 국내에서도 접할 수 있다. 와라기 진은 많은 아시아·아프리카 진과 마찬가지로 사탕수수를 증류해 만든다. 이렇게 탄생한 진은 희미한 허브 풍미와 흐릿한 아로마를 지닌다. 은은한 솔잎 맛이 상당히 부드럽게 혀에 닿지만, 전체적인 향미는 밋밋하고 얇은 편이다. 순전히 호기심 때문에 선택하게 되는 별다른 감흥을 느낄 수 없는 진이다.

진 즐기기

진 토닉의 역사

우리가 진 토닉이라고 알고 있는 상쾌한 여름용 술이 항상 지금과 같은 모습은 아니었다. 이 칵테일의 기원은 영국·인도·페루 등 먼 나라에서 찾을 수 있다.

안데스산맥의 토착 문화권에서는 오래전부터 기나속 수목의 약용 가치를 알고 있었다. 이 식물은 남아메리카 서부의 우림에서 널리 재배되었다. 기나나무가 유럽인에게 본격적으로 퍼진 것은 그들이 케추아족을 만난 이후부터다. 예부터 사람들은 기나속 수목 껍질에 함유된 퀴닌 성분을 활용하기 위해 최소 5종 이상의 기나나무를 사용했다. 케추아족은 오한을 막고 근육을 이완하는 용도로 기나나무 껍질을 활용했다. 하지만 나무껍질이 아주 써서 감미료를 첨가해야 먹을 수 있을 정도였다. 17세기 유럽인들이 기나나무 껍질을 유럽에 들여오면서 이 풍습도 함께 따라오게 되었다. 머지않아 이 약이 오한을 유발하는 다른 질병도 치료한다는 사실이 발견되었다. 말라리아에 대한 강력한 치료법을 손에 얻게 된 것이다. 말라리아는 세계적으로 모기가 쉽게 번식하는 고온다습한 지역을 휩쓴 치명적인 풍토병이다. 결과적으로 이 약은 유럽인의 세계 확장을 현실화하는 데 중요한 역할을 했다. 19세기 초 프랑스 과학자들은 나무껍질에서 퀴닌 성분을 분리하는 데 성공하고, 이에 따라 효능이 뛰어난 항말라리아제를 대량 생산할 수 있게 되었다. 해군과 탐험가들은 말라리아가 만연한 세계 각지를 모험하며 이 약을 전파했다. 1820년대부터 1850년대까지 영국 해군과 육군 군의관들은 퀴닌을 선제적인 예방약으로 사용해 엄청난 성공을 거뒀다. 모든 사람이 매일 퀴닌을 복용한 결과, 말라리아 고열에 시달리는 환자가 급감했고 일부 지역에서는 완전히 사라지게 되었다. 영국의 인도 식민지 통치는 오늘날 우리가 알고 있는 진 토닉의 모습을 형성하는 데 중요한 역할을 한다. 1858년 영국 정부가 인도의 통치권을 빼앗을 당시 인도에는 12만 5,000명의 영국인이 거주하고 있었는데, 이 중 3분의 1은 민간인 신분이었다. 이 많은 사람은 군인과 마

찬가지로 매일같이 퀴닌을 복용해야 했다. 이렇게 민간인을 대상으로 하는 일이라면 단순한 강제력보다 약간의 당근이 필요하지 않았을까? 에라스무스 본드(Erasmus Bond)와 슈웹스 같은 기업은 지금까지 이어지며 수 세기의 역사를 자랑하는 중화기술을 발 빠르게 상업화해서 퀴닌을 감미료와 다른 음료에 섞어냈다. 이렇게 상업적으로 탄생한 토닉워터는 '인디언 토닉'이라고 불리며 인도 전역에 퍼져 나갔다. 이 시점에 누군가가 운명에 이끌리듯 토닉워터와 진을 섞어 마셨다고 가정하는 것도 무리는 아니지 않을까? 이렇듯 진 토닉이 발전하고 전 세계로 퍼져 나간 것은 영국의 식민지 운영 때문이다. 1880년대에는 '진 토닉'이라는 용어가 영국 신문에 등장했는데, 이는 이 혼합 음료가 영국으로 돌아왔음을 의미했다.

전 세계적으로 살아남은 진 토닉은 심지어 더욱 번창하며 인기를 얻었고, 매일 퀴닌을 복용할 필요가 없는 사람들에게도 여름용 칵테일로 자리 잡았다. 끊임없이 진화를 거듭해온 토닉워터는 더는 예전만큼 퀴닌을 다량 함유하지 않는다. 일부 슈퍼마켓 브랜드 상품은 초창기 인도의 상품을 기리듯 극소량의 퀴닌을 함유할 뿐이다. 오늘날 수많은 브랜드는 설탕 대신 고과당 옥수수 시럽을 사용해 단맛을 낸다. 다행히도 최근 10년간 토닉워터는 진과 함께 르네상스를 경험하고 있다. 피버트리, 큐 토닉 같은 신생 브랜드는 단맛을 줄이고 약간의 쓴맛을 가미한 스타일을 다시 유행시키고 있다. 과거의 치료약과 특성이 유사한 크래프트 토닉시럽의 급성장도 인상적이다. 이 시럽은 보통 어두운 갈색을 띠며 분쇄한 기나나무 껍질과 다른 허브가 함유되어 있다. 인기 여름 칵테일인 진 토닉에 전통적인 개성을 더하고 싶을 때는 탄산수와 함께 사용한다.

185쪽 세계적인 인기를 누리는 전통 칵테일, 진 토닉.

진 토닉

진 토닉

글라스 : 록글라스
진 … 1파트[1]
토닉워터 … 2파트
가니시 : 라임 웨지

하이볼(Highball)글라스를 준비한다. 잔에 얼음을 채운다. 얼음 위에 부드럽게 라임을 짠다. 진과 토닉을 넣고 젓는다. 라임 웨지로 장식해 마무리한다.

---

1 칵테일 계량 단위로 비율을 의미한다. 즉, 진 1파트, 토닉워터 2파트는 진과 토닉워터를 1 : 2 비율로 넣으라는 뜻이다.

에반스 진 토닉(The Evans Gin and Tonic)

글라스 : 콜린스글라스
진 … 1파트
토닉워터 … 2파트
가니시 : 라임 웨지, 레몬 웨지

콜린스(Collins)글라스를 준비한다. 잔에 얼음을 채운다. 얼음 위에 부드럽게 라임과 레몬을 짠다. 진과 토닉을 넣고 젓는다. 라임 웨지와 레몬 웨지로 장식해 마무리한다.

진 토닉(토닉시럽)

글라스 : 하이볼글라스
토닉시럽 … 1파트
진 … 2파트
탄산수 … 3파트
가니시 : 라임 웨지

토닉시럽과 진을 하이볼글라스에 따르고 잘 섞일 때까지 젓는다. 얼음과 탄산수를 첨가한다. 잘 섞일 때까지 다시 저어준다. 그 위에 부드럽게 라임을 짠다. 라임 웨지로 장식해 마무리한다.

큐어 올(The Cure-All)

글라스 : 하이볼글라스
진 … 1파트
토닉워터 … 2파트
앙고스투라 비터스 … 3대시[2]
라임 … ¼개
가니시 : 라임 웨지

하이볼글라스에 얼음을 넣고 그 위에 라임을 짠다. 진과 토닉워터, 비터스를 따른다. 잘 섞일 때까지 얼음과 함께 부드럽게 저어 마무리한다.

---

2 1대시=5~6방울.

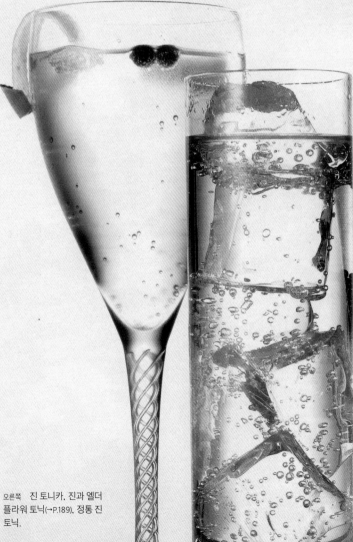

오른쪽 진 토니카, 진과 엘더플라워 토닉(→P.189), 정통 진 토닉.

원 파서블 진 토니카(One Possible Gin Tonica)

글라스 : 대형 레드와인글라스
진 ··· 5파트
토닉워터 ··· 2파트
블랙 카더멈 ··· 2알
레몬 껍질 ··· 레몬 1개 분량을 껍질이 끊어지지 않게 길게 준비
가니시 : 레몬 껍질, 주니퍼 열매

대형 레드와인 글라스를 차갑게 식힌다. 카더멈 껍질을 부드럽게 까서 아로마가 느껴지게 준비한다. 레몬 껍질이 와인잔 벽면에 고루 닿도록 넣는다. 카더멈과 레몬 껍질 위로 진을 따른다. 1분간 그 상태로 둔다. 토닉워터를 첨가해 마무리한다.

진 앤 토닉의 줄임말인 진 토니카는 스페인을 대표하는 하나의 현상으로 자리 잡았다. 벌룬(Balloon) 또는 코파글라스(Copa glass)라고도 부르는 대형 레드와인 잔에 진과 토닉워터를 넣고, 우리가 아는 모든 진 토닉 가니시를 첨가해 제조한다. 통째로 벗겨낸 레몬 껍질을 꼬아서 준비하고 카더멈 열매를 몇 알 집어넣는다. 주니퍼 열매를 1알 아니면 10알 정도 추가해도 좋다. 단순한 형식에 불과하던 가니시는 진 토니카에서 완전한 예술품으로 탈바꿈한다. 가니시는 과연 어떤 아로마를 자아낼까? 얼마나 멋지게 진을 장식할까? 진의 맛을 더 살려내려면 어떤 풍미를 보완해야 할까? 이 모든 요소를 고려하며 장식을 선택한다. 커다란 잔을 사용함으로써 진과 아로마의 색깔이 충분히 드러나도록 돕는다. 그다음에는 얼음을 고민할 차례다. 전통적인 진 토니카에서는 얼음에 숨겨진 과학도 중요한 요소다. 2번 얼린 얼음? 냉각 효과를 극대화하고 잘 녹지 않도록 얼음을 깎는 일? 이 모든 것을 고려해서 진 토니카가 탄생한다.

스페인 전역에는 이러한 콘셉트를 전문적으로 추구하는 바가 생겨나고 있다. 대표적으로 마드리드의 바비 진(Bobby Gin), 바르셀로나의 엘레판타, 식스바(Xixbar)가 있다.

세계적으로도 이러한 스타일은 유명세를 떨치고 있다. 더 런던 진 클럽은 스페인을 벗어나서도 이러한 스타일의 진 토닉을 경험할 수 있는 여러 바 가운데 하나다. 뉴욕시의 많은 바에서도 거대한 벌룬글라스에 진 토닉을 제공한다. 만약 당신이 주문한 진 토닉이 레드와인 잔에 나온다면 이제는 이 스타일이 어디서 시작되었는지 알 수 있겠는가.

최고의 진 토닉을 즐기고 싶다면

더 런던 진 클럽(앳 더 스타)(The London Gin Club (at The Star))

영국, 런던, 그레이트 채플 스트리트 22
www.thelondonginclub.com
훌륭한 안목으로 엄선한 진과 방대한 진 토닉 메뉴를 살펴볼 수 있다. 진 토닉과 잘 어울리는 허브를 첨가해 코파글라스에 제공한다. 바에서 직접 기획한 7 다이얼스(7 Dials)도 맛볼 수 있다.

오세아나(Oceana)

미국, 뉴욕, 웨스트 49th 스트리트 120
www.oceanarestaurant.com
뉴욕시 최고의 진 컬렉션을 자랑한다. 무엇보다 레스토랑에서 직접 만든 토닉시럽으로 유명하다. 이 토닉시럽은 '시트러스', '비터' 등 간략한 풍미 특징으로 구분된다.

르 푸어보이어(Le Pourvoyeur)

캐나다, 퀘벡주, 몬트리올, 장 탈롱 E 184
www.lepourvoyeur.com
스스로를 '진 펍'이라고 칭하며 훌륭한 칵테일과 진 플라이트(샘플러) 메뉴를 제공한다. 특정 상품에 치우치지 않고 로컬(특히 퀘벡), 프랑스, 스페인, 스코틀랜드 진을 동등하게 판매한다.

더 지앤티 바(The G&T Bar)

독일, 베를린, 프리드리히슈트라세 113
www.gintonic@amanogroup.com
예술적인 진 토닉을 만들겠다는 유일한 신념과 헌신으로 참신한 결과물을 만들어낸다. 탱커레이 진+토닉+차(내 취향을 저격했다!)+약간의 비터스를 첨가한 칵테일은 꼭 마셔볼 가치가 있다.

엘레판타(Elephanta)

스페인, 바르셀로나, 토렌트 덴 비달렛 37
www.elephanta.cat
친절한 직원들과 방대한 진 토닉 셀렉션이 인상적이다. 지역 특별 메뉴부터 대중적으로 잘 알려진 메뉴까지 다양한 진 토닉을 경험할 수 있다. 모든 칵테일은 화려한 자태를 뽐내며 진 토니카 스타일의 정석을 보여준다.

완벽한 진 토닉 조합을 위해

어떻게 하면 지금 가지고 있는
토닉과 가장 잘 어울리는 진을
찾을 수 있을까?

만약 진과 토닉이 세트로 출시된 상품이라면
고민의 여지조차 없이 간편하다. 식스 어클락
진(Six O'Clock Gin)을 살펴보자. 이 진은 딱총
나무꽃, 고수, 주니퍼 아로마를 지니며 여운
에는 오렌지 껍질 풍미가 남는다. 반면 이와
짝을 이루는 토닉워터는 보다 강렬한 감귤 톱
노트와 함께 길고 드라이한 여운으로 풍성한
풍미를 자아낸다. 그렇다면 이 둘을 섞으면
과연 어떤 일이 일어날까? 정말 놀라운 경험
을 할 수 있을 것이다. 꼭 얼음과 함께 록글라
스에 마셔보자.

미국 미주리주에 위치한 핀크니 벤드 디스틸
러리에서는 산뜻하고 감귤 향미가 강하며 따
뜻한 풍미의 진을 생산한다. 이 증류소의 토
닉시럽은 따뜻한 풍미와 나무, 사향, 꽃 향이
뒤섞여 복합미를 갖추고 있다. 이 둘에 약간
의 탄산수를 첨가해보자. 당신의 잔에 마법이
펼쳐질 것이다.

모든 증류업자가 진과 토닉 양쪽의 풍미를 극
대화할 수 있는 토닉워터를 별도 기획할 만큼
준비성이 철저하지는 않다. 게다가 핀크니 벤
드 증류소의 진은 다른 토닉워터와 곁들여도
똑같이 맛있으며 이 증류소의 토닉시럽도 다
른 브랜드의 진과 똑같이 잘 어울린다.

진과 토닉의 조합을 결정할 때는 여러 가지를
고려해야 한다. 피버트리처럼 깔끔한 맛의 전
통적인 토닉워터는 거의 모든 진과 잘 어울
린다. 하지만 개성이 강한 토닉워터나 토닉시
럽을 사용할 때는 약간의 감각만 더해준다면
평범한 수준의 진 토닉도 환상적인 칵테일로
다시 태어날 수 있다.

곡물 향이 강한 진과 토닉

최근 강렬하고 선명한 곡물 풍
미의 기주로 만든 진이 유행하
고 있다. 이 중 일부는 일반 토
닉워터와도 잘 어울리지만, 그
렇지 못한 진도 많다. 이럴
때 집에서 손쉽게 사용할
수 있는 상품이 브래들리
스 버번 배럴 에이지드 키
나 토닉시럽이다. 이 토닉
시럽은 어떤 음료에든 깊
이 있는 나무와 캐러멜 풍
미를 더한다. 곡물과 나무
향의 환상적인 조화 덕분
에 보통은 진 토닉에 사용
하지 않는 진으로도 마법
을 경험할 수 있게 해준다.
아이슬란드의 보르 진은 일반 토닉워터와 무난
하게 잘 어울리지만, 이 시럽과 함께 사용하면
진도 시럽도 차원이 다른 맛을 표현한다.

보르 진 … 1파트
브래들리스 버번 배럴 에이지드 키나 토닉 …
　2파트
탄산수 … 5파트
가니시 : 없음

진과 쓴맛의 토닉

캠핑을 떠났다고 상상해보자. 아름
다운 여름밤이 펼쳐졌다! 최고급
진을 챙겨왔지만, 남아 있는 토닉
워터라고는 아이스박스에 든 캔
토닉밖에 없다. 아쉽게도 당신의
취향은 아니다. 이럴 때 집에
서 크래프트 시럽을 챙겨왔
다면 좋았겠지만, 남은 토
닉을 즐기는 수밖에. 우리
는 토닉워터에는 필수적으
로 쓴맛이 가미된다는 사실
을 알고 있다. 그렇다면 한
단계 수준 높은 맛을 경험
하고 싶다면? 더 비터 트루
스(The Bitter Truth)사의 진
앤 토닉 비터스(Gin and Tonic
Bitters)를 챙기면 된다. 한층 더 업그
레이드된 진 토닉을 맛보게 될 것이다.

로드 애스터 런던 드라이 진 … 3파트
캐나다 드라이 토닉워터 … 4파트
더 비터 트루스 진 앤 토닉 비터스 … 3대시
가니시(선택) : 라임 웨지

진과 한센스 토닉

감귤 향미가 매우 강한 진이나 감귤류 토닉워터를 사용할 때는 비슷한 성질의 음료
를 짝지어 사용하거나 반대로 신선하게 대조를 이룰 만한 음료를 찾으면 된다.
일례로 유타주에서 만든 잭 래빗 진과 캘리포니아 감귤이 함유된 한센스 토닉
을 섞으면 각자 최고의 매력을 선보이며 뜻밖의 궁합을 자랑한다.

잭 래빗 진 … 1파트
한센스 토닉 … 2파트
가니시 : 오렌지 트위스트[3]

---

3 얇게 썬 과일이나 껍질을 비틀어 꼰 것.

플레이버드 진과 토닉

플레이버드 진과 토닉을 섞을 때는 모험을 하기보다 안전한 선택으로 원하는 풍미를 만드는 것이 일반적이다. 하지만 최적의 토닉을 사용한다면 진의 개성을 완전히 다르게 표현할 수 있다. 스위트그라스 팜 와이너리에서 생산한 백 리버 크랜베리 진은 우리가 기대하는 맛을 그대로 표현하는 훌륭한 진이다. 이 진에 피버트리의 메디터래니언 토닉워터를 섞으면 허브 향이 아름답게 어우러져 추수감사절 저녁이나 수확을 축하하는 식사에 완벽하게 어울리는 진 토닉이 탄생한다.

백 리버 크랜베리 진 … 1파트
피버트리 메디터래니언 토닉워터 … 3파트
앙고스투라 비터스 … 1대시
가니시 : 라임 웨지

이와는 상반된 스타일의 조합도 살펴보자. 윌리엄스 체이스 세빌 오렌지 진은 오렌지가 주도하는 산뜻한 감귤 풍미와 드라이한 여운이 특징이다. 반대로 이 진에는 감귤 향미가 옅은 토닉워터를 첨가해서 세빌 오렌지 아로마를 돋보이게 만들어보자. 이때 추천하는 상품이 큐 토닉이다. 여기에 레몬 트위스트를 첨가해 약간의 아로마 성분을 더하는데, 이는 진의 오렌지 향과 대조를 이루며 오렌지 풍미를 극대화한다.

윌리엄스 체이스 세빌 오렌지 진 … 1파트
큐 토닉 … 2파트
가니시 : 레몬 트위스트

진과 엘더플라워 토닉

현재 시중에는 딱총나무꽃 향이 진한 토닉이 일부 유통된다. 하지만 이름처럼 딱총나무꽃 향에 충실한 토닉에 워너 에드워즈 엘더플라워 진 또는 녹킨 힐스 엘더플라워 진처럼 산뜻한 딱총나무꽃 아로마를 가진 진을 더하는 것은 잘못된 선택이다. 반면 몇몇 매우 클래식한 스타일의 진은 엘더플라워 토닉의 매력을 최대한 끌어내기도 하고 반대로 토닉의 선명하고 밝은 꽃 향과 어우러져 자신의 매력을 최대한 드러내기도 한다. 개인적으로는 이렇게 조합할 때 가니시 없이 마시는 것을 추천한다. 가니시가 없어도 토닉의 딱총나무꽃 아로마가 충분히 뚜렷한 색깔을 표현하기 때문이다.

선셋 힐스 버지니아 진 … 2파트
피버트리 엘더플라워 토닉 … 3파트
가니시 : 없음

잭 루디 칵테일 컴퍼니에서는 또 다른 형태의 엘더플라워 토닉을 경험할 수 있다. 어떤 진에도 뚜렷하고 진한 꽃 향을 더하는 엘더플라워 토닉시럽이다. 이 토닉시럽에는 이와 대비되는 멘톨 향이 선명한 진을 추천한다. 마운틴 엉클 디스틸러리의 보타닉 오스트랄리스 진은 은은한 박하와 유칼립투스 향이 가득한 진으로 14가지 호주 자생 식물 재료를 사용한다. 그중에 딱총나무꽃은 포함되지 않는다. 이 진과 토닉시럽의 조합은 동서가 만나고 남북이 만나듯 각기 다른 두 상품이 결합해 참신한 개성을 만드는 과정이라 할 수 있다.

보타닉 오스트랄리스 진 … 2파트
엘더플라워 토닉(잭 루디 칵테일사) … 1파트
탄산수 … 3파트
가니시 : 없음

진과 펜티만스 토닉

펜티만스 토닉은 특유의 산뜻함으로 진 토닉의 품격을 한 단계 끌어올린다. 반대로 진을 지나치게 압도하기도 한다. 다행히 시중에는 전자를 경험할 수 있는 진이 많다. 나는 펨버턴 디스틸러리의 슈람 오가닉 진과 함께 곁들여봤다. 슈람 진은 감귤, 로즈메리, 홉이 복합적으로 어우러져 강렬하고 독특한 허브 풍미가 가득한 진이다. 여기에 개성이 또렷한 토닉을 섞으면 레몬그라스, 감귤, 신선한 허브가 조화를 이루는 강한 풍미의 칵테일이 탄생한다.

슈람 진 … 1파트
펜티만스 토닉워터 … 3파트
가니시 : 라임 웨지

토닉워터

토닉워터란 무엇인가

토닉워터는 일반적으로 탄산을 주입해 병입한 뒤 유통한다. 상업적으로 생산하는 토닉워터는 대부분 당화 과정을 거치는데, 큐 토닉 또는 피버트리처럼 당도가 상당히 낮은 상품부터 물릴 정도로 달달한 흔한 슈퍼마켓 브랜드까지 무척 다양하다. 우리가 슈퍼마켓에서 볼 수 있는 상품에는 극소량의 퀴닌만 함유되어 있어 최소한의 쓴맛만 느낄 수 있다. 하지만 프리미엄 브랜드 상품에서는 더욱 다양한 개성을 느낄 수 있다. 딱총나무꽃이나 레몬그라스 등 다른 향미를 첨가해 색다른 풍미를 표현하기도 하고 감미료와 퀴닌 성분을 강조해 단맛이나 쓴맛에 초점을 맞추기도 한다. 우리가 일반적으로 토닉워터를 이야기할 때는 병째 마실 수 있는 상품을 의미한다.

토닉워터 시음 노트

캐나다 드라이 토닉워터(Canada Dry Tonic Water)

원재료 : 탄산수, 고과당 옥수수 시럽, 구연산, 벤조산나트륨(보존제), 퀴닌, 천연착향료

청량감과 경쾌함을 느낄 수 있고 적당한 양의 탄산이 인상적인 토닉워터다. 하지만 달콤함과 지나친 달달함의 경계에 서 있다. 달콤한 여운이 지속되는 가운데 쌉싸름한 맛으로 갑작스럽게 풍미가 마무리된다. 다소 복합미는 부족하지만 명료한 향미가 매력적이다. 군더더기 하나 없는 깔끔한 토닉워터로, 진 본연의 맛을 충분히 느낄 수 있게 돕는다. 일부 소비자는 지나치게 달다고 생각할 수 있다.

펜티만스 토닉워터(Fentimans Tonic Water)

원재료 : 탄산수, 사탕수수, 구연산, 토닉 향료(물·레몬유·에탄올·레몬그라스유), 퀴닌(10mg)

이 토닉워터에 붙은 '식물 재료를 사용해 양조한'이라는 수식어는 일반적으로 토닉워터에 쓰이는 말이 아니다. 하지만 첫 모금에 왜 이런 수식어를 사용했는지 이해하게 될 것이다. 첫 풍미는 레몬 제스트 향미가 담당한다. 하지만 쌉싸래한 수렴성이 이어지면서, 푸릇하고 은은한 채소 향에 자리를 내어준다. 레몬그라스와 미세한 시큼털털한 향미는 계속해서 이어진다. 뚜렷한 개성과 향 덕분에 클래식 스타일 진을 훌륭히 보완하지만 컨템포러리 진이나 복잡 미묘한 개성을 지닌 진과는 충돌한다.

피버트리 토닉워터(Fever-Tree Tonic Water)

원재료 : 샘물, 사탕수수, 구연산, 천연착향료, 천연 퀴닌

산뜻하고 깔끔한 맛을 자랑하는 토닉워터로, 선명한 레몬과 오렌지 아로마를 경험할 수 있다. 상당히 부드러운 맛과 은은하게 절제된 탄산 덕분에 토닉과 진의 풍미를 중점적으로 느낄 수 있다. 여운에는 퀴닌의 깔끔한 쓴맛이 남고 이를 레몬과 쓴 오렌지의 시큼털털한 풍미가 희미하게 뒷받침한다. 훌륭한 균형미를 갖춘 토닉워터로 강력히 추천한다. 진을 중점적으로 돋보이게 하는 동시에 우리가 기대하는 달콤함과 쌉싸름한 맛을 모두 맛볼 수 있게 해준다.

피버트리 엘더플라워 토닉워터(Fever-Tree Elderflower Tonic Water)

원재료 : 샘물, 사탕수수, 신선한 딱총나무꽃 추출물, 구연산, 천연착향료, 천연 퀴닌

생기 넘치는 딱총나무꽃 풍미가 후각과 미각을 풍성하게 자극한다. 꽃 향을 머금은 간결한 탄산이 가라앉았으며 신선한 봄 잎과 감귤 향미를 남긴다. 마지막 여운에는 쓴맛이 상당히 흐릿하게 남는다. 이름처럼 딱총나무꽃 풍미에 충실한 토닉워터로 대체로 단일 향미를 지니지만 진 토닉과 매우 잘 어울린다.

피버트리 메디터래니언 토닉워터(Fever-Tree Mediterranean Tonic Water)

원재료 : 샘물, 사탕수수, 구연산, 천연착향료, 천연 퀴닌

식물 재료의 복합적인 아로마와 허브 향이 인상적인 토닉워터로, 은은한 타임과 레몬 향기를 느낄 수 있다. 부드러운 탄산과 매끄러운 질감 덕분에 풍미가 훌륭하게 표현된다. 탄산 위로 속삭이듯 퍼지는 허브 향이 부드럽게 사그라들며 쓴맛이 흐릿하게 여운에 남는다. 주니퍼의 향미를 더욱 풍성하게 만드는 개성 있는 토닉이지만 진과 섞이면 오히려 그 존재감이 약해진다.

한센스 케인 소다(Hansen's Cane Soda)

원재료 : 삼중 여과 탄산수, 사탕수수, 감귤산, 천연 착향료(캘리포니아산 감귤 추출물 포함), 퀴닌

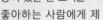

캔을 따자마자 강렬한 감귤 향이 활기차게 퍼지는 적당한 당도의 토닉워터다. 진한 오렌지 풍미와 함께 부드러운 수렴성을 가볍게 경험할 수 있다. 묵직한 감귤 풍미나 오렌지 향이 있는 진 토닉을 좋아하는 사람에게 제격이다. 주니퍼의 개성이 뚜렷한 전통적인 스타일의 진에 가장 잘 어울린다. 반면 이보다 잔잔하고 미묘한 개성을 가진 진과 섞으면 강한 오렌지 풍미가 진을 압도할 수 있다.

슈웹스 인디언 토닉워터(Schweppes Indian Tonic Water)

원재료 : 탄산수, 설탕, 구연산, 퀴닌과 감미료(사카린나트륨) 착향료

시럽처럼 진득한 단맛이 은은하게 배경에 깔리고 이를 깨끗하게 감싸는 퀴닌 향미를 맛볼 수 있다. 주류 토닉워터 브랜드에 비해 다소 개성이 강렬하다. 제한적인 단맛 덕분에 감귤류 과일의 천연 단맛을 더욱 잘 살려내 다른 음료와 매우 잘 섞인다. 진 토닉에 감귤 향미를 더하고 싶을 때 사용하면 좋다.

피버트리 내추럴리 라이트 토닉워터(Fever-Tree Naturally Light Tonic Water)

원재료 : 샘물, 순수 과당, 구연산, 천연착향료, 천연 퀴닌

큐 토닉과 마찬가지로 칼로리가 낮고 단맛이 현저하게 적다. 쌉싸름한 오렌지의 은은한 풍미와 함께 약간의 단맛만 느낄 수 있다. 상쾌하고 깔끔하며 매끄러운 토닉워터로 시원한 청량감을 제공한다. 미세한 감귤 향미가 맴돌며 진을 더욱 돋보이게 하고 아삭한 여운 속에 수렴성을 느낄 수 있다.

큐 토닉(Q Tonic)

원재료 : 탄산수, 유기농 용설란, 천연 비터스, 손으로 직접 수확한 퀴닌, 구연산

청량감과 탄산이 풍성하고 단맛이 매우 적은 토닉워터다. 여운에는 수렴성과 함께 약간의 시큼털털함이 남는다. 미세한 단맛 때문에 퀴닌과 쌉싸래한 맛이 부각된다. 진의 모든 풍미를 있는 그대로 보여주는 토닉워터지만 달달한 진 토닉에 익숙한 사람이라면 수렴성이 강하다고 느낄 수 있다. 강력 추천하는 토닉이다.

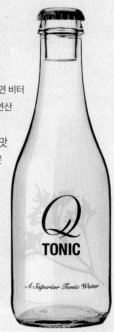

토닉시럽

토닉시럽이란 무엇인가

토닉시럽이란 기나나무, 허브, 향신료 추출물에 감미료를 더해 병입한 농축액으로 탄산수와 섞어 칵테일을 만들 때 활용된다. 토닉워터와 달리 기나나무 껍질(기나피)을 사용하며 대개 어두운 색깔을 띤다. 따라서 토닉시럽을 첨가한 진 토닉에서는 짙은 적갈색부터 암갈색까지 특유의 황갈색을 관찰할 수 있다. 토닉시럽은 주류에 유연성을 더하는 재료로 사랑받는다. 토닉시럽의 양을 조절해 주류의 쓴맛을 조정할 수 있기 때문이다. 별도의 탄산이 함유되어 있지 않아서 소비자가 자신의 취향에 맞게 사용할 수 있다. 토닉시럽의 제조법이 궁금하다면 194쪽을 참고하자.

토닉시럽 시음 노트 추천 비율은 진 : 토닉시럽 : 탄산수 순이다.

엘 과포 비터스 브리티시 콜로니얼 스타일 토닉시럽(El Guapo Bitters British Colonial Style Tonic Syrup)

추천 비율 4 : 1 : 6

숲과 나무, 흙 향이 진하게 퍼지는 토닉시럽으로 강렬한 흙내음이 상쾌한 여름을 연상시킨다. 미각적으로는 진한 나무 향미에 이어 상당히 강한 감귤 향이 중간 풍미를 형성한다. 사탕수수로 단맛을 더해 시큼털털한 맛 가운데 달콤함을 느낄 수 있다. 상쾌하고 쌉싸래한 끝맛과 약간의 생강 향미로 풍미가 마무리된다. 시중의 다른 토닉시럽보다 뿌연 편으로 마치 집에서 만든 토닉시럽과 비슷한 모습을 보인다.

잭 루디 칵테일 스몰 배치 토닉(Jack Rudy Cocktail Co. Small Batch Tonic)

추천 비율 2 : ¾ : 5

레몬시폰파이와 비슷한 색깔로 다른 토닉시럽보다 확연히 옅은 빛깔을 띤다. 선명한 레몬, 오렌지, 기나나무 향과 함께 잘 익은 베리류, 카모마일 아로마를 은은하게 경험할 수 있다. 맛은 레몬과 레몬그라스, 퀴닌, 쓴 오렌지의 묵직한 향미를 느낄 수 있다. 여운은 비교적 간결한 편으로 깔끔하게 미각을 씻어내 다음 모금을 기대하게 만든다.

잭 루디 칵테일 엘더플라워 토닉(Jack Rudy Cocktail Co. Elderflower Tonic)

추천 비율 2 : ¾ : 5

진하고 묵직한 향이 마치 향수를 연상시킨다. 딱총나무꽃 향이다. 하지만 이와 함께 재스민과 오렌지꽃의 톡 쏘는 아로마도 느낄 수 있다. 예상대로 맛에서도 꽃의 풍미를 경험할 수 있는데 그 향미가 매우 강건하게 전해진다. 딱총나무꽃과 장미 등 다양한 꽃 풍미가 진하게 퍼지고 뒤이어 쌉싸름한 흙 풍미가 길게 여운에 남는다.

브래들리스 키나 토닉(Bradley's Kina Tonic)

추천 비율 3 : 2 : 6

시나몬과 오렌지 방향유 등 흙 향을 머금은 진한 향신료 아로마가 은은하고 섬세하게 코에 닿는다. 그 아래에는 생강을 연상시키는 희미한 향이 옅게 깔린다. 첫맛은 기분 좋게 달콤하며 중간 향미는 시큼털털함을 지닌다. 마지막 여운에는 나무 향미와 기나나무 풍미가 묵직하게 오랫동안 남는다. 개인적으로 추천하는 훌륭한 토닉시럽이다.

브래들리스 버번 배럴 에이지드 키나 토닉(Bradley's Bourbon Barrel Aged Kina Tonic)

추천 비율 3 : 2 : 취향에 따라 조절

은은한 생강, 시나몬, 오렌지유 아로마가 코에 온기를 더한다. 미각적으로 깔끔함과 청량감을 맛볼 수 있는 토닉시럽으로 나무껍질, 쓴 오렌지와 그 껍질 향미를 느낄 수 있다. 마지막 여운에는 향나무와 레몬 풍미, 기분 좋은 쓴맛이 어우러지며 오랫동안 입안을 마르게 만든다.

핀크니 벤드 클래식 토닉시럽(Pinckney Bend Classic Tonic Syrup)

추천 비율 1 : 1 : 4

핀크니 벤드 진과 곁들여 마시도록 특별 기획된 최고의 토닉시럽이다. 전반적으로 나무와 꽃 향이 풍부한 음료로 은은한 장미, 자작나무, 히비스커스 향을 경험할 수 있다. 혀에는 달콤한 맛과 함께 이를 뒷받침하는 나무 향이 느껴진다. 따뜻한 향신료 풍미와 약간의 감귤 향미도 맛볼 수 있다. 상쾌한 청량감이 있고, 쓴맛이 적은 토닉시럽으로, 감귤 향미가 선명한 진과의 궁합이 좋다. 사탕수수와 용설란을 모두 사용해 단맛을 더한 상품이다. 가니시로는 라임을 사용하자.

리버 앤 컴퍼니 스파이스드 토닉시럽 (Liber&Co. Spiced Tonic Syrup)

추천 비율 2 : ¾ : 표면만 덮을 정도

처음부터 아시아 특유의 아로마가 도드라지는 강렬하고 유쾌한 토닉시럽이다. 톱 노트에는 생강과 레몬그라스 향이 나타나고 정향과 카더멈, 가벼운 후추 등의 향신료 아로마가 상쾌하게 이를 받쳐준다. 입안에는 은은한 단맛이 가장 먼저 퍼지고 이어서 향신료 풍미가 재빠르게 피어오른다. 엷은 레몬 껍질 향미와 파삭하고 쌉싸래한 맛, 흑후추 풍미가 여운에 남는다. 아름답고 개성이 뚜렷한 토닉시럽이니 꼭 마셔보기를 바란다.

집에서 만드는 토닉시럽

지난 10년간 진 업계에는 수제 토닉시럽 생산이라는 굉장히 역동적인 움직임이 펼쳐졌다. 특히 케빈 루드윅(Kevin Ludwig)과 제프리 모건테일러는 2007년부터 2008년까지 레시피를 개발해 홈메이드 토닉시럽 생산을 가정에 널리 도입하는 데 일조했다. 나중에 소개할 레시피도 상당 부분 두 사람의 영향을 받았다. 집에서 토닉시럽을 만들 때 가장 어려운 점은 기나나무 껍질(퀴닌 성분을 대량 함유한 재료)을 구하는 일이다. 하지만 그 인기가 급증함에 따라 이제는 아마존뿐 아니라 뉴욕에 위치한 칼루스티안스(Kalustyan's) 같은 전문 식료품 상점에서도 쉽게 구할 수 있다. 온라인 주문도 가능하다. 집에서 만드는 합성 진과 마찬가지로 기본 제조법을 통달하면 얼마든지 원하는 대로 변형할 수 있다. 즉, 이 레시피가 하나의 기본 틀이 되어 다양하게 활용할 수 있다. 쓴맛을 줄이고 싶다면 용담 대신 감귤류를 넣으면 되고 향신료 풍미를 더하고 싶다면 생강이나 육두구를 추가하면 된다. 집에서 만든 수제 진과도 환상적으로 어울리는 토닉시럽 레시피를 소개한다.

재료
물 … 475ml
설탕 … 350g
기나나무 껍질(가루가 아닌 조각으로 준비) … 5g
주니퍼베리 … 10g
용담 뿌리 … 5g
으깬 카더멈 … 2꼬투리 분량
올스파이스 열매 … 1개
카시아 스틱 … ½개
레몬 껍질(감자칼로 깎아서 준비) … 1개 분량
레몬즙 … ½개 분량
구연산 … 2작은술
소금 … 한 꼬집
보드카 … 2작은술

기나나무 껍질, 주니퍼, 용담, 카더멈, 올스파이스, 카시아, 레몬 껍질을 냄비에 넣는다. 재료들이 팔팔 끓기 시작하면 불을 줄이고 15분간 뭉근히 끓인다. 불을 끄기 5분 전에 레몬즙, 구연산, 소금을 첨가한다.
불을 끄고 카페티에르(Cafetière)[4] 또는 커피 필터를 이용해 건더기를 걸러낸다. 이 작업을 한 번 더 반복한다. 커피 필터로 여과를 한다면 약 30분이 걸린다. 이처럼 중력을 활용한 여과는 오랜 시간을 필요로 한다. 만약 작은 건더기들 때문에 필터가 막힌다면 필터에 남은 액체를 다시 냄비에 붓는다. 새 필터로 교체한 뒤 작업하지 못한 액체들을 다시 여과한다.
완벽히 여과한 액체를 깨끗이 씻은 냄비에 붓고 설탕을 첨가한 뒤 젓는다. 100도까지 팔팔 끓인 뒤 불을 끄고 식힌다. 충분히 식은 액체에 보드카를 첨가하고 고루 섞이도록 젓는다. 완성된 시럽을 살균한 병에 담은 뒤 밀봉한다. 약 3개월 동안은 냉장 보관해도 안전하다.
이렇게 완성한 시럽과 진을 1 : 2 비율로 섞은 뒤 탄산수를 첨가해 마시기를 추천한다. 다 같이 건배!

---

[4] 분쇄 커피가루를 유리관에 넣은 뒤 금속 필터를 눌러 커피를 짜내는 침출식 추출 도구. 프렌치 프레스라고도 한다.

붉은 기나피와 노랑 기나피, 무엇을 선택해야 할까

우리가 활용할 수 있는 기나나무는 크게 2종류가 있다. 그중에서 널리 사용되는 것은 붉은 기나나무로, 시중에서 흔히 판매하는 토닉시럽에서 경험할 수 있는 단풍나무, 목질, 차 아로마를 느낄 수 있다. 반면 노랑 기나나무는 칼라사야피(Calisaya)라고도 부르며 훨씬 구하기 어렵다. 상대적으로 퀴닌 함량이 높고 일반적으로 기나나무에서 볼 수 있는 알칼리 성분이 적다.
만약 시중에서 기나나무 껍질을 구한다면 별도의 종을 표기하지 않은 이상 붉은 기나나무일 확률이 높다. 당신이 토닉시럽의 항말라리아 성분(퀴닌)에 크게 집착하는 상황이 아니라면 일반적인 붉은 기나피를 써도 충분히 훌륭한 토닉시럽을 만들 수 있다.

기나피를 더 많이 사용해도 괜찮을까

퀴닌을 과하게 섭취한 경우 이를 의학적으로 퀴닌중독이라고 한다. 물론 대부분 바텐더와 우리는 지극히 안전한 토닉시럽을 만든다. 하지만 언제나 이를 유의할 필요는 있다. 만약 토닉시럽에 쓴맛을 더하고 싶다면 기나나무 대신 용담 등의 재료를 쓰자.
퀴닌을 과용하지 않고 토닉시럽을 만드는 팁을 소개한다.

- 분말 형태가 아닌 껍질 전체를 사용한다.
- 노랑 기나피보다 붉은 기나피를 쓴다.
- 여과를 통해 시럽의 불순물을 걸러낸다. 커피 필터와 정수기 필터를 모두 사용해 투명한 시럽을 만든다.
- 토닉시럽을 일부만 추출해 시음 단계를 거친다.

집에서 만드는 침출식 진

우리가 뉴질랜드에 거주하지 않는 이상 집에서 만들 수 있는 진은 배스터브 진이나 합성 진으로 부르는 침출식 진밖에 없다. 이는 별도의 증류 공정이 필요 없는 진이다. 침출식 진은 증류 과정 없이도 또렷한 주니퍼의 개성을 살릴 수 있으며, 기술적으로도 진으로 분류된다. 하지만 일반 증류 진과 다르게 외관이 탁하고 뿌옇다.

그러나 걱정할 필요 없다. 수많은 회사도 이처럼 침출 기법을 활용해 훌륭한 진을 제작하기 때문이다. 트루투 오가닉 진(Tru2's Organic Gin)은 뿌연 황금빛을 띠며, 마스터 오브 몰트는 잘 알려진 배스터브 진 시리즈를 만들고, 벤디스틸러리에서는 주니퍼를 침출해 크레이터 레이크 진을 생산한다. 이렇듯 침출 기법은 진업계에서 널리 사용되는 방식이다.

집에서 만드는 침출식 진의 최대 장점은 개인의 취향에 따라 식물 배합을 조절할 수 있다는 점이다. 주니퍼만을 사용한 강렬한 진이나 이국적인 향신료를 다양하게 넣은 진, 신선한 허브를 첨가한 진 등 다양성을 펼칠 수 있다. 일단 제조법의 기본을 완벽히 숙지하자. 어떠한 제약도 없이 자유롭게 진을 만들 수 있다.

진 키트

진에 관한 관심이 되살아나면서 시장에는 수많은 진 키트가 등장했다. 집 근처에 고급 향신료를 판매하는 식료품점이 있다면 모든 재료를 더 저렴한 가격에 구매할 수 있다. 심지어 아마존에서도 필요한 재료를 대부분 구할 수 있을 것이다. 진 키트는 선물용으로는 더할 나위 없이 좋지만 보다 창의적으로 진을 만들고 싶다면 재료를 직접 구매하는 편이 경제적으로도 합리적이고 보람 있는 일이라 생각한다.

준비물

50도 이상의 보드카 … 250ml

40도 보드카 … 250ml(보드카로도 진으로도 마실 수 있는 것을 선택한다. 보드카의 풍미는 진에도 남게 된다.)

병 또는 단지 … 600ml 정도의 액체 또는 고체를 담을 수 있는 크기(이 용기에서 침출 과정이 진행된다. 마지막에 건더기를 여과하는 과정이 있으니 개인적으로 보드카 병은 추천하지 않는다.)

면보, 카페티에르(프렌치 프레스), 정수기 필터 중 선택

식물 재료(당신만의 배합을 개발해도 좋고 내 레시피를 참고해 시작해도 좋다. 조금씩 다양한 식물을 선택하면 오랫동안 향미를 즐길 수 있다.)

아론의 배스터브 진

주니퍼베리 … 10g(보드카에 넣기 전 믹서기에서 1-2회 돌려 분쇄한다)

레몬 제스트 … 1개 분량

라임 제스트 … 3~4조각 분량

고수 씨앗 … 약간

말린 감초 뿌리 … 약간

백후추 열매 … 5알

쿠베브 열매 … 5알

그레인 오브 파라다이스 … 5알

펜넬 씨앗 … 한 꼬집

캐러웨이 씨앗 … 한 꼬집

알코올 함량 50도의 보드카를 용기에 붓고 뒤이어 식물 재료를 첨가한다. 입구를 봉한 뒤 잘 흔든다. 어두운 장소에서 실온에 보관하는데, 온도의 변화가 크지 않도록 주의한다. 매일 1번씩 흔든다. 가벼운 진을 원한다면 짧게는 2일까지 보관해도 되지만 길게는 7일까지 보관한 뒤 여과한다. 오래 보관할수록 풍미는 더욱 뚜렷해진다.

술을 여과할 때는 면보를 사용해 큰 건더기를 걸러낸다. 단, 미세한 침전물이 남을 수 있다. 면보를 사용한다면 어느 정도 시간이 걸린다. 카페티에르(프렌치 프레스)가 있다면 이 시간을 단축할 수 있다. 여과에 비용을 더 투자하고 싶다면 면보를 사용한 1차 여과를 진행한 후 시중에서 재사용 가능한 정수기 필터를 구매해 2차 여과를 진행한다. 침전물을 최소화한 투명한 결과물을 얻을 수 있다.

마지막으로 알코올 농도 40도의 보드카를 첨가해 한 번 더 섞는다.

개인적으로 가정에서 만든 진에는 네그로니 칵테일(→P.200)이 가장 잘 어울린다고 생각한다. 뚜렷한 허브와 향신료 아로마가 훨씬 선명하게 나타나고 캄파리의 쓴맛을 아름답게 보완한다.

진 칵테일

마티니(Martini)

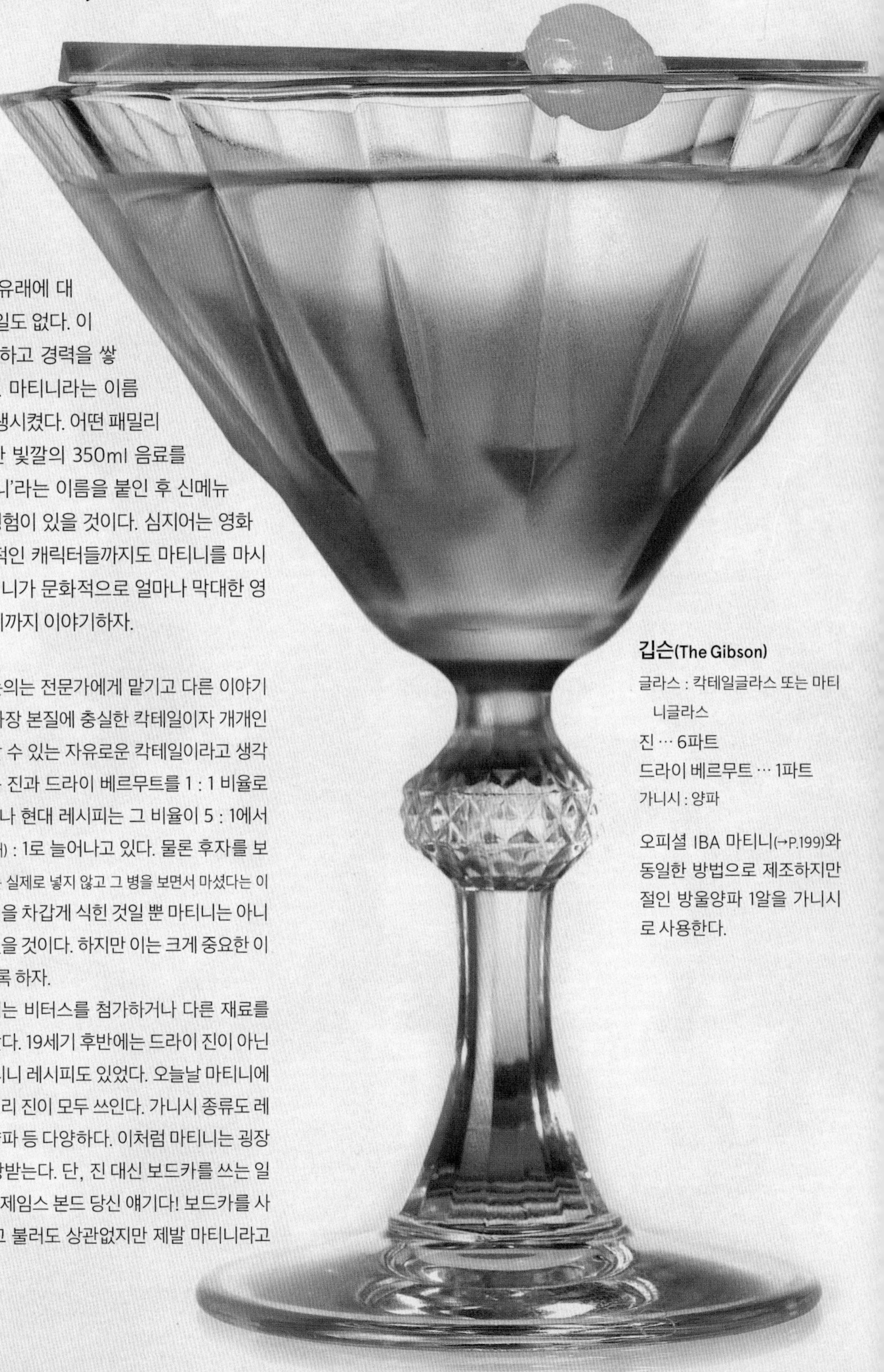

마티니만큼 그 이름과 유래에 대한 논의가 활발한 칵테일도 없다. 이를 주제로 서적을 집필하고 경력을 쌓는 작가도 있을 정도다. 마티니라는 이름은 새로운 접미사를 탄생시켰다. 어떤 패밀리 레스토랑에서든 화사한 빛깔의 350㎖ 음료를 커다란 잔에 담아 '-티니'라는 이름을 붙인 후 신메뉴로 판매하는 것을 본 경험이 있을 것이다. 심지어는 영화의 슈퍼히어로와 상징적인 캐릭터들까지도 마티니를 마시지 않던가! 하지만 마티니가 문화적으로 얼마나 막대한 영향력을 지녔는지는 여기까지 이야기하자.

마티니의 유래에 대한 논의는 전문가에게 맡기고 다른 이야기로 넘어가자. 마티니는 가장 본질에 충실한 칵테일이자 개개인의 취향을 폭넓게 반영할 수 있는 자유로운 칵테일이라고 생각한다. 과거의 레시피에는 진과 드라이 베르무트를 1 : 1 비율로 배합하는 것이 유행했으나 현대 레시피는 그 비율이 5 : 1에서 10 : 1, 심지어는 ∞(무한대) : 1로 늘어나고 있다. 물론 후자를 보고 처칠 마티니(베르무트는 실제로 넣지 않고 그 병을 보면서 마셨다는 이야기에서 유래)는 단순히 진을 차갑게 식힌 것일 뿐 마티니는 아니라고 주장하는 사람도 있을 것이다. 하지만 이는 크게 중요한 이야기가 아니니 넘어가도록 하자.

초창기 마티니 레시피에는 비터스를 첨가하거나 다른 재료를 소량 추가하는 일이 많았다. 19세기 후반에는 드라이 진이 아닌 올드 톰 진을 사용한 마티니 레시피도 있었다. 오늘날 마티니에는 클래식 진과 컨템포러리 진이 모두 쓰인다. 가니시 종류도 레몬 트위스트, 올리브, 양파 등 다양하다. 이처럼 마티니는 굉장히 다양한 방식으로 사랑받는다. 단, 진 대신 보드카를 쓰는 일만 없도록 하자. 그렇다, 제임스 본드 당신 얘기다! 보드카를 사용한 그 칵테일을 뭐라고 불러도 상관없지만 제발 마티니라고는 부르지 않기를.

깁슨(The Gibson)

글라스 : 칵테일글라스 또는 마티니글라스

진 … 6파트

드라이 베르무트 … 1파트

가니시 : 양파

오피셜 IBA 마티니(→P.199)와 동일한 방법으로 제조하지만 절인 방울양파 1알을 가니시로 사용한다.

오피셜 IBA 마티니(The Official IBA[5] Martini)

글라스 : 칵테일글라스 또는 마티니글라스
진 … 6파트
드라이 베르무트 … 1파트
가니시 : 레몬 껍질 또는 씨앗을 빼고 피망을 끼워 넣은 올리브

믹싱글라스에 재료와 얼음을 넣고 젓는다. 차갑게 식힌 칵테일
글라스 또는 마티니글라스에 거른다. 레몬 껍질을 짜서 오일을
첨가하고, 레몬 껍질 또는 그린 올리브로 장식한다.

---

5 국제바텐더협회(International Bartender Association).

파스칼 마티니(The Pascal Martini)

글라스 : 쿠페글라스
진 … 7파트
드라이 베르무트 … 2파트
피 브라더스 블랙 월넛 비터스(Fee Brothers Black Walnut Bitters)
　… 2대시
마라스키노(Maraschino)[6] … 2대시
가니시 : 마라스키노 체리

믹싱글라스에 모든 재료와 얼음을 넣고 저은 뒤 차갑게 식힌 쿠
페글라스(Coupe Glass)에 거른다. 마라스키노 체리로 장식해 마
무리한다.

---

6 마라스카 체리로 맛을 낸 달콤하면서도 쓴맛이 나는 증류주.

최고의 마티니를 즐기고 싶다면

더 코너트 앤 코버그 바스(The Connaught and Coburg Bars)

영국, 런던, 메이페어, 카를로스 플레이스, 더 코너트 호텔
www.the-connaught.co.uk

최고급 진 칵테일을 경험할 수 있는 바다. 과연 런던에서 데이비드 콜린
스(David Collins)가 디자인한 코너트 바와 분위기 있는 코버그만큼 고급
스럽고 안락한 바가 또 있을까? 전설적인 믹솔로지스트이자 '마티니의
마술사'라고도 알려진 아고 페론(Ago Perrone)이 관리한다.

듀크스 호텔(Dukes Hotel)

영국, 런던, 세인트 제임스 플레이스
www.dukeshotel.com

상당히 유명하고 그럴 만한 이유가 충분한 곳이다. 듀크스 호텔은 마티
니로 유명한 세계 최고의 명소 가운데 하나다. 제임스 본드의 창시자인
이안 플레밍(Ian Fleming)도 이곳에서 술을 마실 만큼 흥미로운 역사를 자
랑한다. 그가 왜 이 장소에서 큰 영감을 얻었을지 쉽게 이해가 간다. 세이
크리드 진과 베르무트를 사용한 마티니의 엄청난 존재감을 경험해보자.

배스터브 진(Bathtub Gin)

미국, 뉴욕, 9th 애비뉴 132
www.bathtubginnyc.com

과거 주류 밀매점의 전통을 계승하듯 꽁꽁 숨겨진 장소로, 칵테일이 특
히 유명하다. 원한다면 놀렛 리저브 진도 주문할 수 있지만 적절한 가격
대의 하우스 마티니가 일품이다. 포즈 진(Fords Gin)과 돌린 베르무트(Do-
lin Vermouth)에 올리브와 레몬을 장식해 내어준다.

진 팰리스(Gin Palace)

호주, 멜버른, 러셀 플레이스 10
www.ginpalace.com.au

지역의 인기 상품을 엄선한 환상적인 진 셀렉션을 바탕으로 최상급 마티
니를 제공하는 기품 있고, 분위기 있는 멜버른의 바다. 심도 있게 마티니
를 공부하고 싶은 사람을 위해 상급 마티니 강좌를 운영하고 지역산 진
시음회도 개최한다.

네그로니(Negroni)

네그로니만큼 그 유래가 명쾌하고 무미건조한 칵테일도 드물 것이다. 다른 칵테일의 기원은 마치 설화처럼 세대에 걸쳐 입에서 입으로 전해지는 것이 일반적이지만 네그로니의 기원은 다음과 같다.

네그로니(현대식)

글라스 : 쿠페글라스
진 … 2파트
스위트 베르무트 … 1파트
캄파리 … 1파트
가니시 : 오렌지 트위스트

재료들을 얼음과 섞고 잘 흔든 뒤 쿠페글라스에 거른다. 오렌지 트위스트로 장식해 마무리한다.

이탈리아 피렌체, 한 남자가 바에 들어와 바텐더에게 말한다. "아메리카노 한 잔 주시오. 탄산수 대신 진을 넣어주시겠소?"
바텐더가 오렌지 껍질을 벗긴 뒤 이를 꼬아 칵테일에 넣으며 대답한다. "이 칵테일은 뭐라고 부릅니까?"
남자가 대답한다. "네그로니라 부릅니다. 내가 네그로니 백작이거든."

이 대화는 만들어낸 이야기지만 대화의 핵심은 정확하다. 1919년 네그로니 백작은 이 대화 같은 스타일로 아메리카노 칵테일을 주문한다. 그리고 그의 이름을 딴 네그로니 칵테일이 탄생한다.
일반적으로 모든 재료를 1 : 1 비율로 배합하는 것이 불문율이다. 보통 알코올 함량 45도 이상의 강한 진을 사용한다. 도수가 약한 진은 1.5 : 1 : 1 또는 2 : 1 : 1 비율도 괜찮다. 훌륭한 맛을 위한 약간의 변칙이랄까?

오피셜 IBA 네그로니(The Official IBA Negroni)

글라스 : 록글라스

진 ⋯ 1파트

스위트 베르무트 ⋯ 1파트

캄파리 ⋯ 1파트

가니시(선택) : 오렌지 트위스트

믹싱글라스에 재료와 얼음을 넣고 젓는다. 록글라스에 얼음을 넣고 그 위에 칵테일을 따른다. 기호에 따라 오렌지 트위스트로 장식해 마무리한다.

언유주얼 네그로니(Unusual Negroni)

글라스 : 록글라스

진 ⋯ 1파트

아페롤(Aperol)[7] ⋯ 1파트

릴레 블랑 ⋯ 1파트

가니시 : 없음

믹싱글라스에 재료와 얼음을 넣고 젓는다. 록글라스에 얼음을 넣고 그 위에 칵테일을 따라 마무리한다.

---

[7] 쓴맛이 나는 이탈리아 식전주.

최고의 네그로니를 즐기고 싶다면

바 테르미니(Bar Termini)

영국, 런던, 올드 캠프턴 스트리트 7

www.bar-termini.com

스스로를 정통 이탈리아 커피와 식전주를 판매하는 바로 정의한다. 클래식 네그로니부터 네그로니의 경계선을 허무는 핑크 페퍼 네그로니까지 무엇을 선택하든 훌륭한 맛을 경험할 수 있다. 환상적인 칵테일 명소로 이름난 69 콜브루크 로우의 토니 코니글리아로가 오픈했다.

아모르 이 아마르고(Amor y Amargo)

미국, 뉴욕, 이스트 6th 스트리트 443

www.amoryamargony.com

당연히 이 바에서 판매하는 진은 훌륭하다. 하지만 아모르 이 아마르고는 네그로니를 구성하는 진 외의 재료들을 한 단계 발전시켜 개성을 부여한다. 먼저 바에서 직접 생산한 베르무트를 탭에서 바로 제공한다. 모험을 즐기는 사람들을 위해 캄파리 대신 다양한 아마로(Amaro)[8]로 네그로니를 만들어준다.

클라이드 카먼(Clyde Common)

미국, 오리건주, 포틀랜드, SW 스타크 스트리트 1014

www.clydecommon.com

제프리 모건테일러는 배럴 숙성 칵테일을 시험했고 이는 널리 퍼져 나갔다. 그는 현재 클라이드 카먼의 바 매니저로 근무한다. 이곳에서는 버번 배럴에서 두 달간 숙성한 네그로니를 판매하며 전통을 잇는다.

더 드로잉 룸(The Drawing Room)

캐나다, 노바스코샤주, 핼리팩스, 배링턴 스트리트 1222 3층

www.henryhouse.ca

펍과 레스토랑의 3층에 위치한 아늑하고 분위기 있는 칵테일 바다. 금주법 시대 이전의 칵테일 가운데 엄선한 메뉴를 선보이는데, 그중 훈연 향을 입힌 네그로니가 인상적이다. 칵테일의 멋진 모습을 눈으로 감상하고, 특유의 개성과 훌륭한 맛을 입으로 경험할 수 있다.

카페 리보이레(Caffe Rivoire)

이탈리아, 피렌체, 4R, 피아자 델라 시뇨리아

www.rivoire.it

네그로니 마니아를 위해 정보를 하나 준다면 이곳은 소유권 계승을 통해 현재 네그로니 칵테일의 명의자로 등록되어 있다. 피렌체의 다른 바들이 저마다 네그로니 칵테일의 원조라고 주장하지만 카페 리보이레야말로 맛좋은 칵테일과 함께 네그로니의 역사를 느낄 수 있는 곳이다.

---

[8] 이탈리아의 허브 술.

김렛(Gimlet)

김렛은 깔끔하고 청량감 있는 칵테일로, 과거 진과 라임이 약용으로 쓰였던 시기에서 유래한다. 오래전 영국 해군은 괴혈병을 예방하기 위해 매일 라임즙을 배급받아 비타민C를 보충했다. 19세기 중반 이후 라우클랜 로즈는 알코올 없이 라임즙을 보존하는 방법을 개발했고 그의 라임 주스는 승선 필수품이 되었다.

당시 해군 장교들은 진을 즐겨 마셨고 김렛 칵테일도 이때 유래했을 가능성이 크다. 하지만 김렛이라는 이름 자체는 당시 해군 소장이었던 토마스 김렛(Thomas Gimlette)의 이름에서 유래했다기보다 나무나 배럴에 구멍을 뚫기 위해 군함에서 흔히 사용한 송곳[9]을 비유적으로 표현했을 확률이 높다. 김렛 칵테일은 1920년대부터 각종 출판물과 칵테일 서적에 등장하기 시작한다.

로즈 라임 주스는 김렛의 주요 재료다. 하지만 라우클랜이 발명한 이래 한 세기 반 동안 대대적인 변화를 겪었다. 당화 방법은 세계적으로 다양해졌고 원조 상품에서는 볼 수 없던 인공 색소가 등장한다. 하지만 로즈 라임 주스 특유의 '뭉근히 끓인 라임 향'은 클래식 칵테일의 필수 요소이므로 원조 상품은 여전히 표준으로 남아 있다. 최초의 라임 주스 제조법이 궁금하다면 가정에서 만드는 라임 코디얼과 반대라고 이해하면 빠를 것이다.

---

9 영어 단어 Gimlet은 목공용 송곳이라는 뜻이 있다.

김렛

글라스 : 칵테일글라스 또는 록글라스
진 … 4파트
라임 코디얼 또는 단맛이 있는 라임즙 … 1파트
가니시 : 라임 트위스트

칵테일글라스 또는 록글라스에 얼음과 재료를 섞은 뒤 저어서 마무리한다. 기호에 따라 라임 트위스트로 장식한다.

프레시 김렛(Fresh Gimlet)

글라스 : 록글라스
진 ⋯ 4파트
갓 짠 신선한 라임즙 ⋯ 1파트
단미시럽 ⋯ 1파트
레몬버베나 잎 ⋯ 2장
가니시 : 민트 잎, 레몬버베나 잎

셰이커글라스에 레몬버베나 잎과 진을 넣고 부드럽게 짓이긴
다. 단미시럽, 라임즙, 얼음을 추가한다. 힘차게 흔든다. 얼음을
넣은 록글라스에 거른다. 민트 잎과 레몬버베나 잎을 위에 장식
해 마무리한다.

라임 코디얼(Lime Cordial)

라임 ⋯ 8개
갓 짠 신선한 라임즙 ⋯ 240ml
설탕 ⋯ 100g

라임 8개를 깨끗하게 씻은 뒤 껍질을 벗긴다. 가급적 감자칼을
이용해 넓은 단면적으로 벗겨낸다. 납작한 냄비에 라임즙을 끓
여 졸인다. 양이 반으로 줄었을 때 불을 끄고 10분간 식힌다. 졸
인 라임즙에 설탕을 첨가하고 다시 끓인다. 라임즙이 끓기 시작
하면 감자칼로 벗겨낸 라임 껍질을 추가하고 바로 불을 꺼서 식
힌다. 완전히 식으면 건더기를 걸러내고 병에 담는다. 최종 결과
물은 냉장 보관한다.

최고의 진 칵테일을 즐기고 싶다면

69 콜브루크 로우(69 Colebrooke Row)
영국, 런던, 콜브루크 로우 69
www.69colebrookerow.com

진 하나만 전문적으로 다루는 바는 아니다. 하지만 이들이 토니 코니글
리아로(Tony Conigliaro)의 연구실에서 영감을 받아 개발한 칵테일은 업계
최고 수준이다. 우드랜드 마티니(The Woodland Martini)가 돋보이지만 다
른 메뉴들도 더할 나위 없이 훌륭하다.

더치 킬스(Dutch Kills)
미국, 뉴욕주, 롱 아일랜드 시티, 잭슨 애비뉴 27-24
www.dutchkillsbar.com

맨해튼에서 지하철로 가까운 거리에 있는 칵테일 바로 철로를 모티브로
한 인테리어를 자랑한다. 간결하고 클래식하며 정성 들여 준비한 칵테일
을 갖추고 있다. 개인적으로 집 근처에서 칵테일 바를 찾을 때 선택하는
장소이기도 하다. 엄선한 진 라인업과 친절한 바텐더들을 통해 뉴욕시
칵테일 바의 좋은 점만 경험할 수 있을 것이다.

리버티(Liberty)
미국, 워싱턴주, 시애틀, 5th 애비뉴 517
www.libertybars.com

바 뒤편에 공들여 엄선한 진 셀렉션을 발견할 수 있고, 전체적으로 환상
적인 칵테일 메뉴를 맛볼 수 있다. 네그로니를 비롯해 바에서 직접 숙성
한 각종 배럴 숙성 칵테일도 인상적이지만 자금 사정을 고려하면 할리
우드(Hollywould)만큼 훌륭한 칵테일도 없다. 만약 쓴맛이 적은 칵테일을
좋아한다면 차를 침출한 진을 마셔보자.

펜로즈(Penrose)
미국, 캘리포니아주, 오클랜드, 그랜드 애비뉴 3311
www.penroseoakland.com

칵테일 메뉴의 첫 줄에 지역산 진이 적혀 있다면 첫눈에 반하지 않을 수
있을까? 테루아 진과 메스칼, 압생트를 파는 곳이라면 어떨까? 나는 무
조건 찬성이다. 베이스 스피릿과 직접 만든 토닉을 재치 있게 배합해 칵
테일을 만드는 곳으로, 충분히 방문할 만한 가치가 있는 칵테일 바다.

푸어링 리본스(Pouring Ribbons)
미국, 뉴욕, 애비뉴 B 225
www.pouringribbons.com

자신들의 칵테일을 그래프 형식으로 표현한다. 고객들은 기존에 알던 칵
테일과 비교하며 새로운 칵테일을 선택하거나 예전에 좋아했던 칵테일
을 재발견할 수 있다. 푸어링 리본스의 계절마다 바뀌는 메뉴는 일부 진
마니아들의 무한한 사랑을 받는다.

클래식 진 칵테일

순수주의자들은 진 칵테일 자체가 애초에 클래식 스타일의 드라이 진과 잘 어울리게끔 만들어졌다고 주장한다. 기술적으로는 맞는 말일 수 있겠다. 하지만 진 칵테일 가운데는 주니퍼 풍미가 선명한 진과 최고의 궁합을 보이는 칵테일도 있지만 컨템포러리 진과 잘 어울리는 칵테일도 존재한다. 그럼에도 클래식 진이야말로 칵테일 속에서 자신의 매력을 최대한 드러내는 최적의 주류인 동시에 칵테일 기술을 완벽히 연마하기 위한 최고의 수단으로 꾸준한 사랑을 받는다.

페구 클럽(Pegu Club)

글라스 : 쿠페글라스
클래식 진 ··· 45ml
갓 짠 신선한 라임즙 ··· 15ml
오렌지 퀴라소(Curaçao)[10] ··· 15ml
오렌지 비터스 ··· 2대시
앙고스투라 비터스 ··· 2대시
가니시 : 없음

셰이커에 모든 재료와 얼음을 넣는다. 잘 흔든 뒤 차갑게 식힌 쿠페글라스에 거른다.

---

10 오렌지 껍질로 만드는 독한 리큐어.

20th 센추리 칵테일(20th Century Cock-tail)

글라스 : 칵테일글라스 또는 쿠페글라스

클래식 진 … 45ml

갓 짠 신선한 라임즙 … 20ml

릴레 블랑 … 20ml

크렘 드 카카오(Crème de cacão)[11] … 15ml

가니시 : 레몬 트위스트

재료들을 얼음과 함께 섞은 뒤 차갑게 식힌 칵
테일글라스에 거른다. 레몬 트위스트로 장식해
마무리한다.

---

11 코코아와 바닐라 열매를 넣어 만든 리큐어.

브롱크스 칵테일(Bronx Cocktail)

글라스 : 칵테일글라스 또는 쿠페글라스

클래식 진 … 60ml

갓 짠 신선한 오렌지즙 … 20ml

드라이 베르무트 … 15ml

스위트 베르무트 … 15ml

가니시 : 오렌지 트위스트

재료들을 얼음과 함께 섞은 뒤 차갑게 식힌 칵
테일글라스 또는 쿠페글라스에 거른다. 오렌지
트위스트로 장식해 마무리한다.

클로버 클럽(Clover Club)

글라스 : 쿠페글라스 또는 스템이 있는 와인글라스

클래식 진 … 45ml

갓 짠 신선한 레몬즙 … 20ml

라즈베리 시럽 … 7.5ml

달걀흰자 … 1개 분량

가니시 : 없음

세이커에 모든 재료를 넣고 얼음 없이 10~15초
간 흔들어 섞는다. 여기에 얼음을 추가한 뒤 음
료가 차갑게 식을 때까지 힘차게 흔든다. 차갑
게 식힌 쿠페글라스 또는 스템이 있는 와인글라
스에 거른다. 별도의 가니시 없이 마무리한다.

베스퍼(Vesper)

글라스 : 칵테일글라스

클래식 진 … 90ml

보드카 … 30ml

코키 아메리카노(Cocchi Americano)[12] … 20ml

가니시 : 레몬 트위스트

재료들을 얼음과 함께 섞어 차갑게 식힌다. 칵
테일글라스에 거른다. 레몬 트위스트로 장식해
마무리한다.

---

[12] 퀴닌 풍미가 있는 이탈리아 강화 와인.

진 앤 잼(Gin and Jam)

글라스 : 록글라스

클래식 진 … 90ml

드라이 베르무트 … 30ml

갓 짠 신선한 레몬즙 … 1대시

잼 … 1작은술(기호에 따라 오렌지 마멀레이드 또는 블
루베리 잼 추천)

가니시 : 잼 ½큰술

셰이커에 얼음, 진, 베르무트, 레몬즙, 잼 1작
은술을 넣는다. 약 15초간 흔들어 잼이 다른 재
료와 잘 섞였는지 확인한다. 록글라스에 각얼
음을 3~4개 넣은 뒤 호손 거름망(Hawthorne
strainer)을 사용해 셰이커의 칵테일을 거른다.
잼이 코블러 셰이커의 구멍을 막을 수 있으므로
호손 거름망을 사용한다. 글라스의 얼음 위에
잼을 ½큰술 얹어서 마무리한다.

놀라운 진 컬렉션을 경험하고 싶다면

더 페더스 호텔(The Feathers Hotel)

영국, 옥스퍼드셔, 우드스톡, 마켓 스
트리트 24

www.feathers.co.uk

과거 요식업계에 다양한 진을 구비하
는 경쟁을 주도했던 바임에도 불구하고
화려하기보다 겸손한 첫인상을 보여준
다. 심지어 아늑하게 느껴지기까지 한
다. 2012년 161개의 진을 보유해 유명
세를 떨치기도 했다. 현재는 그 기록을
갖고 있지 않지만 아직까지 훌륭한 진
라인업을 보유하고 있으며, 칵테일 역
시 주목할 가치가 있다.

디 올드 벨 인, 프리미엄 진 엠포리엄(Premium Gin Emporium at The Old Bell Inn)

영국, 그레이터 맨체스터, 새들워스,
델프, 허더즈필드 로드

www.theoldbellinn.co.uk

디 올드 벨 인 역시 과거 400종 이상의
진을 보유해 세계 기록을 지니고 있다.
전 세계 각지의 환상적인 진 셀렉션을
갖추고 있을 뿐 아니라 칵테일 강좌도
운영한다.

더 진 팰리스(The Gin Palace)

아일랜드, 더블린, 미들 애비 스트리트
42

세계 각국에서 공수한 150종 이상의
진으로 더블린에서 가장 다양한 진 컬
렉션을 갖추고 있다. 그들이 운영하는
진 클럽을 눈여겨보고 진 샘플러도 주
문해보자. 새로운 취향을 발견하게 될
것이다.

컨템포러리 진 칵테일

컨템포러리 진은 범주가 다양한 만큼 각각의 풍미도 다채롭다. 따라서 칵테일을 설명할 때도 하나의 진에 국한하기보다 다음의 레시피들에서 매력이 배가되는 공통 특성에 초점을 맞추고자 한다. 최적의 컨템포러리 진을 찾고자 한다면 67쪽을 참고하기 바란다. 지금부터 다룰 내용은 컨템포러리 진 칵테일 입문자를 위한 출발점 정도로 생각하자. 컨템포러리 진에 익숙해지면 당신의 입맛과 기호에 따라 자유롭게 진을 바꿔가며 즐겨보자.

알래스카 칵테일(Alaska Cocktail)

글라스 : 쿠페글라스
향신료 풍미가 선명한 컨템포러리 진 ··· 60ml
옐로 샤르트뢰즈 ··· 20ml
오렌지 비터스 ··· 2대시
가니시 : 레몬 트위스트

재료와 얼음을 섞고 저은 뒤 쿠페글라스에 거른다. 레몬 트위스트로 장식해 마무리한다.

코프스 리바이버 #2(Corpse Reviver #2)

글라스 : 쿠페글라스

압생트 베르테 … ½작은술

향신료 풍미가 선명한 컨템포러리 진 … 30ml

코키 아메리카노 … 30ml

쿠앵트로(Cointreau)[13] … 30m

갓 짠 신선한 레몬즙 … 30ml

가니시 : 레몬 트위스트

쿠페글라스에 압생트를 따른다. 잔의 가장자리를 닦은 뒤 잔에 있는 압생트를 모두 버린다. 셰이커에 재료와 얼음을 넣는다. 잘 흔든 뒤 준비한 쿠페글라스에 거른다. 레몬 트위스트로 장식해 마무리한다.

_____

13 오렌지 껍질로 만든 프랑스 리큐어.

에비에이션(Aviation)

글라스 : 쿠페글라스

꽃 풍미가 선명한 컨템포러리 진 … 60ml

갓 짠 신선한 레몬즙 … 15ml

마라스키노 … 7.5ml

크렘 드 바이올렛 … 7.5ml

가니시 : 마라스키노 체리

셰이커에 재료와 얼음을 넣고 잘 흔든 뒤 쿠페글라스에 거른다. 체리로 장식해 마무리한다.

프렌치 75(French 75)

글라스 : 샴페인 플루트

꽃 풍미가 선명한 컨템포러리 진 … 60ml

단미시럽 … 20ml

갓 짠 신선한 레몬즙 … 15ml

샴페인 … 150ml

가니시 : 없음

셰이커에 진, 단미시럽, 레몬즙, 얼음을 넣는다. 잘 흔든 뒤 샴페인 플루트(Champagne Flute)에 거른다. 그 위에 샴페인을 따라 마무리한다.

싱가포르 슬링(Singapore Sling)

글라스 : 하이볼글라스

감귤 풍미가 선명한 컨템포러리 진 … 30ml

파인애플 주스 … 30ml

갓 짠 신선한 라임즙 … 15ml

체리 히어링(Cherry Heering)[14] … 15ml

쿠앵트로 … 15ml

베네딕틴 … 7.5ml

앙고스투라 비터스 … 1대시

가니시 : 마라스키노 체리, 파인애플 슬라이스

셰이커에 모든 재료와 얼음을 넣고 흔든다. 하이볼글라스에 얼음을 채우고 셰이커의 칵테일을 거른다. 체리와 파인애플 슬라이스로 장식해 마무리한다.

———

14 버찌를 원료로 만든 붉은색의 덴마크 리큐어.

라스트 워드(Last Word)

글라스 : 쿠페글라스

향신료 또는 허브 풍미가 선명한 컨템포러리 진 … 20ml

그린 샤르트뢰즈 … 20ml

갓 짠 신선한 라임즙 … 20ml

마라스키노 … 20ml

가니시 : 없음

셰이커에 모든 재료와 얼음을 넣고 흔든 뒤 차갑게 식힌 쿠페글라스에 조심스럽게 걸러서 마무리한다.

놀라운 진 컬렉션을 경험하고 싶다면

홉 싱 런드로맷(Hop Sing Laundromat)

미국, 펜실베이니아주, 필라델피아 레이스 스트리트 1029

www.hopsinglaundromat.com

필라델피아 차이나타운에 위치한 바로, 과거 전통적인 주류 밀매점처럼 눈에 띄지 않고 외관에 간판조차 없다. 일류 바텐더들이 진을 비롯한 다양한 주류로 환상적인 칵테일을 제공하며, 이와 함께 100가지가 넘는 다채로운 진도 맛볼 수 있다.

더치 커리지 오피서스 메스(Dutch Courage Officers' Mess)

호주, 브리즈번, 알프레드 스트리트 51

www.dutchcourage.com.au

100여 종이 넘는 전 세계 각지의 진이 진 입문자뿐 아니라 자신의 취향을 아는 전문가를 위해 깔끔하게 분류된 곳이다. 진정한 진 애호가들의 천국이라 할 수 있다. 3종류의 프로그램을 통해 진을 배울 수 있고 진 플라이트 메뉴로 새로운 맛의 지평을 열어봐도 좋다.

도스 진 클럽(Doce Gin Club)

스페인, 발렌시아, 12, 카레르 데 랄미랄 카다르소

www.doceginclub.com

2015년 초 500개 이상의 진을 보유해 세계 최대 진 보유 술집으로 기네스 기록까지 갖고 있던 곳이다.

숙성 진 칵테일

숙성 진은 현대적인 관점으로 바라볼 때도 상당히 새로운 형태의 주류다. 숙성 진에는 다양한 풍미의 종류가 있으며 각각의 풍미는 서로 대체하기 어렵다. 따라서 지금부터 소개할 칵테일에는 구체적인 브랜드를 언급하고자 한다. 배럴 숙성 진 자체의 역사가 깊지 않고 이를 사용한 칵테일 제조법도 역사가 짧아서 지금 소개할 레시피들은 모두 숙성 진 칵테일의 원조 격이라 할 수 있다. 전반적으로 배럴 숙성 진에 익숙해졌다면 다음의 칵테일 제조법을 근간으로 다양한 실험을 펼쳐보자.

헬자 칵테일(Halja Cocktail)

글라스 : 쿠페글라스

커세어 배럴 에이지드 진(Corsair Barrel-Aged
   Gin) ··· 30ml
생크림 풍미의 보드카 ··· 60ml
크렘 드 바이올렛 ··· 15ml
갓 짠 신선한 라임즙 ··· 15ml
가니시 : 헌드레즈 앤 사우전즈(장식용 설탕가루)

셰이커에 모든 재료와 얼음을 넣고 흔든 뒤 차갑게 식힌 쿠페글라스에 거른다. 스프링클(Hundreds and thousands)로 장식해 마무리한다.

올드 패션드(Old Fashioned)

글라스 : 록글라스

퓨 배럴 진 … 6.75ml

앙고스투라 비터스 … 3대시

미립자 설탕 … ¾작은술(또는 각설탕 1개)

가니시(선택) : 오렌지 트위스트

설탕과 비터스, 진 몇 방울을 섞는다. 설탕이 잘 녹을 때까지 재료들을 부드럽게 짓이긴다. 각설탕을 사용한다면 부드럽게 으깬다. 나머지 진을 첨가하고 젓는다. 얼음을 첨가하고, 기호에 따라 오렌지 트위스트로 장식해 마무리한다.

저스틴 나이틀스 핫 토디(Justin Kneitel's Hot Toddy)

글라스 : 머그글라스

퓨 배럴 진 … 45ml

갓 짠 신선한 레몬즙 … 20ml

설탕 … 1작은술

끓기 직전의 뜨거운 물(93℃) … 60ml

가니시 : 시나몬 스틱

머그글라스(Mug glass)에 진, 레몬즙, 설탕을 넣고 젓는다. 뜨거운 물을 천천히 추가하고 설탕이 완전히 녹을 때까지 젓는다. 뜨거운 상태에서 시나몬 스틱으로 장식해 마무리한다.

저스틴 나이틀스 데보네어(Justin Kneitel's Debonaire)

글라스 : 록글라스

퓨 배럴 진 … 60ml

아마로 라마조티(Amaro Ramazzotti) … 20ml

클레망 크레올 슈러브(Clément Créole Shrubb) … 15ml

템퍼스 퓨지트 다크 크렘 드 카카오(Tempus Fugit Dark Crème de Cacao) … ¾작은술

가니시 : 오렌지 트위스트

얼음 없이 실온에서 즐기는 칵테일이다. 재료들을 모두 록글라스에 넣는다. 바 스푼(Bar spoon)으로 음료를 젓고 오렌지 트위스트로 장식해 마무리한다.

알렉산드리아(Alexandria)

글라스 : 쿠페글라스

워털루 앤티크 배럴 리저브 진 … 45ml

크렘 드 카카오 … 30ml

더블 크림(Double cream)[15] … 30ml

가니시 : 갓 갈아낸 신선한 시나몬과 육두구 … 각 한 꼬집

셰이커에 액체 재료들과 각얼음을 넣고 15초간 잘 흔든다. 차갑게 식힌 쿠페글라스에 거른다. 곱게 간 육두구와 시나몬가루로 토핑해 마무리한다. 가능한 갓 갈아낸 신선한 것을 사용한다.

_____
[15] 우유 지방 함량이 많은 크림으로 휘핑크림보다 약간 진하다.

바루나(Varuna)

글라스 : 쿠페글라스

라운드하우스 임페리얼 배럴 에이지드 진/진스키 … 60ml

갓 짠 신선한 라임즙 … 20ml

단미시럽(설탕 : 물 = 1 : 1) … 15ml

코코넛 럼 … 7.5ml

달걀흰자 … 1개 분량

가니시 : 간 육두구

셰이커에 달걀흰자, 진, 라임즙, 단미시럽, 럼을 얼음 없이 넣고 10~15초간 흔든다. 얼음을 추가한 뒤 15초간 힘차게 흔들어 섞는다. 차갑게 식힌 쿠페글라스에 거른다. 육두구를 소량 갈아서 토핑해 마무리한다. 저스틴 나이틀이 개발한 칵테일이다.

올드 톰 칵테일

19세기 후반 올드 톰 진을 위한 맞춤형 칵테일이 다양하게 탄생했다. 20세기 이르러 드라이 진이 유행함에 따라 이 칵테일들은 드라이 진과 어울리는 형태로 변형되거나 개선되었다. 그 변화는 단순히 과거에 대한 호기심과 동경을 뛰어넘는 수준이었다. 해당 칵테일을 처음 개발한 사람의 의도를 헤아린 듯 훌륭한 품질을 선보인 것이다. 이렇듯 칵테일은 충분히 개선되고 바뀔 수 있다. 하지만 우리가 올드 톰 진으로 만든 톰 콜린스나 마르티네즈를 마셔보기 전까지는 진정한 원조를 맛봤다고 표현하기 어렵지 않을까?

톰 콜린스(Tom Collins)

글라스: 콜린스/하이볼글라스
올드 톰 진 … 60ml
갓 짠 신선한 레몬즙 … 30ml
단미시럽 … 7.5ml 또는 입맛에 따라 조절*
탄산수
가니시: 둥글게 썬 레몬 슬라이스, 마라스키노 체리

잔에 거친 얼음을 반쯤 채운다. 진, 레몬즙, 단미시럽, 물을 더한 뒤 젓는다. 잔이 가득 찰 정도로 탄산수를 더한다. 레몬과 체리로 장식해 마무리한다.

* 입맛에 따라 단미시럽의 양을 조절하는 방법이 더 좋을 수 있다. 실제 설탕으로 단맛을 더한 올드 톰 진도 있으므로 칵테일이 지나치게 달다고 느낄 수 있기 때문이다. 반면 식물 재료로 단맛을 낸 올드 톰 진은 칵테일의 시큼한 맛이 강해서 단미시럽의 양을 2~3배 늘려야 할 수 있다.

마르티네즈(Martinez)

글라스 : 칵테일글라스 또는 쿠페글라스
올드 톰 진 ··· 90ml
스위트 베르무트 ··· 15ml
마라스키노 ··· 7.5ml
앙고스투라 비터스 ··· 2대시
가니시 : 오렌지 트위스트

셰이커에 모든 재료와 얼음을 넣는다. 재료들을 흔든 뒤 차갑게 식힌 칵테일글라스 또는 쿠페글라스에 거른다. 오렌지 트위스트로 장식해 마무리한다.

카지노 칵테일(Casino Cocktail)

글라스 : 쿠페글라스
올드 톰 진 ··· 60ml
마라스키노 ··· 4ml
갓 짠 신선한 레몬즙 ··· 4ml
오렌지 비터스 ··· 3대시
가니시 : 없음

셰이커에 모든 재료와 얼음을 넣고 흔든다. 차갑게 식힌 쿠페글라스에 걸러서 마무리한다.

턱시도 칵테일 1(Tuxedo Cocktail 1)

글라스 : 쿠페글라스
올드 톰 진 ··· 30ml
드라이 베르무트 ··· 30ml
마라스키노 ··· 4ml
압생트 베르테 ··· ½작은술
오렌지 비터스 ··· 2대시
가니시 : 레몬 트위스트, 마라스키노 체리

믹싱글라스에 모든 재료와 얼음을 넣고 젓는다. 차갑게 식힌 쿠페글라스에 거른다. 레몬 트위스트와 마라스키노 체리로 장식해 마무리한다.

포드 칵테일(Ford Cocktail)

글라스 : 칵테일글라스 또는 쿠페글라스

올드 톰 진 ⋯ 30ml

드라이 베르무트 ⋯ 30ml

베데닉틴 ⋯ 7.5ml

오렌지 비터스 ⋯ 2대시

가니시 : 오렌지 트위스트

믹싱글라스에 모든 재료와 얼음을 넣고 젓는다. 칵테일글라스 또는 쿠페글라스에 거른다. 오렌지 트위스트로 장식해 마무리한다.

핑크 진(Pink Gin)

글라스 : 쿠페글라스

식물 재료로 단맛을 낸 올드 톰 진 ⋯ 60ml

앙고스투라 비터스 ⋯ 4대시

가니시(선택) : 레몬 트위스트

차갑게 식힌 쿠페글라스에 비터스를 넣는다. 별도의 믹싱글라스에 진과 얼음을 넣고 차가워질 때까지 젓는다. 진을 쿠페글라스에 따르고, 기호에 따라 레몬 트위스트로 장식해 마무리한다.

홀란드 스타일 진 칵테일

홀란드 진은 종종 게네베르의 동의어로 사용되었다. 홀란드 스타일의 진은 진하고 풍성한 곡물 풍미가 일품이며 식물 재료의 향미 속에서도 존재감을 잃지 않는다. 최근 미국에서 생산되는 수많은 신규 진은 네덜란드의 전통적인 진 생산 문화에서 지대한 영향을 받았다. 처음부터 이러한 스타일의 진을 위해 개발된 맞춤형 칵테일 레시피와 잘 어울린다. 대표적인 진으로는 커세어 게네베르(→P.148), 메리렉스 게네베르 스타일 진(→P.158), 위글스 지네버(→P.164)가 있다.

임프루브드 홀란드 진 칵테일(Improved Holland Gin Cocktail)

글라스 : 쿠페글라스
홀란드 진 ⋯ 60ml
단미시럽 ⋯ 7.5ml
마라스키노 ⋯ 7.5ml
압생트 ⋯ ½작은술
앙고스투라 비터스 ⋯ 2대시
가니시 : 레몬 트위스트

믹싱글라스에 모든 재료와 얼음을 넣는다. 재료들을 잘 저은 뒤 쿠페글라스에 거른다. 레몬 트위스트로 장식해 마무리한다.

홀란드 피즈(Holland Fizz)

글라스 : 콜린스글라스
홀란드 진 ⋯ 60ml
갓 짠 신선한 레몬즙 ⋯ 15ml
단미시럽 ⋯ 7.5ml
앙고스투리 비터스 ⋯ 1대시
달걀흰자 ⋯ 1개 분량
탄산수
가니시 : 레몬 트위스트

탄산수와 얼음을 제외한 모든 재료를 셰이커에 넣고 10초간 흔든다. 얼음을 추가한 뒤 힘차게 흔든다. 콜린스글라스에 음료를 거르고 잔이 가득 찰 정도로 탄산수를 더한다. 레몬 트위스트로 장식해 마무리한다.

데스 인 더 걸프스트림(Death in the Gulfstream)

글라스 : 쿠페글라스
홀란드 진 ⋯ 60ml
갓 짠 신선한 라임즙 ⋯ 15ml
단미시럽 ⋯ 7.5ml
앙고스투라 비터스 ⋯ 5대시
가니시 : 라임 트위스트

셰이커에 모든 재료와 얼음을 넣고 흔든다. 차갑게 식힌 쿠페글라스에 음료를 거른다. 라임 트위스트로 장식해 마무리한다.

슬로 진 & 코디얼 칵테일

슬로 진과 코디얼 진은 아무것도 섞지 않고 그 자체로도 충분한 사랑을 받는다. 하지만 슬로 진 피즈 같은 칵테일을 떠올려보면 이 진의 활용도가 얼마나 무궁무진한지 알 수 있다. 이러한 칵테일은 슬로베리로 만든 진이나 인스티아 자두로 만든 진을 바꿔가며 사용해도 좋다. 서로 비슷한 풍미를 지니기 때문이다. 하지만 라즈베리와 크랜베리처럼 비교적 이색적인 향미를 띠는 코디얼은 서로 대체하기 어렵다. 라즈베리나 딸기로 만든 코디얼 진은 사보이 탱고 칵테일에서 칼바도스와 잘 어우러지는 반면, 크랜베리 코디얼은 피즈 칵테일에 잘 어울린다.

사보이 탱고 칵테일(Savoy Tango Cocktail)

글라스 : 쿠페글라스
슬로 진 ··· 45ml
칼바도스 ··· 45ml
가니시 : 없음

셰이커에 모든 재료와 얼음을 넣는다. 재료들을 잘 흔든 뒤 쿠페글라스에 걸러서 마무리한다.

슬로 진 피즈(Sloe Gin Fizz)

글라스 : 콜린스글라스
슬로 진 ··· 60ml
갓 짠 신선한 레몬즙 ··· 20ml
단미시럽 ··· 15ml
탄산수
가니시 : 레몬 트위스트

셰이커에 모든 재료와 얼음을 넣고 흔든다. 얼음을 채운 잔에 음료를 거른다. 잔이 가득 찰 정도로 탄산수를 더한다. 기호에 따라 레몬 트위스트로 장식해 마무리한다.

블랙선 칵테일(Blackthorne Cocktail)

글라스 : 쿠페글라스
슬로 진 또는 인스티아 자두 진 ··· 30ml
스위트 베르무트 ··· 30ml
단미시럽 ··· 1작은술
앙고스투라 비터스 ··· 1대시
오렌지 비터스 ··· 2대시
가니시 : 레몬 트위스트

믹싱글라스에 얼음과 재료를 넣고 젓는다. 쿠페글라스에 음료를 거른다. 레몬 트위스트로 장식해 마무리한다.

위의 레시피를 기본 시작점으로 해서 칵테일을 익혀보자. 다양한 코디얼 진의 풍미와 익숙해졌다면 다채로운 방식으로 가지를 쳐도 좋다.

플레이버드 진 칵테일

시중에는 플레이버드 진이라는 이름을 얻기 위해 어떤 방식으로든 식물 재료의 풍미를 진에 입혀낸 경우가 있다. 이들은 현존하는 자사 기본 상품의 명성에 기대 탄생하기도 하고, 단순히 풍미 자체를 강조해 전달하기 위해 만들어지기도 한다. 일반적으로 플레이버드 진은 동일한 식물 재료의 풍미를 지닌 코디얼 진보다 당도가 낮으며 드라이하다고 묘사된다.

나는 가급적이면 플레이버드 진 대신 코디얼 진을 사용하는 것을 추천하지 않는다. 코디얼 진은 지금 소개할 칵테일에 사용하기에 너무 달다. 반면 플레이버드 진은 약간의 감미료를 더하면 칵테일과 훌륭하게 어울린다.

동일한 풍미의 컨템포러리 진은 종종 플레이버드 진을 대체하기도 한다. 오이 풍미의 진을 대신해 마틴 밀러스 진(→P.99)을, 블루코트 진(→P.144)을 대신해 윌리엄스 체이스 세빌 오렌지 진(→P.109)을 선택할 수 있다. 플레이버드 진은 독자적으로도 훌륭한 개성을 지닌다. 하지만 지금까지 경험한 바에 따르면 모든 플레이버드 진은 진 토닉에 훌륭하게 어우러졌다.

스프링 오차드(Spring Orchard)

글라스 : 하이볼글라스
시그램스 애플 트위스티드 진 ⋯ 60ml
생제르맹 엘더플라워 리큐어(St. Germain Elder-
　flower Liqueur) ⋯ 45ml
탄산수 ⋯ 90ml
가니시 : 없음

셰이커에 진, 엘더플라워 리큐어, 얼음을 넣고 섞는다. 얼음을 채운 하이볼글라스에 음료를 거르고, 탄산수를 추가해 마무리한다.

사우스사이드 칵테일(Southside Cocktail)

글라스 : 록글라스
고든스 엘더플라워 진 ⋯ 60ml
갓 짠 신선한 라임즙 ⋯ 30ml
단미시럽 ⋯ 20ml
신선한 민트 잎 ⋯ 1줄기
가니시 : 민트 잎

민트 줄기에서 잎을 하나만 분리해 별도로 보관한다. 셰이커에 나머지 재료와 얼음을 넣고 섞는다. 민트의 방향유가 음료에 퍼질 수 있도록 힘차게 흔든다. 각얼음 몇 개를 넣은 록글라스에 음료를 거른다. 별도 보관한 민트 잎으로 장식해 마무리한다.

헤스페로스(Hesperus)

글라스 : 쿠페글라스
윌리엄스 체이스 세빌 오렌지 진 ⋯ 90ml
보드카 ⋯ 30ml
릴레 블랑 ⋯ 15ml
가니시 : 레몬 트위스트

믹싱글라스에 재료와 얼음을 넣고 차가워질 때까지 젓는다. 쿠페글라스에 따른다. 칵테일에 레몬 껍질을 비틀어 짠 뒤 장식해 마무리한다.

아론의 Top 10 진

도로시 파커
44도 (미국→P.152)

바 힐 진
45도 (미국→P.141)

보르 진
47도 (아이슬란드→P.125)

세인트 조지 테루아 진
45도 (미국→P.159)

시타델 리저브 진(2013)
44도 (프랑스→P.119)

십스미스 VJOP
57.7도 (영국→P.103)

플리머스 진
41.2도 (영국→P.102)

핑크 페퍼 진
44도 (프랑스→P.120)

할시온 진
46도 (미국→P.154)

헤르뇌 주니퍼 캐스크 진(배치 5)
47도 (스웨덴→P.128)

최고의 진 명소 100 유럽

네덜란드

도어 74(Door 74)
암스테르담, 레귤리어스워스트라트 741
www.door-74.com

스내퍼스(Snappers)
암스테르담, 레귤리어스워스트라트 21
www.snappers-amsterdam.nl

헨리스 바(Henry's Bar)
암스테르담, 우스터파크 11
www.henrysbar.nl

노르웨이

체어 오슬로(Chair Oslo)
오슬로, 토르발드 마이어스 게이트 45
www.chairoslo.no

덴마크

길트(Gilt)
코펜하겐, 란차우스게이드 28
www.gilt.dk

더 버드 앤 더 처치키(The Bird and the Churchkey)
코펜하겐, 가멜 스트란드 444

루비(Ruby)
코펜하겐, 니브로게이드 10
www.thebird.dk

헬무트(Helmuth)
올보르, 불레바든 28
www.helmuthaalborg.dk

독일

더 지앤티 바(The G&T Bar)
베를린, 프리드리히슈트라세 113
www.amanogroup.de

레벤스턴(Lebensstern)
베를린, 쿠어퓌어스턴슈트라세 58
www.lebensstern-berlin.de

베케츠 코프(Becketts Kopf)
베를린, 파졸알리 64
www.becketts-kopf.de

빅토리아 바(Victoria Bar)
베를린, 포츠다머 슈트라세 102
www.victoriabar.de

카우치 클럽(Couch Club)
뮌헨, 클렌제스트 89
www.couch-club.org

러시아

차이나야 티 앤 칵테일스(Chainaya Tea and Cocktails)
모스크바, 29, 트베르스카야 야얌스카야 울리차 1야
www.facebook.com/chainay-abar

스웨덴

코너 클럽(Corner Club)
스톡홀름, 릴라 니가탄 16
www.cornerclub.se

허쉬 허쉬(Hush Hush)
예테보리, 리니에가탄 11
www.facebook.com/pages/Hush-Hush

스위스

올드 크로(Old Crow)
취리히, 슈바넨가세 4
www.oldcrow.ch

스코틀랜드

브램블 바(Bramble Bar)
에든버러, 퀸 스트리트 16A
www.bramblebar.co.uk

브루아크 바(Bruach Bar)
던디, 브룩 스트리트 326
www.bruach-bar.com

진 71(Gin 71)
글래스고, 렌필드 스트리트 71
www.gin71.com

스페인

도스 진 클럽(Doce Gin Club)
발렌시아, 12, 카레르 데 랄미랄 카다르소
www.doceginclub.com

드라이 마티니(Dry Martini)
바르셀로나, 46, 카예 산탈로
www.drymartiniorg.com

바비 진(Bobby Gin)
바르셀로나, 47, 카레르 데 프란시스코 지네르
www.bobbygin.com

브리스톨 바(Bristol Bar)
마드리드, 20, 카예 델 아미란테
www.bristolbar.es

엘레판타(Elephanta)
바르셀로나, 토렌트 덴 비달렛 37
www.elephanta.cat

올드 패션드(Old Fashioned)
바르셀로나, 1, 카레르 데 산타 테레사
www.oldfashionedcocktailbar.com

아이슬란드

헤비스가트 12(Hverfisgata) 12
레이캬비크, 헤비스가트 12
www.kexland.is/kexland/hver-fisgata

영국

214 버몬지(214 Bermondsey)
런던, 버몬지 스트리트 214
www.214-bermondsey.co.uk

69 콜브루크 로우(69 Colebrooke Row)
런던, 콜브루크 로우 69
www.69colebrookrow.com

그래픽 바(Graphic Bar)
런던, 골든 스퀘어 4
www.graphicbar.com

나이트자(Nightjar)
런던, 시티 로드 129
www.barnightjar.com

더 런던 진 클럽(앳 더 스타)(The London Gin Club (at the Star))
런던, 그레이트 채플 스트리트 22
www.thelondoninclub.com

더 워십 스트리트 휘슬링 숍(The Worship Street Whistling Shop)
런던, 워십 스트리트 63
www.whistlingshop.com

더 코너트 바 앤 코버그 바(The Connaught and Coburg Bar)
런던, 카를로스 플레이스
www.the-connaught.co.uk

더 페더스 호텔(The Feathers Hotel)
옥스퍼드셔, 우드스톡, 마켓 스트리트 24
www.feathers.co.uk

더 포토벨로 스타(The Portobello Star)
런던, 포토벨로 로드 171
www.portobellostarbar.co.uk

듀크스 호텔(Duke's Hotel)
런던, 세인트 제임스 플레이스
www.dukeshotel.com

디 올드 벨 인, 프리미엄 진 엠포리엄(Premium Gin Emporium at The Old Bell Inn)
요크셔, 새들워스, 델프, 허더즈필드 로드
www.theoldbellinn.co.uk

머천트 하우스(Merchant House)
런던, 웰 코트 13
www.merchanthouselondon.com

미스터 포그스(Mr. Fogg's)
런던, 브루통 레인 15
www.mr-foggs.com

클라리지 호텔, 클라리지스 바(Claridge's Bar at Claridge's Hotel)
런던, 브룩 스트리트 49
www.claridges.co.uk

펄(Purl)
런던, 블랜드포드 스트리트 50-54
www.purl-london.com

화이트 라이언(White Lyan)
런던, 혹스턴 스트리트 153
www.whitelyan.com

이탈리아

노팅엄 포레스트(Nottingham Forest)
밀라노, 1, 비알리 피아베
www.nottingham-forest.com

카페 리보이레(Caffe Rivoire)
피렌체, 4R, 피아자 델라 시뇨리아
www.rivoire.it/

프랑스

르 코크(Le Coq)
파리, 샤토 두가 12
www.facebook.com/pages/BAR-LE-COQ-PARIS

프리스크립션 칵테일 클럽(Prescription Cocktail Club)
파리, 마자린가 23
www.facebook.com/pages/Prescription-Cocktail-Club

핀란드

A21 칵테일 라운지(A21 Cocktail Lounge)
헬싱키, 아난카투 21
www.a21.fi

최고의 진 명소 100 미국과 그 외 지역

남아메리카, 중앙아메리카

878
아르헨티나, 부에노스아이레스, 템스 878
www.878bar.com.ar

샐린저(Salinger)
멕시코, 멕시코시티, 알폰소 레예스 238
www.facebook.com/pages/Saliger

아스토르 상파울루(Astor São Paulo)
브라질, 상파울루, 루아 델피나 163
www.barastor.com.br

프랭크스 바(Frank's Bar)
아르헨티나, 부에노스아이레스, 아레 발로 1445
www.franks-bar.com

남아프리카공화국

마더스 루인(Mother's Ruin)
케이프타운, 브리 스트리트 219
www.facebook.com/mothersruincpt

뉴질랜드

스칼렛 슬림스 앤 럭키(Scarlett Slimms&Lucky)
오클랜드, 마운트 에덴 로드 476
www.slimms.co.nz

말라위

해리스 바(Harry's Bar)
릴롱궤, 오프 폴 카가메 로드

미국

다운타운 칵테일 룸(Downtown Cocktail Room)
네바다주, 라스베이거스, 라스베이거스 블러바드 사우스 111
www.downtowncocktailroom.com

더 베리 앤 라이(The Berry and Rye)
네브래스카주, 오마하, 하워드 스트리트 1105
www.theberryandrye.com

더치 킬스(Dutch Kills)
뉴욕주, 롱 아일랜드 시티, 잭슨 애비뉴 27-24
www.facebook.com/dutchkills-bar

더 호텔 카먼웰스, 더 호손(The Hawthorne at the Hotel Commonwelath)
매사추세츠주, 보스턴, 카먼웰스 애비뉴 500A
www.thehawthornebar.com

리버티(Liberty)
워싱턴주, 시애틀, 5th 애비뉴 517
www.libertybars.com

마담 제네바(Madam Geneva)
뉴욕, 블리커 스트리트 4
www.madamgeneva-nyc.com

미들 브랜치(Middle Branch)
뉴욕, E 33rd 스트리트 154
www.facebook.com/MiddleBranch

바 콩그레스(Bar Congress)
텍사스주, 오스틴, 콩그레스 애비뉴 200
www.congressaustin.com/bar-congress

바 토니크(Bar Tonique)
루이지애나주, 뉴올리언스, N 램파트 스트리트 820
www.bartonique.com

배스터브 진(Bathtub Gin)
뉴욕, 9th 애비뉴 132
www.bathtubginnyc.com

버번 앤 버터(Bourbon and Butter)
뉴욕주, 버펄로, 워싱턴 스트리트 391
www.burbonbutter.bar

빌리 선데이(Billy Sunday)
일리노이주, 시카고, W 로간 블러바드 3143
www.billy-sunday.com

스코플로(Scofflaw)
일리노이주, 시카고, W 아미타지 애비뉴 3201
www.scofflawchicago.com

아모르 이 아마르고(Amor y Amargo)
뉴욕, 이스트 6th 스트리트 443
www.amoryamargony.com

아카시아(Acacia)
펜실베이니아주, 피츠버그, E 칼슨 스트리트 2108
www.acaciacocktails.com

아포테케(Apotheke)
뉴욕, 도이어스 스트리트 9
www.apothekenyc.com

오세아나(Oceana)
뉴욕, 웨스트 49th 스트리트 120
www.oceanarestaurant.com

오이스터 하우스(Oyster House)
펜실베이니아주, 필라델피아 샌섬 스트리트 1516
www.oysterhousephilly.com

위스덤(Wisdom)
워싱턴 DC, SE 펜실베이니아 애비뉴 1432
www.dcwisdom.com

진 팰리스(Gin Palace)
뉴욕, 애비뉴 A 95
www.ginpaleceny.com

크루도(Crudo)
애리조나주, 피닉스. E 인디언 스쿨 로드 3603
www.crudoaz.com

클라이드 카먼(Clyde Common)
오리건주, 포틀랜드, SW 스타크 스트리트 1014
www.acehotel.com/portland

트레이모어 바(Traymore Bar)
플로리다주, 마이애미, 콜린스 애비뉴 2445
www.comohotels.com/metropolitanmiamibeach

펜로즈(Penrose)
캘리포니아주, 오클랜드, 그랜드 애비뉴 3311
www.penroseoakland.com

폴라이트 프로비전스(Polite Provisions)
캘리포니아주, 샌디에이고, 30th 스트리트 4696
www.politeprovisions.com

푸어링 리본스(Pouring Ribbons)
뉴욕, 애비뉴 B 225
www.pouringribbons.com

피엑스(PX)
버지니아주, 알렉산드리아, 킹 스트리트 728
www.barpx.com

홉 싱 런드로맷(Hop Sing Laundromat)
펜실베이니아주, 필라델피아, 레이스 스트리트 1029
www.hopsinglaundromat.com

화이트홀(Whitehall)
뉴욕, 그리니치 애비뉴 19
www.whitehall-nyc.com

싱가포르

28 홍콩 스트리트(28 Hongkong Street)
홍콩 스트리트 28
www.28hks.com

아랍에미리트

인터컨티넨탈 두바이 마리나, 진터(Ginter at the Intercontinental Dubai Marina)
두바이, 베이 센트럴 두바이 마리나
www.ihg.com/intercontinental/hotels/gb/en/dubai

이스라엘

임페리얼 칵테일 바(Imperial Cocktail Bar)
텔아비브, 하야콘 스트리트 66
www.imperialtlv.com

인도

JW 메리어트, 아롤라(Arola at the JW Marriott)
뭄바이, 주후 타라 로드
www.marriott.com/hotels/travel/bomjw-jw-marriott

캐나다

노타 베네(Nota Bene)
온타리오주, 토론토, 퀸 스트리트 W 180
www.notabenerestaurant.com

더 드로잉 룸(The Drawing Room)
노바스코샤주, 핼리팩스, 배링턴 스트리트 1222, 3층
www.henryhouse.ca

르 랩(Le LAB)
퀘벡주, 몬트리올, 라헬 이스트 1351
www.barlelab.com

르 푸어보이어(Le Pourvoyeur)
퀘벡주, 몬트리올, 장 탈롱 E 184
www.lepourvoyeurcom

밀크 타이거 라운지(Milk Tiger Lounge)
앨버타주, 캘거리, 4 스트리트 SW 1410
www.milktigerlounge.ca

스피릿하우스(Spirithouse)
온타리오주, 토론토, 아델사이드 스트리트 W 487
www.spirithousetoronto.com

클라이브스 클래식 라운지(Clive's Classic Lounge)
브리티시컬럼비아주, 버데트 애비뉴 740
www.clivesclassiclounge.com

토론토 템퍼런스 소사이어티(Toronto Temoerence Society)
온타리오주, 토론토, 컬리지 스트리트 577A
www.torontotemperancesociety.com

호주

더치 커리지 오피서스 메스(Dutch Courage Officer's Mess)
브리즈번, 알프레드 스트리트 51
www.facebook.com/dutchcourageofficersmess

불레틴 플레이스(Bulletin Place)
시드니, 불레틴 플레이스 10-14, 1
www.bulletinplace.com

진 팰리스(Gin Palace)
멜버른, 러셀 플레이스 10
www.ginpalace.com.au

찾아보기

출판사에서 전하는 감사의 말

상품과 증류소 사진을 제공하고, 편집을 허락해준 전 세계의 수많은 진 증류업자분들께 감사를 표합니다. 이 책의 제작에 도움을 주신 다음 분들께도 감사드립니다. 런던, 머천트 하우스: 네이트 브라운, 루이스 헤이스. 런던, 그래픽 바: 지오 카스콘, 어번 레저 그룹. 마지막으로 본문 182쪽에서 218쪽에 걸쳐 멋진 진 사진을 찍어준 사샤 기틴, 멋진 진 사진과 칵테일 사진을 찍어준 사이먼 머렐에게도 감사의 인사를 전합니다.

저자가 전하는 감사의 말

먼저 수많은 증류업자와 바텐더, 장인 여러분께 감사의 인사를 전한다. 그들은 자신들의 공간에 나를 초대하여 귀한 이야기를 들려주고 그들의 진을 따라줬다. 이분들의 도움이 없었다면 이렇게 방대한 규모의 책을 집필하는 일이 과연 가능했을까? 이 책은 그분들께 바치는 송가라 할 수 있다. 다시 한번 모두에게 감사를 전한다.

사랑하는 나의 훌륭한 아내 케이트 캐리건도 빼놓을 수 없다. 그녀는 내가 우리의 뉴욕 아파트 방 2칸을 진으로 가득 채워도 너그러이 눈감아 주었다. 무수한 상자와 병을 보면서도 미소 지으며 격려를 아끼지 않았다. 여보! 이 모든 일은 당신 덕분에 가능할 수 있었어. 당신의 책장 공간은 꼭 돌려줄게. 일단 그 진들을 다 마시면!

데이비드 티 스미스에게는 특별히 감사를 전하고 싶다. 이 책을 쓰는 모든 과정에서 최고의 친구이자 의견을 나누는 조력자로서 나를 도왔다. 고마워, 친구야!

오랜 세월 동안 칵테일과 관련한 조언과 혜안을 아끼지 않고 나눠준 저스틴 나이틀에게도 감사를 표한다. 집필 초창기에 방문한 바에서 영업 종료 직전, 마지막 잔으로 마셨던 진 토닉 이후 우리는 얼마나 많은 진을 함께 마셨을까?

이외에도 나를 지지해주고 도와주신 수많은 분께 진심으로 감사드린다. 매트 칼랜드, 던 앤톨린-왕, 헨리 왕, 토마스 크리스텐슨, 제임스 레스터, 진 슈크, 엘렌 누난, 리아 포터, 리아 나미아스, 케이티 알미얼, 사라 스미스, 존 스가마토, 에일린 프로토, 크리스 나이버그, 로라 그로우-나이버그, 애비 배스릭, 존 카프, 레시야 로조위, 패트릭 길마틴 등. 패트릭, 수년 전 당신이 처음 만들어준 진 토닉을 아직도 잊을 수 없어요!

자신들의 이야기를 기꺼이 들려준 분들께도 고마움을 전한다. 이안 하트, 힐러리 휘트니, 존 런딘, 앤 브록 박사, 한나 랑피어, 벤 캡데빌, 홀리 로빈슨, 샘 갤스워시, 메러디스 그렐리, 로렌 브록, 에밀리 비크레, 존 힐그린, 제이슨 배럿, 캐머런 매켄지, 앤서니 섹스턴, 카를로 크라우지그, 앤더스 빌그램, 조나스 내슨스까지.

마지막으로 멋진 가족에게 감사를 돌린다. 엄마, 아빠, 앨리샤 주렉과 제프 주렉, 앤디 캐리건과 젠 캐리건, 존 캐리건과 패티 캐리건까지. 여러분의 성원과 도움에 감사드린다. 다음 진 토닉은 제가 살게요!

진의 모든 것

1판 1쇄 인쇄   2021년 7월 16일
1판 1쇄 발행   2021년 7월 26일

지은이 아론 놀
옮긴이 김일민
펴낸이 김기옥

실용본부장 박재성
편집 실용2팀 이나리
영업 김선주
커뮤니케이션 플래너 서지운
지원 고광현, 김형식, 임민진

한국어판 디자인 제이알컴
인쇄·제본 민언프린텍

펴낸곳 한스미디어(한즈미디어(주))
주소 121-839 서울시 마포구 양화로 11길 13(서교동, 강원빌딩 5층)
전화 02-707-0337 | 팩스 02-707-0198 | 홈페이지 www.hansmedia.com
출판신고번호 제 313-2003-227호 | 신고일자 2003년 6월 25일

ISBN 979-11-6007-715-5 13590

책값은 뒤표지에 있습니다.
잘못 만들어진 책은 구입하신 서점에서 교환해드립니다.